耐熱性高分子電子材料の展開
Development of High Temperature Polymers for Microelectronics

監修:柿本雅明
江坂 明

シーエムシー出版

はじめに

『耐熱性高分子絶縁材料』がCMC社から1984年に出版されてから19年もの月日が流れた。その間の耐熱性材料を取り巻く環境は大きく変わった。20年前は大型コンピューターの時代で、その技術開発が材料を進歩させたといえる。その後のLSIの高速化、高密度化は想像を越えた速度であり、これを実現させた技術の進歩と集約はこの時期、機器の小型化を次々と実現させていく。最も身近に感じるのはパーソナルコンピューターの進歩であろう。20年前と言えば、NECのPC-9801を使用していた。Windowsはまだ手近にはなく、Macの方が操作性に優れているということで好評であった。現在のPCの速度と比べると、当時のPCは実にのどかであったことか。テレビ電話並の今の携帯電話を誰が予想したであろうか。そして、ウェヤラブルコンピュータのモデルも実感の湧く形で出現している。(人間はますます忙しくなる。)

このような進歩のなかで、耐熱性高分子材料には3つの課題が課せられてきたと言える。すなわち、耐熱性向上、低誘電率化、加工性向上である。まず、耐熱性の問題であるが、電子材料分野では、ハンダ耐熱が基本であり、250℃の耐熱性が要求される。ところが、ハンダの鉛フリー化が進展しつつあり、ハンダの溶融温度が上昇することから、280℃くらいまで耐熱性が必要となってきている。こうなると使用できる材料にさらなる制限が加わることとなる。

低誘電率化は、小型化、高速化で素子内や基板上での信号伝搬速度が上がるに連れて深刻な問題となってきており、近い将来には誘電率2.5程度の材料が普通に使われることとなると思われる。現在この値をクリヤーする材料は知られているが、使える材料レベルに行くにはさらなる研究が必要であろう。

実際のパッケージングや実装では、ビアホールやスルーホールの形成等の加工が必要となるが、どんどん加工が微細化するにつれ、この技術はドリルからレーザーによる穴あけ、また一方で直接光加工可能な耐熱性高分子へと変わってきている。環境への配慮から、アルカリ現像可能な感光性耐熱性材料の必要性はますます大きくなると思われる。

本書では触れなかったが、今後は材料のリサイクル、回収の問題がクローズアップされるであろう。業界全体のコストを下げ、リサイクル促進のためには製品の規格統一が進むと考えられる。

それでは本書の構成を紹介しておこう。

まず、第1章から第4章までは基礎編である。第1章と第2章では高分子に耐熱性を持たせるためにはどうすればよいかが書かれている。これらの章は今後も耐熱性高分子の分子設計の基本として変化することはない。この分野に馴染みのない方々には少々取り付きにくい面もあるかと

思うが，将来役に立つことがあると確信する。第3章では低誘電率化を達成させるためにはどのように考えればよいかを書いていただいた。第4章は加工技術の一つとして光加工を取り上げた。微細加工を目指すとすればドリルから光へと方法の選択が変わってくる。さらに，低誘電率で光加工性を持つ材料は次段階では要求が出てくる。これについても触れていただいた。

　第5章以降は実際の材料を解説した応用編である。第5章から第10章は商品形態別に材料性能も含めて解説していただいた。第11章は材料そのものの説明で，今後も多方面での応用展開が可能であると思われる。耐熱性高分子は加工が難しい。高分子の加工で最も一般的な押し出し成形は高分子の熱可塑性を利用している。加熱すると高分子は軟らかくなる訳であるが，この時点で耐熱を失うことになる。つまり，耐熱性高分子は例えば250℃以下で軟化しては材料的に意味を持たないことになる。しかし，押し出し成形（注型成形）ができることは大きな魅力である。第5章では，耐熱性高分子で注型成形が可能な材料の紹介を書いていただいた。余談であるが，第6章のポリイミドフィルムは耐宇宙線に優れ，人工衛星の電子部品を守る目的で人工衛星全体をポリイミドフィルムで被服している。(これは相模原にある文科省宇宙科学研究所やお台場にある日本科学未来館で見ることができる) アラミド (芳香族ポリアミド) は耐熱性を上げようとするとアミド結合同士の水素結合と芳香環の充填から高結晶性となる。これは材料的には弾性率が向上するがタフネスが低下することになる。繊維に加工するには好都合であるが，フィルムに加工するとバリバリの脆い物になると言うことになる。第7章のアラミド紙は以上のアラミドの性質をうまく使って，紙という形態でフィルム状にした成功例である。また，第8章のアラミドフィルムは企業努力で難しい成形を成功させた例である。耐熱性のテープあるいはフレキシブルプリント基板は素子を実装するのに最も実用的な材料である。第9章では耐熱性テープの実際を解説いただいた。また，フレキシブルプリント基板およびビルトアップ材料については何社に執筆を打診したが，競争が激しく，商品寿命が短く，そして皆様あまりにご多忙で書いていただくことができなかったのは残念である。第10章の半導体封止材はLSIを守る最も大事な材料である。LSIにおけるフォトレジストと封止材は有機高分子の進歩がLSIの進歩を支えたと言っても過言ではない。

　第11章は「その他注目材料」と言うことでまとめさせていただいた。御執筆いただいた4社の方には大変に失礼なことをしてしまった訳であるが，第10章までとは少々異質の取り扱いとなるのでこのような形になったことをご了承いただきたい。第11章1のベンゾシクロブタン系材料と第11章2のポリフェニレンエーテルはポリイミドが主流であった電子材料に低誘電率を特徴として参画してきた材料である。第11章3の液晶ポリマーは耐熱性を有しながら注型性に優れた材料として色々な部品に加工されている。第11章4のBTレジンはフェノール樹脂の上を行く耐熱性樹脂として注目材料と言える。

超高速で進歩する電子材料の分野では，この種の解説書は 5 年程度の命であるかと思われる．次回の出版で電子材料の世界がどのくらい変化しているのか楽しみである．

　最後に，本書を作るにあたり著者の選択には多くの方のご尽力，またご助言をいただいた．この場を借りてお礼を述べたい．

2003 年 5 月

東京工業大学大学院理工学研究科
有機・高分子物質専攻
柿本雅明

普及版の刊行にあたって

本書は2003年に『耐熱性高分子電子材料』として刊行されました。普及版の刊行にあたり，内容は当時のままであり加筆・訂正などの手は加えておりませんので，ご了承ください。

2008年3月

シーエムシー出版　編集部

監修者

柿本　雅明	（現）東京工業大学　大学院理工学研究科　有機・高分子物質専攻　教授
江坂　　明	（現）デュポン㈱　フレキシブル材料部　部長

執筆者一覧（執筆順）

今井　淑夫	東京工業大学　名誉教授
竹市　　力	豊橋技術科学大学　物質工学系　教授
後藤　幸平	JSR㈱　リサーチフェロー／特別研究室　室長
望月　　周	日東電工㈱　基幹技術センター　第1グループ　グループ長 （現）Nitto Denko Technical Corporation　Director
玉井　正司	（現）三井化学㈱　マテリアルサイエンス研究所　研究部長　材料設計ユニット・リーダー
黒木　貴志	三井化学㈱　マテリアルサイエンス研究所　先端材料グループ　研究員
下川　裕人	（現）宇部興産㈱　機能品・ファインカンパニー　機能品技術開発部　主席部員
小林　紀史	宇部興産㈱　機能品ファインディビジョン　ポリイミドビジネ

		スユニット
村 山 定 光		帝人アドバンストフィルム㈱　開発営業部　部長
		（現）帝人テクノプロダクツ㈱　アラミド市場開発室　技術アドバイザー
佃　　 明 光		（現）東レ㈱　フィルム研究所　主任研究員
安 藤 雅 彦		（現）日東電工㈱　インダストリアル事業部門　基盤技術部第1グループ長
谷 本 正 一		（現）日東電工㈱　インダストリアル事業本部　商品開発部第6グループ　主任研究員
大 浦 正 裕		（現）日東電工㈱　インダストリアル事業本部　商品開発部第4グループ長
天 野 恒 行		（現）日東電工㈱　インダストリアル事業本部　商品開発部第8グループ　主任研究員
井 上 　修		住友ベークライト㈱　電子デバイス材料第1研究所　研究部長
大 場 　薫		ダウ・ケミカル日本㈱　電子材料事業本部　研究開発主幹
片 寄 照 雄		旭化成㈱　電子材料事業部　技術部長
		（現）工学院大学　非常勤講師
吉 川 淳 夫		（現）㈱クラレ　西条事業部　電材生産開発部　部長
近 藤 至 徳		（現）三菱ガス化学㈱　東京研究所　主席研究員

目　次

基礎編

第1章　耐熱性高分子の分子設計　　今井淑夫

1　はじめに ……………………………… 3
2　高分子の熱特性 ……………………… 3
　2.1　融解の熱力学 …………………… 3
　2.2　高分子の融点とガラス転移点 …… 4
　2.3　高分子の熱分解 ………………… 6
3　耐熱性高分子の分子設計 …………… 7
　3.1　耐熱性高分子の分子設計の基礎 … 7
　3.2　耐熱性高分子の分子設計指針 …… 8
　　3.2.1　極性の大きい連結基の導入 … 8
　　3.2.2　対称性のよい芳香族環の導入 … 8
　　3.2.3　二重鎖構造の導入 …………… 10
　　3.2.4　三次元網目構造の導入 ……… 11
　3.3　成形加工性に優れる耐熱性高分子の
　　　　分子設計 ……………………… 12
　　3.3.1　溶融成形性の耐熱性高分子 … 12
　　3.3.2　有機溶媒可溶性の耐熱性高分子
　　　　　 …………………………………… 12
4　耐熱性高分子材料 …………………… 13
　4.1　高分子材料の耐熱性 …………… 13
　　4.1.1　高分子材料の物理的耐熱性 … 13
　　4.1.2　高分子材料の化学的耐熱性 … 14
　　4.1.3　高分子材料の実用的耐熱性 … 15
　　4.1.4　高分子材料の長期耐熱性 …… 15
　　4.1.5　高分子材料の短期耐熱性 …… 16
　4.2　耐熱性高分子材料の具体例 …… 17
　　4.2.1　耐熱性プラスチック ………… 17
　　4.2.2　ポリイミド …………………… 17
　　4.2.3　ポリベンゾアゾール類 ……… 19

第2章　耐熱性高分子の物性　　竹市　力

1　はじめに ……………………………… 21
2　力学的性質 …………………………… 21
　2.1　耐熱性・高弾性率繊維 ………… 22
　2.2　プラスチックの高強度・高弾性率化
　　　 …………………………………… 24
　2.3　ポリイミドの力学的性質 ……… 25
　2.4　高強度・高弾性率ポリイミド … 26
3　熱可塑性ポリイミド：高温力学特性と溶
　　融流動性 ……………………………… 30
4　熱硬化性ポリイミド：高靭性化と耐衝
　　撃性の向上 …………………………… 34
5　電子材料に要求される物性 ………… 36
　5.1　線熱膨張係数 …………………… 36
　5.2　低弾性率化 ……………………… 37

I

5.3	接着性 …………………… 37	6	まとめ …………………… 40

第3章　低誘電率材料の分子設計　　後藤幸平

1	低誘電率材料の必要性 …………… 41		きくする ………………………… 46
2	低誘電率化設計の基本的な考え方と化学構造の関係 ……………………… 42	3.2.1	整列しにくい構造の導入 ……… 46
		3.2.2	嵩高い構造の導入 ……………… 46
3	低誘電率化の機能設計の具体例 …… 44	3.2.3	低密度化を伴う重合方法：蒸着重合 ……………………………… 49
3.1	モル分極率（P_m）を小さくする…… 44		
3.1.1	フッ素原子，フッ素置換基の導入 ………………………………… 44	3.2.4	空孔化：nanofoam …………… 50
		4	まとめ …………………………… 52
3.2	モル容積空間占有体積（V_m）を大		

第4章　光反応性耐熱性材料の分子設計　　望月　周

1	はじめに ………………………… 55		駆体とする系 …………………… 62
2	感光性ポリイミドの分子設計 …… 56	6.1	PII/DNQ系 …………………… 62
3	ネガ型感光性ポリイミド ………… 56	6.2	PII/光塩基発生剤 ……………… 63
4	ポジ型感光性ポリイミド ………… 58	7	ポリイミド以外の感光性耐熱ポリマー …………………………………… 64
4.1	オルトニトロベンジルエステル型… 58		
4.2	ポリアミド酸／溶解抑制剤系 …… 59	7.1	ポリ（カルボジイミド）（PCD）/光塩基発生剤 …………………… 64
4.3	現像方法によるアプローチ ……… 60		
5	ポリヒドロキシイミド（PHI）をマトリックスとする系 ………………… 61	7.2	ポリエーテルケトン …………… 64
		7.3	ポリ（ベンゾキサゾール）（PBO）/DNQ ……………………… 65
5.1	PHI/DNQ系 …………………… 61		
5.2	化学増幅系PHI（ポジ型：脱保護反応）……………………………… 61	8	感光性耐熱ポリマーの高機能化 … 65
		8.1	低誘電率感光性ポリイミド …… 65
5.3	化学増幅系PHI（ネガ型：橋架け反応）……………………………… 62	8.2	感光性ナノポーラスポリイミド … 66
		8.3	光導波路用感光性ポリイミド … 66
6	ポリイソイミド（PII）をポリイミド前	9	まとめ …………………………… 67

応用編

第5章　耐熱注型材料　玉井正司，黒木貴志

1　はじめに …………………… 71
2　注型材料としてのスーパーエンジニアリングプラスチック …………………… 72
3　スーパーエンプラの特徴と用途 …… 73
　3.1　ポリフェニレンサルファイド（PPS） …………………… 73
　3.2　耐熱ポリアミド …………… 75
　3.3　液晶性ポリエステル（LCP） … 76
　3.4　ポリアリレート（PAR） …… 77
　3.5　ポリスルホン（PSF） ……… 78
　3.6　ポリエーテルスルホン（PES） … 78
　3.7　ポリエーテルエーテルケトン（PEEK） …………………… 79
　3.8　まとめ …………………… 80
4　注型材料としてのポリイミド ……… 80
　4.1　熱可塑性ポリイミド（TPI：Thermoplastic Polyimide）「AURUM®」 …………………… 82
　4.2　高結晶熱可塑性ポリイミド「Super AURUM®」 ………… 84
5　おわりに …………………… 87

第6章　ポリイミドフィルム　下川裕人，小林紀史

1　はじめに …………………… 89
2　ポリイミドの化学構造と特質 ……… 89
3　ポリイミドフィルムの製法 ………… 92
4　ポリイミドフィルムの特性 ………… 94
　4.1　耐熱性 …………………… 94
　　4.1.1　物理的耐熱性 …………… 94
　　4.1.2　化学的耐熱性 …………… 95
　　4.1.3　他のプラスチックとの比較 … 95
　4.2　機械的特性 ……………… 95
　4.3　耐薬品性 ………………… 96
　4.4　吸水率 …………………… 96
　4.5　その他の物性 …………… 97
5　ポリイミドフィルムの用途 ………… 97
　5.1　電子材料分野での用途 ……… 97
　　5.1.1　TABテープ基材 ………… 98
　　5.1.2　FPC基材 ……………… 99
　5.2　電子実装材料以外の用途 …… 100
6　需要動向 …………………… 101
7　製品規格 …………………… 102
　7.1　タイプ …………………… 102
　　7.1.1　ユーピレックス（BPDA系） … 102
　　7.1.2　カプトン（PMDA系） …… 102
　　7.1.3　アピカル（PMDA系） …… 102
8　最近のトピックス …………… 103
　8.1　熱可塑性ポリイミドフィルム … 103
　　8.1.1　ユーピレックス-VT ……… 103

8.2　2層CCL基材 …………… 104
　　　8.2.1　2層CCLの製造法 …… 104
　　　8.2.2　ラミネート方式2層CCL「ユピセルN」……………………… 105
　　　8.2.3　めっき方式2層CCL「ユピセルD」…………………………… 106
　9　おわりに ……………………… 107

第7章　アラミド繊維紙　　村山定光

1　はじめに ……………………… 110
2　アラミドの名称と種類 ……… 111
3　アラミド繊維の製法と構造 … 112
4　アラミド繊維の特性と電子材料用途 … 114
　4.1　メタ型アラミド繊維の特性と用途
　4.2　パラ型アラミド繊維の特性と用途 …………………………… 115
　　　　　　　　　　　　　　　 119
5　おわりに ……………………… 125

第8章　アラミドフィルム　　佃　明光

1　はじめに ……………………… 127
2　アラミドについて …………… 127
3　"ミクトロン"の分子設計 …… 128
　3.1　置換型パラ系アラミドフィルム … 128
4　"ミクトロン"の製造方法 …… 129
　4.1　重合 ……………………… 129
　4.2　製膜 ……………………… 130
5　"ミクトロン"の特性 ………… 130
　5.1　機械的特性 ……………… 131
　5.2　熱的特性 ………………… 132
　5.3　湿度特性 ………………… 132
　5.4　ガスバリア性 …………… 133
　5.5　耐薬品性 ………………… 133
　5.6　表面性 …………………… 133
　5.7　加工性 …………………… 135
6　"ミクトロン"の用途 ………… 135
　6.1　磁気記録材料 …………… 135
　6.2　電子機器用途 …………… 136
7　他のパラ系アラミドフィルム … 136
8　おわりに ……………………… 137

第9章　耐熱性粘着テープ　　安藤雅彦，谷本正一，大浦正裕，天野恒行

1　はじめに ……………………… 138
2　電子部品および半導体用耐熱粘着テープ ………………………… 138
　2.1　アルミ電解コンデンサ素子巻止め用PPS粘着テープ ………… 142
　2.2　半導体パッケージ樹脂バリ防止用

	PI粘着テープ …………… 143	4.1	ブラウン管製造工程管理用ラベル
3	耐熱両面接着テープ………… 144		…………………………… 147
3.1	鉛フリーハンダ対応耐熱両面接着	4.2	セラミックラベル ………… 148
	テープ …………………… 145	4.3	シリコーンラベル ………… 149
4	耐熱バーコードラベル ……… 147	5	おわりに …………………… 151

第10章　半導体封止用成形材料　　井上 修

1	はじめに …………………… 152		…………………………… 157
2	半導体封止用成形材料について……… 152	3.2	ハロゲン・アンチモンフリー化技術
2.1	半導体封止用成形材料の成形性 … 153		との両立 …………………… 160
2.2	半導体封止用成形材料の信頼性 … 154	3.2.1	代替難燃剤の添加 ………… 161
2.2.1	耐湿性 …………………… 154	3.2.2	フィラー高充填による難燃化
2.2.2	耐温度サイクル性 ………… 155		…………………………… 161
2.2.3	耐ハンダ特性 ……………… 156	3.2.3	自己消火性を有するレジンの適
3	最近の課題とその対応／鉛フリーハン		用 ………………………… 161
	ダ対応および環境対応封止材料の開発	3.3	エリア実装パッケージ …… 162
	…………………………… 157	3.4	高周波対応樹脂 …………… 164
3.1	鉛フリーハンダリフロー性の向上	4	おわりに …………………… 164

第11章　その他注目材料

1	ベンゾシクロブテン樹脂…大場 薫 166	1.5.2	低吸湿性 …………………… 172
1.1	はじめに ………………… 166	1.5.3	耐熱性 ……………………… 174
1.2	ベンゾシクロブテン環の反応性 … 166	1.5.4	平坦化性 …………………… 174
1.3	CYCLOTENE樹脂……………… 168	1.5.5	光学特性 …………………… 175
1.4	DVS-bisBCB（CYCLOTENE）樹	1.5.6	線膨張係数 ………………… 176
	脂の硬化反応 …………… 169	1.5.7	密着性 ……………………… 176
1.4.1	標準硬化条件 ……………… 171	1.5.8	耐薬品性 …………………… 176
1.5	硬化物の特性 …………… 171	1.6	感光性CYCLOTENE樹脂システム
1.5.1	誘電特性 …………………… 171		…………………………… 177

1.7 CYCLOTENE 樹脂薄膜形成プロセス ……………………………… 179
  1.7.1 ドライエッチング用 CYCLOTENE 成膜プロセス … 179
  1.7.2 感光性 CYCLOTENE 成膜プロセス ……………………… 180
  1.7.3 露光, 現像条件の解像度への影響 ………………………… 180
 1.8 DVS-bis BCB 樹脂の強靭化 ……… 181
 1.9 おわりに ………………………… 182
2 熱硬化型 PPE 樹脂 ……… **片寄照雄**… 185
 2.1 市場動向 ………………………… 185
 2.2 電子材料としての高分子 ………… 187
 2.3 熱硬化型 PPE 樹脂 ……………… 188
 2.4 熱硬化型 PPE 樹脂銅張積層板 … 190
  2.4.1 プリプレグ ……………………… 190
  2.4.2 銅張積層板 ……………………… 193
 2.5 ビルドアップ用熱硬化型 PPE 樹脂 ……………………………………… 195
  2.5.1 APPE 樹脂付き銅箔の特徴 … 195
  2.5.2 絶縁材料としての特性－電気特性／耐熱性／吸水率－ ………… 196
  2.5.3 加工特性 ………………………… 196
  2.5.4 ビルドアップ多層配線板の信頼性 ……………………………… 197
 2.6 今後の展望 ……………………… 197
3 液晶ポリマー ……………**吉川淳夫**… 199
 3.1 はじめに ………………………… 199
 3.2 LCP の分類と特徴 ……………… 199
  3.2.1 化学構造と合成方法 …………… 199
  3.2.2 耐熱性 …………………………… 202

 3.2.3 流動特性と成形加工性 ……… 203
 3.3 射出成形品 ……………………… 203
 3.4 フィルム成形品 ………………… 204
  3.4.1 製法 ……………………………… 204
  3.4.2 機械的性質 ……………………… 206
  3.4.3 熱的性質と寸法安定性 ………… 206
  3.4.4 電気的性質 ……………………… 207
  3.4.5 吸湿性 …………………………… 209
  3.4.6 耐薬品性 ………………………… 211
  3.4.7 環境適合性 ……………………… 211
  3.4.8 ガスバリア性 …………………… 211
  3.4.9 耐放射線性 ……………………… 212
  3.4.10 アウトガス …………………… 212
  3.4.11 レーザー穴あけ加工性とめっき性 ……………………………… 213
 3.5 用途 ……………………………… 214
  3.5.1 銅張積層板 ……………………… 214
  3.5.2 多層フレキシブル配線板 ……… 214
 3.6 おわりに ………………………… 215
4 BT レジン ………………**近藤至徳**… 216
 4.1 BT レジンとは ………………… 216
 4.2 シアネート化合物 ……………… 216
 4.3 BT レジンの製法 ……………… 218
 4.4 BT レジンの特徴 ……………… 218
 4.5 BT レジンの種類と特徴 ……… 220
 4.6 BT レジン銅張積層板 ………… 222
  4.6.1 パッケージ材料用 BT レジン積層板 ……………………………… 224
  4.6.2 高速・高周波回路用 BT レジン積層板 …………………………… 225
  4.6.3 IC カード・LED 用 BT レジン

積層板 …………………………… 226	4.6.5　その他 BT レジン積層板……… 228
4.6.4　バーンインボード等用 BT レジン積層板 …………………………… 228	4.7　樹脂付き銅箔材料 ………………… 230
	4.8　今後の展開 ………………………… 230

基礎編

第1章　耐熱性高分子の分子設計

今井淑夫*

1　はじめに

　高分子を加熱すると軟化，融解，流動などの可逆的な物理変化と，熱による分子鎖の切断（熱分解）という非可逆的な化学変化が起こる。高分子の耐熱性とは，高分子が高温に耐え，その性質が変わらないことであるから，耐熱性に優れる高分子，すなわち，耐熱性高分子の必要条件は，物理的意味をもつガラス転移点と融点が十分に高く，かつ，化学変化を伴う熱分解開始温度が十分高いことである。本稿では，まずこれらの高分子の熱特性が何によって支配されているかを明らかにし，ついで耐熱性高分子の分子設計について述べる。さらに，実用材料としての高分子材料の耐熱性についてふれ，耐熱性高分子材料の実例をいくつかあげる。なお本稿では，本題に係わるいくつかの参考文献[1～6]をあげたので参照していただきたい。

2　高分子の熱特性

2.1　融解の熱力学

　高分子の融点について議論する前に，融解の熱力学についてふれる。高分子には分子構造からみて，曲がりやすい高分子（屈曲性高分子）と，かたくて曲がらない高分子（剛直性高分子）がある。また，固体構造からみると高分子には，はっきりした結晶状態を示さないガラス状態の非晶性高分子と，結晶構造と非晶構造（ガラス構造）を併せもつ結晶性高分子がある。

　物質の融解は結晶相から液相への熱力学的な相転移であるから，結晶性高分子には融点があり，その融点 T_m（絶対温度）は熱力学的に次式で表わされる。なお，非晶性高分子には融点がない。

$$T_m = (H_L - H_C)/(S_L - S_C) = \triangle H_m / \triangle S_m$$

　ここで，H はエンタルピー，S はエントロピーであり，添字の L と C は融液相と結晶相に対応し，$\triangle H_m$ は融解エンタルピー（融解熱），$\triangle S_m$ は融解エントロピーである。$\triangle H_m$ は双極子-双極子相互作用（極性分子間に働く引力，もっとも強いのが水素結合）やファンデルワールス力のような分子間力によって支配されており，一方，$\triangle S_m$ は分子の屈曲性・剛直性に関係している。

---

* Yoshio Imai　東京工業大学　名誉教授

すなわち，屈曲性高分子では$\triangle S_m$は結晶相の融解に伴って起こる体積変化と分子鎖の内部回転による形態変化などによって決まるが，分子の形態変化の寄与が大きく，S_CにくらべてS_Lが大きいために$\triangle S_m$が大きくなる。ちなみに，剛直性高分子では分子の形態変化は結晶相と融液相でほとんど不変であり，その間の$\triangle S_m$はほぼゼロである。したがって，屈曲性高分子では$\triangle S_m$が大きいためにT_mは低くなり，一方，剛直性高分子では$\triangle S_m$はほぼゼロであるためにT_mは高くなる。

2.2 高分子の融点とガラス転移点

結晶性高分子の化学構造と融点の関係について議論するために，表1にいくつかの高分子のT_m，$\triangle H_m$，$\triangle S_m$を示す。また，これらの高分子の$\triangle H_m$と$\triangle S_m$の関係を，そのT_mとともにプロットすると，図1のようになる。

表1 各種高分子のT_mとT_g

化学構造	T_g (℃)	T_m (℃)	$\triangle H_m$ (J/g)	$\triangle S_m$ (J/g・K)
$[-CH_2CH_2-]_n$	-36	137	280	0.682
$[-CH_2CH(CH_3)-]_n$	-13	185	210	0.457
$[-CH_2CH(C_6H_5)-]_n$	100	240	86	0.169
$[-CH_2CH(OH)-]_n$	85	228	157	0.313
$[-CH_2CHF-]_n$	41	227	163	0.326
$[-CH_2CF_2-]_n$	-40	178	93	0.206
$[-CF_2CF_2-]_n$	127	327	57	0.095
$[-OCH_2-]_n$	-50	180	249	0.550
$[-O(CH_2)_2-]_n$	-53	75	216	0.620
$[-O(CH_2)_4-]_n$	-85	43	172	0.544
$[-O(CH_2)_2OCO(CH_2)_4CO-]_n$	-50	65	122	0.361
$[-O(CH_2)_2OCO(CH_2)_8CO-]_n$	—	83	140	0.394
$[-O(CH_2)_2OCO-\bigcirc-CO-]_n$	69	267	120	0.222
$[-NH(CH_2)_6NHCO(CH_2)_4CO-]_n$	57	265	204	0.378
$[-NH(CH_2)_6NHCO(CH_2)_8CO-]_n$	45	225	199	0.399

この図から，ごく大ざっぱにみて，$\triangle H_m$と$\triangle S_m$の間に相関があり，$\triangle S_m$が大きい高分子は$\triangle H_m$が大きく，逆に$\triangle S_m$が小さいものは$\triangle H_m$が小さい傾向がみられることがわかる。そして，$\triangle S_m$と$\triangle H_m$がともに小さい高分子ほど，両者が大きい場合にくらべて，高いT_mをもつ高分子となる傾向が大きい。たとえば，図1の右上のT_m＝137℃の高分子がポリエチレンPEであり，一方，左下のT_m＝327℃のものがポリテトラフルオロエチレンPTFEである。さらに図1から，$\triangle S_m$とT_mの関係と$\triangle H_m$とT_mの関係をみると，$\triangle H_m$を大きくするよりも$\triangle S_m$を小さくする方

第1章 耐熱性高分子の分子設計

が高分子の T_m を高くする寄与が大きいことがわかる。

$$[-CH_2CH_2-]_n \qquad [-CF_2CF_2-]_n$$
$$\text{PE} \qquad\qquad \text{PTFE}$$

非晶性高分子の熱特性の尺度としては，融点の代わりにガラス転移点 T_g が用いられる。先に示したように融点が熱力学的な相転移であるのに対して，T_g は速度論的な緩和現象の一つである。非晶性高分子の融液を冷却していくと，非平衡のまま凍結されてガラス状態になり，分子鎖のミクロブラウン運動が凍

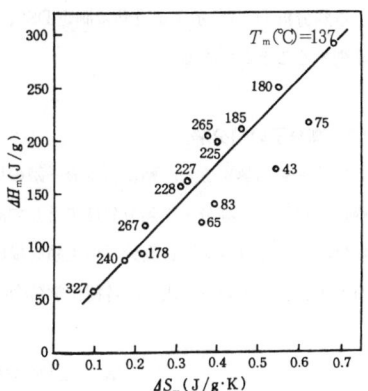

図1 高分子の T_m と ΔH_m と ΔS_m の関係

結されるが，逆にこれを加熱すると T_g 付近で分子の熱運動が活発になり軟化する。このような非晶性高分子に加えて，多くの結晶性高分子も結晶構造とともに非晶構造を併せもっているので，T_m とともに T_g がある。いくつかの結晶性高分子の T_g を表1に併せて示したが，これを基にして T_m と T_g の関係をプロットすると図2が得られる。

図2によると，T_m と T_g の間には大まかにみて相関があるといえる。この点に関しては，多くの結晶性高分子では T_m と T_g の間に絶対温度に換算して，$T_g/T_m=0.5 \sim 0.75$ という経験則があり，さらに最近の芳香族系高分子の中には T_g/T_m 比が 0.8 を上回るものも知られている。いずれにしても，結晶性と非晶性を含めて高分子の化学構造と T_g の関係については，先の T_m の場合と同様な関係があるとみることができる。すなわち，高分子の T_g の場合も分子間力のようなエンタルピー的因子よりも，分子の屈曲性・剛直性のようなエントロピー的因子の方が重要であると考えることができ，剛直な高分子ほど T_g が高くなるといえる。

なお，高分子のガラス転移点 T_g と融点 T_m は，

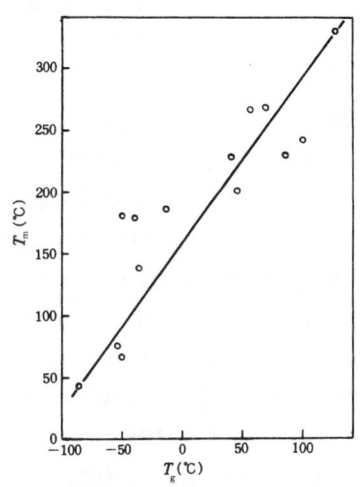

図2 高分子の T_m と T_g の関係

5

示差熱分析 DTA, 示差走査熱量測定 DSC, 動的熱機械分析 DMA を用いることによって容易に実測することができる。

2.3 高分子の熱分解

高分子を加熱すると, 熱による分子鎖の切断反応(熱分解, 酸素が存在する場合には熱酸化分解)が起こる。高分子の熱分解は主として高分子主鎖の均一分解(ラジカル開裂)によるために, 熱分解の起こりやすさは高分子の主鎖を構成する化学結合の強弱, すなわち, 結合解離エネルギーの大小によっている。表2に各種化学結合の結合解離エネルギーを示す。

表2 各種化学結合の結合解離エネルギー
(kJ/mol)

$H-CH_3$	434	$F-CH_3$	452
$H-C_2H_5$	412	$F-CF_3$	543
CH_3-CH_3	368	CF_3-CF_3	410
$CH_3-C_2H_5$	357	$H-(CH=CH_2)$	455
CH_3-OH	383	$H-(C\equiv CH)$	500
CH_3-OCH_3	342	$H-C_6H_5$	460
$C_2H_5-OC_2H_5$	322	$CH_3-(CH=CH_2)$	466
CH_3-COCH_3	355	$CH_3-(C\equiv CH)$	465
CH_3-COOH	403	$C_6H_5-CH_3$	417
CH_3CO-OH	448	$C_6H_5-C_6H_5$	468
$CH_3COO-C_2H_5$	360	$C_6H_5-OCH_3$	409
$CH_3CO-OC_2H_5$	364	$CH_2=CH_2$	718
CH_3CO-NH_2	368	$CH\equiv CH$	960

もっとも単純な高分子であるポリエチレン PE の主鎖を構成する C-C 結合の結合解離エネルギーは 360kJ/mol くらいであるが, C-O や C-N 結合を含むエーテル, エステル, アミド結合なども C-C 結合とほぼ同程度の結合解離エネルギーをもっている。それ故, ごく大ざっぱにいうと, これらの結合を主鎖中にもつ脂肪族鎖のポリエーテル, ポリエステル, ポリアミドなどの一群の高分子は, 少なくともポリエチレン程度の熱分解性(その裏返しが熱安定性)をもつ高分子であるとみることができる。このように脂肪族鎖の C-C 結合の結合解離エネルギーが 360kJ/mol くらいであるのに対して, ポリパラフェニレン PPP のような芳香族系高分子を構成する2個のベンゼン環の間の結合解離エネルギーは 460kJ/mol くらいであり, 共鳴安定化の寄与によって約 100kJ/mol も結合解離エネルギーが大きい。また, 脂肪族 C-O や C-N 結合に比べて, 芳香族 C-O や C-N 結合の結合解離エネルギーは共鳴の寄与によりはるかに大きい。以上が脂肪族鎖からなる高分子よりも芳香族系高分子の方が熱安定性が高い理由である。

第1章　耐熱性高分子の分子設計

$$\left[-\!\!\!\bigcirc\!\!\!- \right]_n$$
PPP

　なお，高分子の熱分解開始温度 T_d は昇温法の熱重量測定 TG（不活性ガス雰囲気下と空気中）によって実測できる。ついでながら，等温法で熱重量測定を行うと，高分子の熱分解開始時間を実測することができる。

　ここで，高分子の T_g，T_m，T_d の高低をくらべると，一般に $T_g < T_m < T_d$ の順になる。具体例をあげると，ポリエチレンテレフタレート PET の場合は，T_g（70℃）$< T_m$（265℃）$< T_d$（400℃，窒素中）である。しかし，後で述べる全芳香族系のポリイミド PPI のように，T_g（410℃）$< T_d$（550℃，窒素中）$< T_m$（600℃以上と推定）と，T_m が T_d を上まわる場合もある。

$$\left[-OCH_2CH_2O-C(=O)-\!\!\!\bigcirc\!\!\!-C(=O)- \right]_n$$
PET

PPI

3　耐熱性高分子の分子設計

3.1　耐熱性高分子の分子設計の基礎

　耐熱性高分子の必要条件は，物理的意味をもつガラス転移点 T_g や融点 T_m が十分に高く，かつ，化学変化を伴う熱分解開始温度 T_d が十分に高いことである。このような要件を満たす耐熱性高分子を設計することを考えてみよう。

　前述の2.1項と2.2項から，融点 T_m の高い高分子を得るためには，融解エンタルピー $\triangle H_m$ が大きく，および／または融解エントロピー $\triangle S_m$ の小さい高分子を分子設計すればよいことがわかる。さらにいえば，$\triangle H_m$ と $\triangle S_m$ を比べると $\triangle S_m$ を小さくする方が融点を高くする寄与が大きいことから，主として $\triangle S_m$ に着目すればよいことになる。したがって，融点が高い高分子を得るためには，主として融解エントロピーの小さい，剛直性の芳香族系高分子を設計すればよいといえる。

　ガラス転移点 T_g の高い高分子を得る場合にも，先の2.2項でみたように，T_m と T_g の間に相関があることと，T_m の場合と同様にエンタルピー的因子よりもエントロピー的因子に着目すれ

7

耐熱性高分子電子材料

ばよいことから,剛直性の芳香族系高分子を設計すればよいことになる。

熱分解開始温度 T_d の高い高分子を得るためには,先の2.3項から,高分子の主鎖を構成する化学結合の結合解離エネルギーの大きい高分子を設計すればよく,具体的には,脂肪族鎖からなる高分子ではなくて芳香族系高分子を設計すればよいことがわかる。

以上をまとめると,T_m,T_g,T_d のいずれの場合にも耐熱性高分子を得るための設計指針は同じであり,「剛直性の芳香族系高分子」を設計すれば耐熱性高分子が得られるといえる。

剛直性の芳香族系高分子というと,まず最初に思い浮かぶのはベンゼン環だけが連結されたポリパラフェニレンPPPである。これを含めて耐熱性に優れた剛直性の芳香族系高分子を設計するための具体的な指針を示すと,主として次の三つになる。
①芳香族系高分子の主鎖中に極性の大きい連結基を導入する。
②芳香族系高分子の主鎖中に対称性のよい芳香族環を導入する。
③芳香族系高分子の主鎖中に二重鎖構造を導入する。

なお,ここにあげた耐熱性高分子の設計指針は物理的耐熱性の点から導いたものであるが,熱分解性(化学的耐熱性)を高める見地からみても,同様な設計指針を導き出すことができる。以下においては,これらの指針について具体例をあげながら説明する。

3.2 耐熱性高分子の分子設計指針
3.2.1 極性の大きい連結基の導入

この指針①は主として前述したエンタルピー的因子($\triangle H_m$)に関係するものである。$\triangle H_m$ は分子間力によって支配されており,その分子間力は主として極性に依存する。表3と表4からごく大まかにわかるように,$-CH_2-$,$-C(CH_3)_2-$,$-O-$,$-S-$基のような極性のない,あるいは極性の小さい連結基を用いて芳香族環を連結した場合を基準にすると,水素結合能のある $-CONH-$ 基の導入が T_m を高くするのにもっとも効果がある($\triangle H_m$ が大となる)。ついで $-COO-$,$-CO-$,$-SO_2-$ 基などの極性の大きい連結基の導入が効果的であり,こうすることにより,$-CH_2-$ 基などの一群と $-CONH-$ 基の場合の中間に相当する T_m や T_g をもつ高分子が得られる。ここで,$-CONH-$,$-COO-$,$-CO-$ を含む高分子は T_m と T_g をもつ結晶性高分子となることが多く,$-SO_2-$ 基を含む高分子の場合にはかさ高いこの連結基の故に主として非晶性高分子となる。このようにして,芳香族環をいくつかの連結基を組み合わせて連結すると,中程度の耐熱性をもつ芳香族ポリエーテル類を得ることができる(表3)。

3.2.2 対称性のよい芳香族環の導入

この指針②は主としてエントロピー的因子($\triangle S_m$)に関係している。$\triangle S_m$ は剛直性によって支配されており,その剛直性は分子の対称性に依存する。表4にみられるように,芳香族環を対

第1章 耐熱性高分子の分子設計

表3 芳香族ポリエーテル類の T_m と T_g

化学構造	Ar	T_m[℃]	T_g[℃]
[−⌬−SO₂−⌬−O−Ar−O−]ₙ	−⌬−	310	210
	−⌬−⌬−	−	230
	−⌬−CH₂−⌬−	−	180
	−⌬−C(CH₃)₂−⌬−	−	195
	−⌬−O−⌬−	−	180
	−⌬−S−⌬−	−	175
	−⌬−CO−⌬−	−	205
	−⌬−SO₂−⌬−	−	225
[−⌬−CO−⌬−O−Ar−O−]ₙ	−⌬−	335	144
	−⌬−⌬−	416	167
	−⌬−C(CH₃)₂−⌬−	248	155
	−⌬−O−⌬−	315	150
	−⌬−CO−⌬−	367	154
[−⌬−⌬−SO₂−⌬−O−⌬−SO₂−]ₙ		395	275
[−⌬−CO−⌬−O−⌬−CO−]ₙ		385	185

称性のよいパラ位で連結した高分子は，融解の際に単結合のまわりの自由回転が許されても棒状に近い剛直な構造をとるため，メタ位で連結した場合に比べて相対的に分子の形態変化が小さく（△S_m が小さくなる），T_m や T_g の高い高分子となる。指針②に指針①を加味した具体例をあげると，芳香族環を−CONH−，−COO−基を介してパラ位で連結することによって，高い T_m をも

9

表4 芳香族系高分子の T_m と T_g

化学構造	パラ結合		メタ結合	
	T_m[℃]	T_g[℃]	T_m[℃]	T_g[℃]
$[-\bigcirc-\text{CONH}-]_n$	550	—	425	—
$[-\bigcirc-\text{COO}-]_n$	610	—	185	145
$[-\bigcirc-\text{CH}_2\text{CH}_2-]_n$	420	80	80	—
$[-\bigcirc-\text{O}-]_n$	290	90	—	45
$[-\bigcirc-\text{S}-]_n$	280	92	133	27

つ芳香族ポリアミド（アラミド）や芳香族ポリエステル（ポリアリレート）が得られる（表4）。

3.2.3 二重鎖構造の導入

さらにこの指針③もエントロピー的因子によっている。上述の指針①と指針②によるよりもさらに T_m や T_g の高い高分子を得るためには，芳香族環を単結合で連結するだけでなく，高分子主鎖中に二重鎖構造を導入して剛直な棒状構造をとらせるのがよい。このような高分子をはしご状高分子（ラダーポリマー）ないしは部分はしご状高分子という（図3）。なお，単結合鎖高分子とはしご状高分子を熱分解性（化学的耐熱性）の点から比較すると，図4に示すように，単結合鎖高分子では単結合の1ヵ所が開裂すれば分解が起こり，一本の高分子鎖の分子量が平均的にみて半分に低下する。それに対して，二重鎖構造からなるはしご状高分子では，同一環内（隣接鎖）で2ヵ所が開裂しない限り分解（高分子鎖の分子量の低下）は起こらず，その可能性は単結合鎖高分子の場合に比べてはるかに小さい。場合によっては，分解する前に開裂部分が再結合して二重鎖構造が修復されることもありうる。このように，二重鎖の剛直鎖棒状構造からなる高分子は極めて高度の耐熱性をもつ高分子であり，まさに究極の耐熱性高分子といえる。典型的なはしご状高分子としてポリベンゾイミダゾピロロン PBIP があげられるが，実際には，この種のはしご状高分子は合成と成形加工が困難であるため，芳香族複素環状高分子によって代表される，より合成の容易な部分はしご状高分子が高度の耐熱性と加工性を兼ね備えたものとして重要性が高い。なかでも，先にあげたポリイミド PPI がもっとも著名であり，ポリベンゾイミダゾール

第1章　耐熱性高分子の分子設計

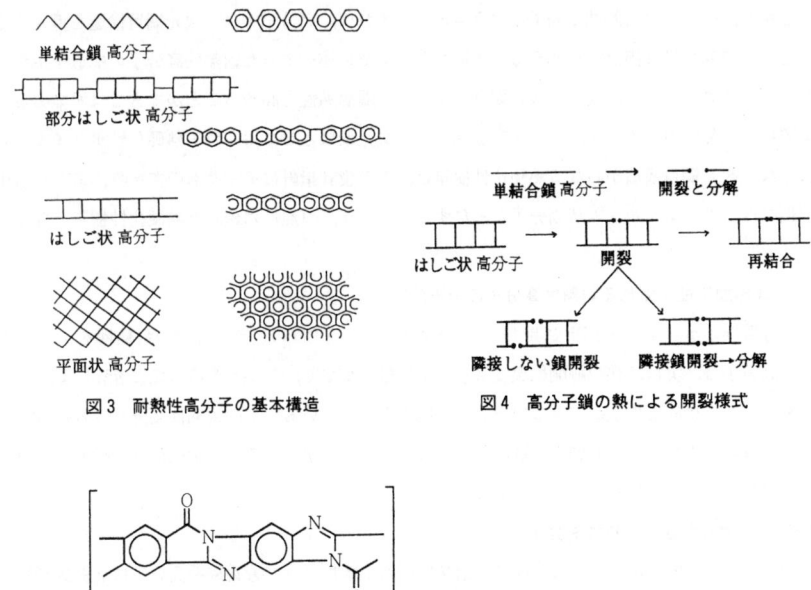

図3　耐熱性高分子の基本構造

図4　高分子鎖の熱による開裂様式

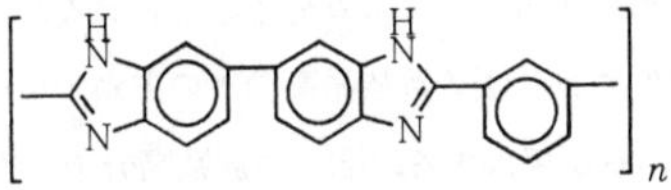

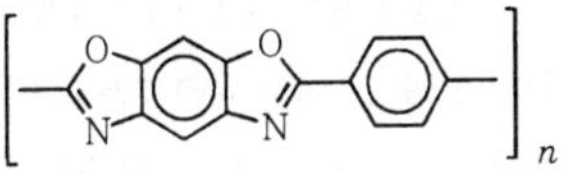

PBIやポリベンゾオキサゾールPBOもこの範ちゅうに加えられる。

3.2.4　三次元網目構造の導入

　以上においては，もっぱら線状の耐熱性高分子の分子設計について述べてきたが，前述のはしご状高分子をさらに二次元平面内で広げていくと，平面状高分子（シートポリマー）が得られるはずであり（図3），その極限がsp^2炭素のみから構成されているグラファイト（黒鉛）である。さらに，三次元立体格子状に高分子を組み立てることも考えられるが（ジャングルジム状高分子），その究極がsp^3炭素のみからなるダイヤモンド（図5）である。もちろん，これらの平面状高分子やジャングルジム状高分子は実現していない。

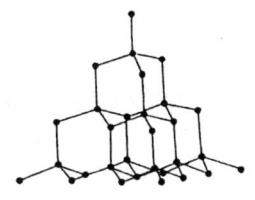

図5　ダイヤモンドの骨格構造

11

しかし，高分子の耐熱性の向上という見地からすれば，高分子中に三次元網目構造を導入することも，有効な設計指針となりうる。すなわち，すでに述べてきた耐熱性高分子の構造を生かした上で，これをさらに高度に三次元架橋させると一層耐熱性を高めることができるはずである。実際に，耐熱性のイミドオリゴマーを加熱して三次元架橋させて得られる熱硬化性ポリイミドのような三次元網目構造からなる熱硬化性樹脂は，この設計指針にそったものであり，あたかも規則性のないジャングルジム状高分子とみなすことができ，耐熱性に優れた熱硬化性樹脂となる。

3.3 成形加工性に優れる耐熱性高分子の分子設計

全芳香族のポリイミド PPI やポリベンゾオキサゾール PBO のような高度の耐熱性をもつ芳香族系高分子は，実は，熱分解開始温度よりも下に融点がなく，しかも有機溶媒に溶解しないため，従来の方法では成形加工ができないという問題点をもっている。この耐熱性高分子の不融不溶性，すなわち難加工性という問題点を解決するには二通りの方法がある。溶融成形性の耐熱性高分子と有機溶媒可溶性の耐熱性高分子である。

3.3.1 溶融成形性の耐熱性高分子

この問題点の解決策の一つは，高度の耐熱性を若干犠牲にして芳香族系高分子に溶融成形性をもたせることである。本来，耐熱性高分子は前項の指針①や指針②のように，極性が大きく対称性のよい化学構造を芳香族系高分子の主鎖中に導入することにより分子設計されるが，このような極性や対称性を適度に減らすのである。具体的には，(1)芳香族系高分子の主鎖中に極性が小さく屈曲性の大きい$-CH_2-$，$-O-$，$-S-$などの連結基を導入する，(2)芳香族系高分子の主鎖中にパラフェニレン基の代わりにメタフェニレン基を導入して対称性を乱す，(3)共重合により芳香族系高分子の構成単位の規則性を乱すなどである。これらにより，ガラス転移点 T_g がおよそ 300℃までの中程度の耐熱性をもつ溶融成形が可能な，言い換えれば熱可塑性の非晶性芳香族系高分子を得ることができる。なお，T_g がおよそ 300℃までの非晶性芳香族系高分子と限定した理由は次のとおりである。一般に，非晶性高分子はその T_g 付近から軟化をはじめるが，溶融加工にはその T_g よりもさらに 100〜150℃くらい高い温度が必要である。芳香族系高分子についてみると，その熱分解開始温度が概して 450℃以上であるから，熱分解を伴わずに溶融加工できる非晶性高分子の T_g の上限を［450℃−150℃］から 300℃くらいまでと大ざっぱに見積もったというわけである。

3.3.2 有機溶媒可溶性の耐熱性高分子[7]

先の問題点を解決する二つ目の方策としては，耐熱性高分子を有機溶媒に可溶にすることが考えられる。有機溶媒可溶性の耐熱性高分子の設計指針としては，上に述べた溶融成形性の付与の場合と同じく，(1)極性が小さく屈曲性の大きい連結基の導入，(2)パラフェニレン基の代わりにメ

第1章 耐熱性高分子の分子設計

タフェニレン基の導入，(3)共重合などがあげられる．これらにより，中程度から高度の耐熱性をもつ（T_g に制限はない）有機溶媒に可溶な非晶性芳香族系高分子が得られる．

これらに加えて，高度の耐熱性を保ったまま耐熱性高分子に有機溶媒可溶性を付与する方法がある．(4)芳香族系高分子の側鎖にかさ高い置換基を導入する，(5)芳香族系高分子の主鎖中に折れ曲がった非共平面性構造を導入す

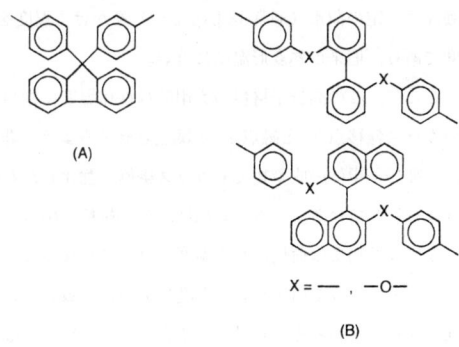

図6　カルド構造（A）と非共平面性構造（B）

る，の二つである．この指針(4)と指針(5)も主としてエントロピー的因子（$\triangle S_m$）に関係している．指針(4)のように，たとえばフェニル基（$-C_6H_5$）やヘキサフルオロイソプロピリデン基（$-C(CF_3)_2-$）などのかさ高い置換基や，さらにフルオレニリデンジフェニレン基のようなかさ高いカルド構造（蝶つがい型，図6）を芳香族系高分子の側鎖に導入したり，指針(5)のように，たとえばビフェニル-2,2′-ジイル基や1,1′-ビナフチル-2,2′-ジイル基などの折れ曲がった非共平面性構造を導入すると（図6），これらによる立体障害が大きく，分子運動そのものが非常に抑制されるために（$\triangle S_m$が小さくなる），T_g が十分に高い非晶性芳香族系高分子が得られる．これに加えて，これらの構造が芳香族系高分子中に存在することによって，分子配列が大きく乱されて分子鎖内および分子鎖間の空孔が大きくなり，有機溶媒が入り込みやすくなる．その結果，T_g が十分に高い，高度の耐熱性をもつ有機溶媒に可溶な非晶性芳香族系高分子を得ることができる．

4　耐熱性高分子材料

4.1　高分子材料の耐熱性

4.1.1　高分子材料の物理的耐熱性

高分子（たとえばポリエチレン）というのは，今まで述べてきたように，高分子量の分子（ないしは物質）のことであり，実用材料として使われるときには高分子材料といって区別する必要がある．高分子材料はプラスチック，フィルム，繊維などとして適当な弾性率や強度をもった固体状態で使用されるが，ある温度で軟化し，それ以上の温度では使用できなくなる．したがって，その軟化温度の高いものほど耐熱性に優れた高分子材料といえる．この高分子材料の物理的耐熱性を支配する軟化温度として「荷重たわみ温度 T_{DT}」が実際に使われている．これは角棒状の試

験片に一定の荷重(通常18.6kg/cm^2)をかけて温度を上げ,たわみが一定値に達するときの温度であり,旧来の熱変形温度に近い。

ここで,この高分子材料の実用的な軟化温度に相当する荷重たわみ温度 T_{DT} を,高分子に固有のガラス転移点 T_g と融点 T_m と関連させてみよう。非晶性高分子材料の場合には,図7のように,高分子単体の成型物でもガラス繊維で強化したものでも,荷重たわみ温度はガラス転移点とほぼ一致している。一方,結晶性高分子材料の場合には,図8のように,ガラス繊維で強化していない成型物では荷重たわみ温度はガラス転移点にかなり近く,またガラス繊維で強化したものでは大まかにみて荷重たわみ温度は融点に一致している。これは,結晶性高分子がガラス繊維で強化されるといっそう結晶化しやすくなるためである。このように,ひとくちに結晶性高分子材料といっても,成型物の荷重たわみ温度は結晶化度によって大きく支配されることがわかる。

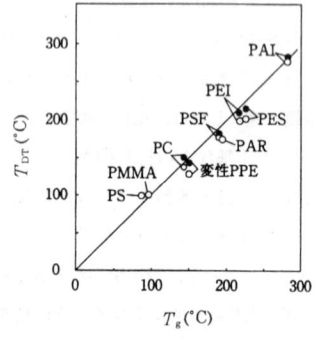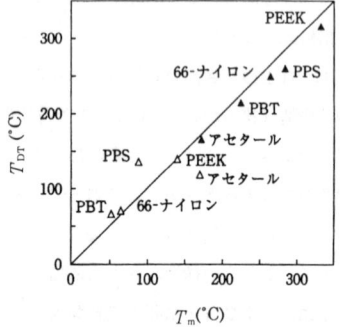

図7 非晶性高分子の T_g と T_{DT} の関係
○:非強化,●:ガラス繊維強化
PPE:ポリフェニレンエーテル,PC:ポリカーボネート,PMMA:ポリメタクリル酸メチル,PS:ポリスチレン,そのほかの高分子の略号は表6を参照のこと

図8 結晶性高分子の T_m と T_{DT} の関係
△:非強化,▲:ガラス繊維強化
PBT:ポリブチレンテレフタレート,
アセタール:ポリオキシメチレン,
PEEK と PPS は表6を参照のこと

4.1.2 高分子材料の化学的耐熱性

つぎに,高分子材料の化学的耐熱性をみてみよう。高分子の場合には化学的耐熱性を端的に熱分解開始温度 T_d によって評価してきたが,高分子材料となると少し複雑になる。高分子材料をガラス転移点ないしは融点以下の高温に長時間さらした場合,その高温が熱分解開始温度よりも低い温度であっても,その高分子はごくゆっくりとではあるが,高分子鎖の熱分解や熱酸化分解による切断反応や架橋,さらには側鎖の反応などを含む化学変化を起こす。この高分子材料の重量減少,着色,炭化などの化学変化を総称して熱劣化というが,これによって高分子材料の諸特

第1章 耐熱性高分子の分子設計

性が変化（低下あるいは上昇）し，それ以上の使用に耐えられなくなる。なお，この熱劣化の主な反応は熱（酸化）分解であるから，高分子の熱劣化の模様を知るのに，等温法による熱重量測定が有力な手段の一つとなる。

先に高分子の熱分解を結合解離エネルギーを基にして定性的にみてきたが，厳密には熱分解は温度と時間の関数であり，改めて速度の点から議論する必要がある。先に述べた結合解離エネルギーは化学結合の切断速度との間に相関があることが知られており，同じ温度で比較すると，結合解離エネルギーが20kJ/mol大きいと化学結合の切断速度は1.5桁程度小さくなると推定されている。この結合切断速度を高分子材料の熱劣化速度に単純に当てはめると，ある高分子材料の特定の高温下での寿命が1年である場合，これよりも結合解離エネルギーが20kJ/mol大きい主鎖結合をもつ高分子材料では，理論的には同じ高温下で20～30年もつということになる。

4.1.3 高分子材料の実用的耐熱性

今まで述べてきたことから，耐熱性に優れた高分子材料とは，その高分子のガラス転移点 T_g や融点 T_m が十分に高く，また荷重たわみ温度 T_{DT} が十分に高く高温まで軟化しないこと（物理的耐熱性）と，その高分子の熱分解開始温度 T_d が十分に高く，高温まで熱劣化が起こらないこと（化学的耐熱性）の両方を満たす高分子材料である。さらに，実用的見地からの高分子材料の耐熱性には，以上の二つの必要条件を満たした上で，①高温で長時間使用しても室温における諸特性（たとえば機械特性や電気特性など）が変化（低下）しないこと（長期耐熱性）という要件が加わる。さらに，②高温まで短時間，室温における諸特性が変化（低下）しないこと（短期耐熱性）も必要になる。このように，高分子材料の実用的耐熱性は，ガラス転移点，融点，熱分解開始温度といった高分子に固有の温度だけでは表すことができず，温度と時間の関数として表される。

4.1.4 高分子材料の長期耐熱性

高分子材料などの電気絶縁材料の長期耐熱性の尺度として，電気用品取締法に規定されている電気絶縁材料の「許容最高温度 T_{MX}」がある。これは，材料を4万時間（4年7カ月弱）保った場合に，その引張強度や絶縁破壊電圧などの特性値が常温時の1/2になる上限の温度を指している。電気絶縁材料の耐熱区分を表5に示す。これによると，耐熱性高分子材料とはH種相当の180℃以上で長期連続使用可能な材料であるといえる。180℃以上の領域を大ざっぱにさらに二つに区分することがある。すなわち，H種と200種に属する180～220℃で長期間耐えうる中程度の耐熱性と，220種と250種の220～250℃およびそれ以上の高温で長期間耐えうる高度の耐熱性である。

また，別の高分子材料の長期耐熱性の尺度として，米国 Undewriters Laboratories 社の「UL相対温度指数 T_{UL}」がある。これは10万時間（約11年5カ月）の特性評価に耐えうる温度と規

表5 電気絶縁材料の耐熱区分

区分	許容最高温度（℃）
Y	90
A	105
E	120
B	130
F	155
H	180
200	200
220	220
250	250

定されており，世界でもっともきびしい長期耐熱性の評価基準である。

さて，高分子材料の物理的な意味をもつガラス転移点 T_g や荷重たわみ温度 T_{DT} と，化学的な熱安定性の面をも含む UL 相対温度指数 T_{UL}（長期耐熱性＝連続使用温度の尺度）はまったく違った量であり，本来これら両者の間には相関がないはずである。ところが，高分子鎖の分子運動がある程度活発になってはじめて，高分子材料は長時間の間に熱劣化などの化学変化を起こすことになるはずである。すなわち，この状態になるためにはガラス転移点付近の温度が必要なのである。このように，高分子材料の T_{UL} はかなり T_g に関係しており，非晶性高分子材料の場合には，T_{UL} は T_g より低い温度となり，一方，結晶性高分子材料の場合には，結晶部があたかも補強材的な役割を果たして高分子の熱運動が抑えられるために，T_{UL} は T_g より高くなり，T_g と T_m の間の温度となる。なお，この長期耐熱性の尺度となる T_{UL} は，その高分子材料の熱分解開始温度 T_d からみるとはるかに低く，したがってその T_{UL} 付近の温度ではその高分子材料の熱劣化速度は非常におそい。

今までに述べてきたことをまとめて，高分子材料の長期耐熱性に係わる種々の熱特性値に序列をつけると，ごく大ざっぱに次のようになる。すなわち，非晶性高分子材料の場合には $T_d \gg T_g > T_{DT} > T_{MX} > T_{UL}$ であり，結晶性高分子材料の場合には $T_d > T_m$（場合によっては $T_m > T_d$）$\gg T_{MX} > T_{UL} > T_{DT} > T_g$ である。

4.1.5 高分子材料の短期耐熱性

つぎに，高分子材料の高温下，短時間の使用を可能にする短期耐熱性についてみることにするが，これも明らかに温度と時間の関数である。そして，高分子材料の短期耐熱性では化学的耐熱性，すなわち熱劣化速度の重要性が増してくる。一例を示すと，高度の耐熱性をもつ高分子材料として著名なポリイミド PPI（T_g=410℃）のフィルムの耐熱寿命は，空気中（カッコ内は不活性のヘリウム中）、250℃で8年，275℃で1年，300℃で3カ月，350℃で6日（1年），400℃で12

第1章　耐熱性高分子の分子設計

時間（2週間），T_g 以上の 450℃で2時間（22時間）と報告されている。なお，ポリイミド PPI には融点がなく，その熱分解開始温度は 500℃以上である。

このように高分子材料の短期耐熱性は，物理的耐熱性の見地からはガラス転移点 T_g を若干上回ることはあっても，融点 T_m 以上になることはありえない。また，高分子材料の短期耐熱温度はその熱分解開始温度 T_d に近づく。そうなるとその高分子材料の熱劣化速度は温度の上昇につれて著しく大きくなり，高温における耐熱寿命が短くなる。

4.2 耐熱性高分子材料の具体例
4.2.1 耐熱性プラスチック

実用化されている代表的な耐熱性高分子材料の化学構造といくつかの熱特性を表6にまとめて示す。熱特性の中には，物理的耐熱性を意味するガラス転移点 T_g と融点 T_m，さらに実用的な物理的耐熱性に相当する荷重たわみ温度 T_{DT} と長期耐熱性（連続使用温度）の UL 相対温度指数 T_{UL} をあげてある。

この表からわかるように，耐熱性高分子材料は芳香族環や複素環のような環状構造と連結基からなっている。そして，剛直性に寄与する，芳香族環とある程度共役しうるエーテル，スルフィド，カルボニル，スルホン，エステル，アミド，環状イミドなどの結合が連結基として巧みに組み込まれており，物理的見地からも，また化学的にも耐熱性の点で有利な構造から構成されていることがわかる。なお，この表にあげた芳香族系高分子材料は，ポリイミド PPI を除いて，先に示した溶融成形性の耐熱性高分子の分子設計指針（3.3.1項）にそって得られたものであり，溶融成形可能な中程度の耐熱性をもつ耐熱性高分子材料である。これらは一般に，耐熱性プラスチック，あるいはスーパーエンジニアリングプラスチックと呼ばれており，広く耐熱性電子材料として使われている。

4.2.2 ポリイミド

もっとも高度の耐熱性をもつ実用的高分子材料として，ポリイミド PPI を含むポリイミドの一群がある。表7に，主なポリイミドの化学構造と T_g，それに有機溶媒への溶解性（＋が可溶性，－が不溶性）を示す。さらに表中には，参考までにポリイミドの商品名も記載してある。

この表の中で，ポリイミド1（PPI と同じ）とポリイミド3（T_m＞500℃）は不融不溶性の高分子材料である。ポリイミド1と3の難加工性を改善して得られた溶融成形性ポリイミドが4，5，6，9である。これらのうち，ポリイミド4は結晶性（T_m＝388℃）であり，一方，ポリイミド5は一群のポリイミドの中では T_g（215℃）が低く，ポリイミドと区別して芳香族ポリエーテル類の仲間のポリエーテル-イミドとして取り扱われることが多い。ともあれ，これら4種のポリイミドは，先にあげた溶融成形性の耐熱性高分子の分子設計指針（3.3.1項）にそって設計された

17

表6 主な耐熱性高分子材料の化学構造と熱特性

高分子	化学構造	T_g (℃)	T_m (℃)	T_{DT} (℃)	T_{UL} (℃)
ポリスルフィド (PPS)	$[-S-\text{C}_6\text{H}_4-]_n$	85	285	135	200
ポリエーテルスルホン (PSF)		190	非晶性	175	160
ポリエーテルスルホン (PES)		225	非晶性	205	180
ポリエーテルケトン (PEEK)		143	334	150	240
ポリアリレート (PAR)		190	非晶性	165	150
ポリエーテルイミド (PEI)		217	非晶性	200	170
ポリアミドイミド (PAI)		280	非晶性	260	240
ポリイミド (PPI)		410	非晶性	360	280

ものであるということができ，溶融成形可能な中程度以上の耐熱性をもつ高分子材料として有用性が高い．

また，ポリイミド 2, 7, 8, 9, 10 は，ポリイミド 1 と 3 の難加工性を改善して有機溶媒への溶解性を付与したものであり，先の有機溶媒可溶性の耐熱性高分子の分子設計指針（3.3.2 項）にそって設計されたものである．これら 5 種のポリイミドは高い T_g をもっており（260～340℃），中程度から高度の耐熱性をもつ有用な高分子材料である．なお，ひとくちに有機溶媒可溶性といっても，ポリイミドの化学構造によって適切な有機溶媒（良溶媒）の種類は異なる．たとえば，フェノール系溶媒（ポリイミド 2），塩化メチレンやテトラヒドロフラン（ポリイミド 7），N-メチルピロリドン（ポリイミド 8）である．

このようなポリイミドの一群は，中程度ないしは高度の耐熱性と使い勝手のよさの故に，耐熱性電子材料として広く利用されている．なお，ポリイミドについては別稿[8]も参照されるようお薦めしたい．

第1章 耐熱性高分子の分子設計

表7 主なポリイミドの化学構造と特性

化学構造		T_g(℃)	溶解性	商品名
[構造式]	1	410	−	DuPont "Kapton" DuPont "Vespel" 鐘淵化学 "Apical"
[構造式]	2	285	+	宇部興産 "Upilex-R" "Upimol-R"
[構造式]	3	355	−	宇部興産 "Upilex-S" "Upimol-S"
[構造式]	4	250	−	三井化学 "Aurum"
[構造式]	5	215	+	GE "Ultem"
[構造式]	6	265	+	三井化学 "LARC-TPI"
[構造式]	7	320	+	Geigy "XU-218"
[構造式]	8	310	+	Dow "PI-2080"
[構造式]	9	260	+	Celanese "Sixef-33"
[構造式]	10	340	+	DuPont "Avimid-N"

4.2.3 ポリベンゾアゾール類

先にもふれたが,部分はしご状高分子とみなすことのできる芳香族複素環状高分子の代表格として,ポリベンゾイミダゾールPBIやポリベンゾオキサゾールPBOのようなポリベンゾアゾール類がある。これらは高度の耐熱性をもつ高分子材料として実用化されており,有用性が高い。具体的には,PBIはガラス転移点が425℃でアミド系溶媒に可溶な非晶性高分子材料であり,高

耐熱性高分子電子材料

耐熱性・難燃性の繊維や成形体，接着剤などとして使われている．また，PBO は剛直で棒状の主鎖構造からなっており，有機溶媒に不溶な 500℃以下では溶融しない結晶性高分子材料であり，高度の耐熱性とともに高強度・高弾性率をもつ繊維として使われている．

文　　献

1) 今井淑夫, 耐熱性高分子の構造設計, 高分子新素材便覧, 高分子学会編, 丸善, pp.530-536 (1989)
2) 三田　達, 耐熱性高分子の分子設計, 高性能芳香族系高分子材料, 高分子学会編, 丸善, pp.5-60 (1990)
3) 今井淑夫, プラスチックの耐熱性の理論と実際, 最新機能包装実用事典, 石谷孝佑編, フジテクノシステム, pp.102-109 (1994)
4) 今井淑夫, 岩田　薫, 高分子構造材料の化学, 朝倉書店, pp.130-137 (1998)
5) 宮坂啓象ほか編, プラスチック事典, 朝倉書店 (1992)
6) 今井淑夫, エレクトロニクス実装学会誌, **4**, 640 (2001)
7) Y. Imai and K. H. Park, "Polymeric Materials Encyclopedia", Vol. 1, pp.404-407, CRC Press, Boca Raton (1996)
8) 今井淑夫, 横田力男編, 最新ポリイミド-基礎と応用, エヌティーエス (2002)

第2章 耐熱性高分子の物性

竹市 力*

1 はじめに

　耐熱性高分子の代表的な存在は芳香族ポリイミドである。これは，ポリイミド前駆体であるポリアミド酸あるいはその誘導体が溶媒に可溶でフィルム成形に適していること，モノマーの種類が多く最適な構造のポリイミドを分子設計できること，フィルム中の高次構造も制御できることなど種々の要因があるからである。他の耐熱性高分子でこれほど成形性の自由度，分子設計および材料設計の自由度が大きい高分子は無い。すなわち，ポリイミドの構造と物性を概観すれば，他の耐熱性高分子の物性はかなり容易に類推できる。そこで本稿では主に芳香族ポリイミドを取り上げ，最も基本的な特性である力学的性質を中心に，線膨張係数や接着性などの特性にもふれる。

　芳香族高分子，特にポリイミドの固体物性には前駆体の種類，イミド化方法，熱処理条件，フィルムの厚みなどが大きな影響を与える。物性には主に，化学構造に支配される物性と，高次構造に支配される物性がある（表1）。化学構造に主に支配される物性には，物理的および化学的耐熱性を始め，吸水率や溶解性，さらには吸光や発光，光化学反応性に加え，誘電率や屈折率も含まれる。一方，高次構造に主に支配される物性には，力学物性に加え，線熱膨張係数，電荷移動による吸光や発光がある。従って耐熱性高分子の分子設計や材料設計を行うときには，注目する物性が化学構造に支配されるのか，高次構造に支配されるのか，理解しておく必要がある。なお，耐熱性高分子，特にポリイミドに関しては多くの著書が刊行されており，それらを参照していただきたい。

2 力学的性質

　耐熱性高分子の力学的性質を考えるとき，高分子鎖の異方性を究極的に発現できる芳香族系有機繊維の系と，フィルムや成形体のように異方性があまり期待できない系を区別して考える必要

---

* Tsutomu Takeichi 豊橋技術科学大学 物質工学系 教授

耐熱性高分子電子材料

表1 ポリイミドの固体物性

化学構造が支配的な物性
　　耐熱性（ガラス転移温度，融点，分解温度など）
　　吸水率
　　溶解性
　　吸光，発光
　　光化学反応性
　　誘電率
　　屈折率

高次構造が支配的な物性
　　力学物性（弾性率，強度，伸びなど）
　　線熱膨張係数
　　電荷移動による吸収・発光

がある。前者の代表例がケブラーなどの芳香族ポリアミドやザイロンに代表される複素環高分子であり，耐熱性を有しながら高強度・高弾性率繊維として開発された高分子である。後者の代表例が芳香族ポリイミドであり，耐熱性フィルム，ワニス，接着剤などとして開発された高分子である。

2.1　耐熱性・高弾性率繊維

ダイヤモンドは炭素のsp^3混成軌道のみからなり，3次元的に高強度・高弾性率を有する材料である。同様に，グラファイトは炭素のsp^2混成軌道のみからなり，2次元的に高強度・高弾性率を有する材料である。一方，1次元材料と考えられる線状高分子に関しては，分子鎖を完全に引き伸ばして集束，結晶化させ，全体を"無欠陥の伸び切り鎖結晶"にすることにより，高強度・高弾性率が達成される。

高強度・高弾性率化へのアプローチは大別すると2つになる。一つは分子間力が弱く屈曲性が高い高分子に用いられる方法で，超延伸である。ポリエチレンの場合には，各種の超延伸技術で高強度・高弾性率化が達成されている。ただし，ナイロンやポリエステルのように分子間力が強い高分子の場合には，分子鎖を引き揃えにくく，重合度を高くすることも難しいので，高強度化・高弾性率化は一部の高分子に限られている。

もう一つの方法は剛直高分子の液晶紡糸である。ベンゼン環のパラ位で連結した剛直棒状高分子は結晶も分子鎖が折り畳まれないことが多く，分子鎖方向に高強度を有する。濃硫酸などの溶媒中でリオトロピック液晶を形成することを利用して紡糸すると（図1），分子鎖の引き揃えと伸び切り鎖構造の形成が同時に達成でき，高強度・高弾性率を有する繊維が得られる。最も代表

第2章　耐熱性高分子の物性

的な耐熱性有機繊維はパラ型アラミドであるケブラー（図2）であり，弾性率は標準グレードで70GPa，高弾性率グレードでは112GPaと極めて高い。引張強度も2.3〜3.4GPaと高く，分解温度も550℃と高耐熱性を示す。最近，より一層の高性能を示す複素環高分子繊維が開発された。完全棒状のシス体ポリ-p-フェニレンベンゾビスオキサゾール（cis-PBO）であり，ザイロンとして上市されている（図3）。表2に示すように，ザイロンはパラ型アラミドの2倍の強度，弾性率を有するスーパー繊維であり，低吸水率，高い難燃性や熱安定性など多くの特徴を有する。

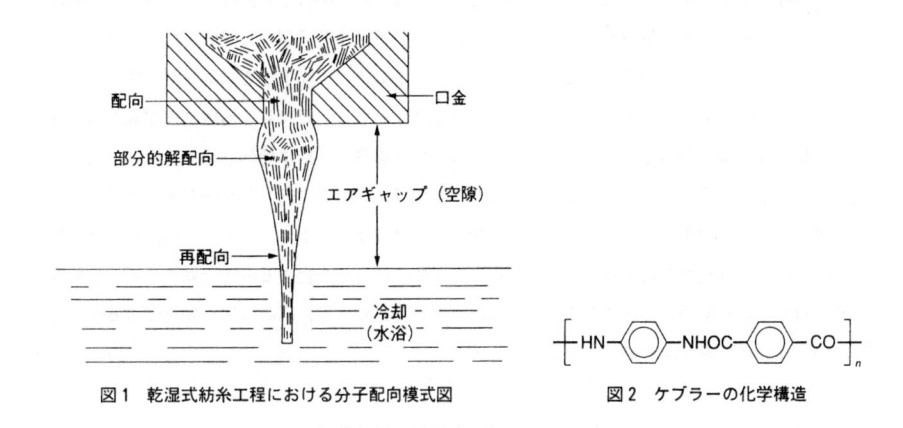

図1　乾湿式紡糸工程における分子配向模式図

図2　ケブラーの化学構造

図3　PBOの重合式

表2　耐熱性有機繊維の物性

	ケブラー29	ザイロン AS	ザイロン HM
密度（g/cm^3）	1.44	1.54	1.56
引張強度（GPa）	2.9	5.8	5.8
引張弾性率（GPa）	72	180	280
切断伸度（%）	3.6	3.5	2.5
熱分解温度（℃）	>500	650	650
限界酸素指数：LOI	29	68	68

2.2 プラスチックの高強度・高弾性率化

上述のように，分子鎖を伸び切らせて引き揃えれば高分子の共有結合の強さを引き出すことができ，高強度化・高弾性率化が達成できる。しかし，この方法は一方向だけの高強度・高弾性率化であり，繊維の形では有効であるがフィルムや成形品の形では有効ではない。

プラスチック材料の場合，成形性とのバランスが考慮されつつ強度特性と耐熱性の向上を目指し，汎用樹脂から汎用エンプラ，スーパーエンプラへと高性能樹脂が開発されてきた。表3に高性能化の種々の手法を列挙したが，強度特性を向上させるには剛直な芳香環からなり，高結晶性で高分子量であることが望ましい。エンプラは総じて分子鎖が芳香環から構成され，ある場合には結晶性が高いことから強度特性に優れている。高分子量化は欠陥となる末端を減らすのに有効であり，物理的な架橋点である絡み合いが多くなる効果がある。ただし，溶融粘度が高くなり成形が困難になる場合がある。また，フィルムについては繊維と同様に延伸効果が大きい。延伸の効果は重合度が大きくなるとさらに大きくなる。一軸延伸は延伸方向への高強度・高弾性率化への効果は大きいが異方性が大きく，延伸と直角方向には強度が減少する。そのため，異方性を無くすためには二軸延伸が行われる。架橋処理は分子間の結合を強化するので有効である。放射線や紫外線の照射や架橋剤による化学的な架橋反応が行われる。弾性率の増加も期待できるが，伸びが抑えられて衝撃強度が減少する場合がある。

表3　プラスチックの高性能化の方法

高分子の構造制御による方法
　　芳香環など剛直な分子構造の導入
　　高結晶化
　　高分子量化
　　延伸処理
　　架橋処理

複合化による方法
　　ポリマーアロイ
　　ゴム成分の分散
　　繊維やフィラーの充填
　　分子複合材料
　　層状化合物の分散によるナノコンポジット
　　ゾル－ゲルによる有機－無機ハイブリッド

高分子単体の構造制御による強化法以外に，異なる高分子をブレンドしそのモルフォロジーを制御することで，単独の高分子では得られない物性を発現させるポリマーアロイの技術が進展している。耐衝撃性の向上には特にゴム成分の分散が有効である。繊維を充填する繊維強化プラ

第2章 耐熱性高分子の物性

チックの手法やフィラーの充填は高強度化・高弾性率化に有効である。近年は剛直高分子と屈曲高分子とからなる分子複合材料、有機化層状粘度鉱物を利用するナノコンポジット、ゾル-ゲル反応を利用する有機−無機ハイブリッド材料、など新規なナノレベルの複合材料が大きな展開をみせている。

2.3 ポリイミドの力学的性質

高分子の力学的性質はその一次構造だけでなく高次構造にも大きく影響される。ポリイミドは耐熱性高分子の中でも圧倒的に分子設計の自由度が大きく、構造と物性の関係が広く検討されている。

芳香族ポリイミドの中で最も典型的なものがPMDAとODAとから合成されるPI(PMDA/ODA)、いわゆる"カプトン"型のポリイミドである。このような芳香族ポリイミドは、高温になっても強い分子間力のため溶融流動せず熱可塑性を示さない。このため"非熱可塑性ポリイミド"と呼ばれ、フィルム用途に最適である。このような非熱可塑性ポリイミド以外に、物理的な耐熱性を低下させることによって熱分解以下の温度での溶融流動性を高めた"熱可塑性ポリイミド"が開発され、成形材料などに応用されている。また、反応性官能基を導入したオリゴイミドやポリイミドの架橋反応で三次元網目構造を形成させる"熱硬化性ポリイミド"があり、複合材料の耐熱性マトリックス樹脂や成形材料として欠かせない存在である。

最も代表的なポリイミドであるカプトンの分子構造を図4に示す。カプトンは屈曲性のエーテル基を有しており、強靭でバランスのとれた力学的性質を有する（表4）。電荷移動錯体の形成を伴う強い分子間力で高い秩序構造を有しており、ガラス転移温度以上の高温でも軟化することなく、貯蔵弾性率の低下がほとんど無い（図5）。そればかりか、カプトンは−269℃の極低温からガラス転移温度の約400℃以上の超高温まで安定した特性を保持でき、プラスチック中最高の耐熱性と耐寒性とを兼ね備えた高性能高分子である。熱安定性にも優れ、空気中300℃で保持しても3ヶ月の寿命を有する。図6に示すように、空気中500℃にもなると酸化反応で完全に分解する。しかし、不活性ガス雰囲気や真空中では、500〜700℃で熱分解するが炭素化し、30〜40%の重量減少を示すのみで、700℃以上の高温で熱処理しても更なる重量減少はほとんど無い。

カプトンに代表される芳香族ポリイミドの特徴は、主鎖に芳香環を含み剛直であると同時に−O−, −CO−, −SO$_2$−などに結合した芳香環は自由な回転運動ができることにある。カプトン型のポリイミドの各種一次構造パラメータを他のプラスチックと比較すると（表5）、ポリイミドの平均剛直長（l）がPETやPCなど他のエンプラと比較しても大きいことがわかる。この剛直性が高いガラス転移温度および高弾性率の原因である。一方、高分子鎖の柔軟性の目安となるσの値を見ると、カプトン型のポリイミドは1.04であり、PETやPCなどよりも自由回転鎖に近

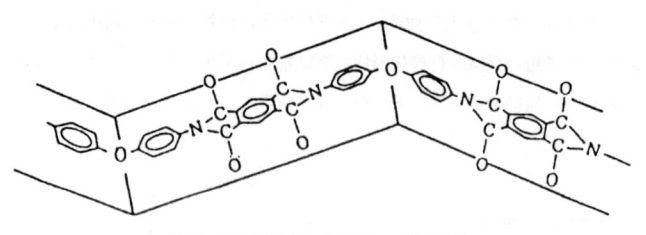

図4 PI (PMDA/ODA) の分子構造

表4 "カプトン"の力学的性質

項目	単位	標準値			測定法
		$-195℃$	$25℃$	$200℃$	
引張強度	MPa	241	172	118	ASTMD-882-64T
3％降伏点応力	MPa	—	69	41	ASTMD-882-64T
5％伸長時応力	MPa	—	89	59	ASTMD-882-64T
引張伸度	％	2	70	90	ASTMD-882-64T
引張弾性係数	GPa	3.5	3.0	1.8	ASTMD-882-64T
衝撃強度	kg・cm/mm	—	240	—	圧空式衝撃試験器法（Du Pont法）
耐屈曲回数	回	—	10000	—	ASTMD-2176-63T
引裂伝播抵抗	g/mm	—	320	—	ASTMD-1922-61T
破裂抵抗	kg/mm	—	20.1	—	ASTMD-1004-61
破裂強度	kg/cm^2	—	5.3	—	ASTMD-774-63T

く，ポリイミドの芳香環が自由回転容易であることを示している。この回転の容易さがポリイミド鎖の優れた配向性をもたらす原因になっていると考えられる。

2.4 高強度・高弾性率ポリイミド

代表的なポリイミドフィルムについて分子構造を図7に，力学特性を表6にまとめる。カプトンはエーテル酸素を有するがゆえに，しなやかで強靭なフィルムとなっている。その性質を反映するのが高い弾性率と大きな破断伸びである。一方，ユーピレックスSはPI(BPDA/PDA)であり，剛直な分子構造を反映してカプトンよりもはるかに高い弾性率と，硬い割にしなやかさも併せ持ち，約30％と大きな破断伸びから来る高強度を有する。このような高強度・高弾性率フィ

第2章 耐熱性高分子の物性

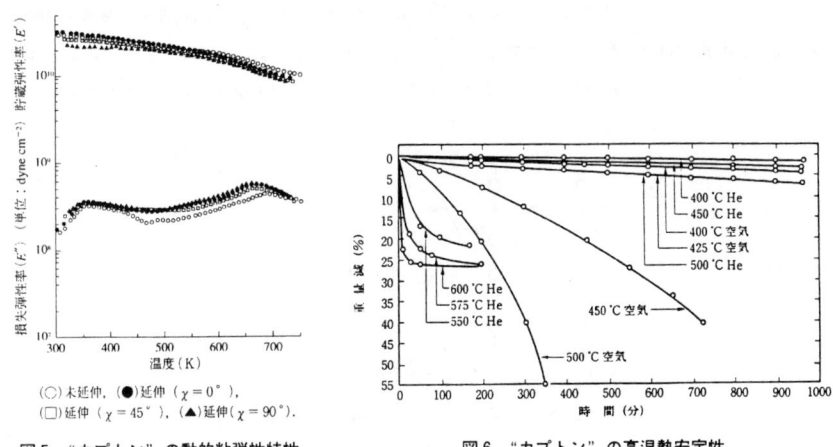

図5 "カプトン"の動的粘弾性特性
(○)未延伸，(●)延伸 ($\chi=0°$)，
(□)延伸 ($\chi=45°$)，(▲)延伸 ($\chi=90°$).

図6 "カプトン"の高温熱安定性

表5 高分子の一次構造パラメータ

高分子	繰り返し単位	T_g (℃)	$\bar{l}$ (Å)	σ
PI(PMDA/ODA)		417	18.0	1.04
PC		150	2.8	1.10
PET		65	2.15	1.22
PMMA		110	1.55	2.08
PS		100	1.55	2.22

ルムを用いると，他の通常のポリイミドフィルムの約半分の厚みでも同等の性能が発揮できるため，軽量化，薄膜化に有効である。同じ剛直ポリイミドでも PI(PMDA/PDA) はイミド化すれば完全棒状で極めて剛直なので，理論弾性率505GPaからわかるように高強度・高弾性率が期待

される。しかし、イミド化後のフィルムは PI(BPDA/PDA) と同程度に高弾性率になるものの、取り扱いが困難なほどに脆く、単独ではフィルムとして使用できない。なお、ユーピレックス R は PI(BPDA/PDA) の分子構造でエーテル酸素を含むので、カプトンに近い力学特性を有する。

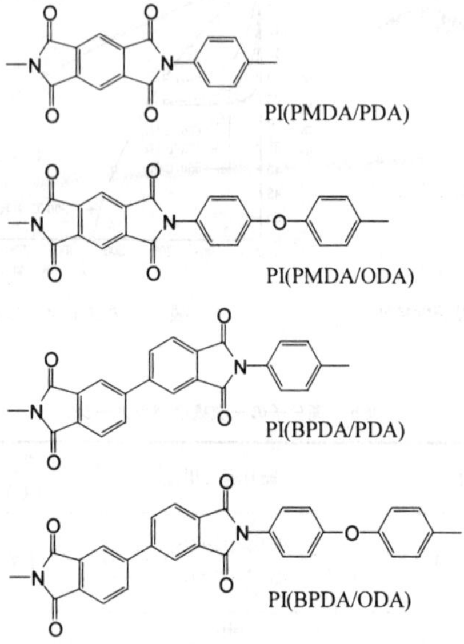

PI(PMDA/PDA)

PI(PMDA/ODA)

PI(BPDA/PDA)

PI(BPDA/ODA)

図7　各種ポリイミドの構造

表6　耐熱フィルムの力学特性

		弾性率 (GPa)	破断強度 (MPa)	伸び (%)
PPI(Kapton)		2.9	172	70
PBI(Upilex)	R	2.1	103	70
	S	7.8	392	30

ポリイミドフィルムの延伸による高強度・高弾性率化が行われている。キャスト製膜後に乾燥したポリアミド酸フィルムを延伸し、枠に固定して熱イミド化するという簡便な"冷間延伸加熱イミド化法"によって高配向化が達成できる。特に剛直ポリイミド PI(BPDA/PDA) の場合には、わずかな延伸率でイミド化フィルムの弾性率は著しく高くなり、強度も高くなる。70%の

第2章 耐熱性高分子の物性

延伸率で弾性率が50GPaになり，330℃で熱処理することで60GPaにまで向上する。強度はばらつきが大きいが，最高で1.2GPaが得られている。一方屈曲性のPI(BPDA/ODA)やPI(PMDA/ODA)の場合には延伸による高強度・高弾性率化の効果はほとんどなく，弾性率は約2倍にしか向上しない。延伸による配向がイミド化時に緩和されてしまうことによると説明されている。

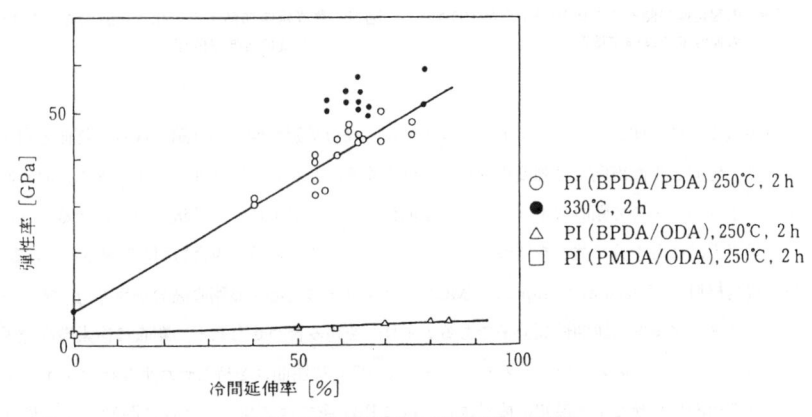

図8　PAA冷間延伸PIの弾性率と延伸率

○ PI(BPDA/PDA) 250℃, 2 h
● 330℃, 2 h
△ PI(BPDA/ODA), 250℃, 2 h
□ PI(PMDA/ODA), 250℃, 2 h

　冷間延伸加熱イミド化法は簡便な方法であり，ポリイミドの高強度・高弾性率化に有用であるが，延伸率は高々80％程度である。ポリアミド酸の高温延伸も行われるが，イミド化の同時進行で高延伸は困難である。その点，膨潤延伸加熱イミド化法は高延伸倍率を達成するのに好都合な方法である。一般には極性溶媒と水の組み合わせを膨潤液に用いるが，その選択がポイントになる。PI(BPDA/PDA)系の場合，ジメチルアセトアミドとエチレングリコールを2：8で混合した溶媒が良好で，延伸率が250％が達成できている。力学特性は100％延伸までは著しい向上を示し，弾性率は約100％の延伸時に最大値115GPaを与える（図9）。一方，強度は7％の延伸で最大値2.3GPaを与えている（図10）。
　ポリアミド酸の延伸ではなく，イミド化を250℃で行った各種ポリイミドの高温延伸も試みられている。延伸は各ポリイミドのガラス転移温度付近で行われる。いずれのポリイミドも延伸率と共に強度や弾性率が向上する。特に屈曲性で無定形のPI(BPDA/ODA)に有効で，弾性率は5倍になり，強度も大幅に向上する。ポリアミド酸の冷間延伸で問題になったイミド化の過程での配向緩和がないためである。剛直なポリイミドでは冷間延伸法に及ばない。

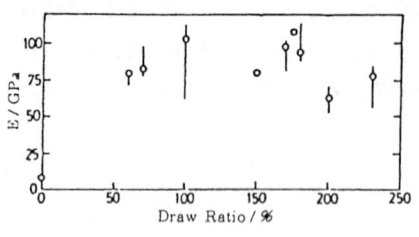

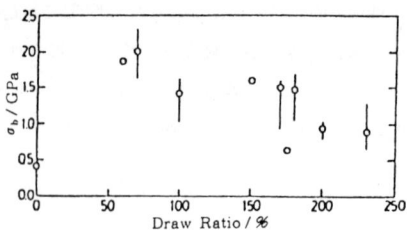

図9 膨潤延伸加熱イミド化 PI(BPDA/PDA) の弾性率の延伸率依存性

図10 膨潤延伸加熱イミド化 PI(BPDA/PDA) の強度の延伸率依存性

剛直棒状の一軸延伸したポリイミドフィルムでは，高分子鎖が伸び切り鎖となって延伸方向に並ぶので，延伸と垂直方向では強度や弾性率が低下する。しかし，屈曲性ポリイミドでは異方性はかなり小さい。そこで剛直なポリイミドを屈曲性ポリイミド中に，分子状に分散させることによって垂直方向にも十分な強さを持つポリイミド／ポリイミド系分子複合材料が開発されている。

分子複合材料，Molecular Composite(MC) はケブラーに対応する剛直高分子ポリ-p-フェニレンテレフタルアミドに屈曲性高分子であるナイロンを組み合わせた系と，剛直な複素環高分子であるポリ-p-フェニレンベンゾビスチアゾール（PBT）に屈曲性を持たせたポリベンゾイミダゾールとを組み合わせた系で最初に検討され，特にPBT系ではアルミニウムに匹敵する高性能材料が得られている。ポリイミドの場合，剛直なポリイミドとなる BPDA/PDA と屈曲性ポリイミドとなる BPDA/ODA とを前駆体であるポリアミド酸の段階で溶液ブレンドし，キャスト製膜，乾燥，延伸，イミド化の手順で高性能フィルムが得られる（図11）。アラミド系や複素環高分子系は，溶解度の点で濃硫酸などの溶媒を用いる必要があり，液晶を形成する臨界濃度以下で混合，成形する必要があるのに対し，ポリイミド系は有機溶媒を用いることができ，高濃度の溶液を用いることができ，強化材成分とマトリックス成分との相溶性にも優れているなど多くの利点がある。

ポリイミドが分子設計の自由度に優れていることを利用し，種々の剛直な複素環構造との共重合体が合成され，繊維やフィルムにおいて延伸処理を施して高強度・高弾性率化が達成されている。化学構造の例を図12に示すが，引張弾性率が繊維で 200～340GPa，フィルムでも 130GPa に達する。

3 熱可塑性ポリイミド：高温力学特性と溶融流動性

カプトンに代表される芳香族ポリイミドは分子構造が剛直で対称性が高く，極性が強く凝集力

第2章 耐熱性高分子の物性

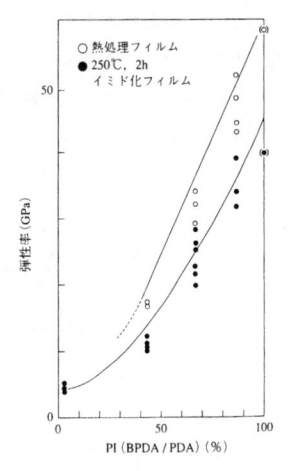

図11 PI(BPDA/PDA)/PI(BPDA/ODA) MC，60%延伸フィルムの弾性率

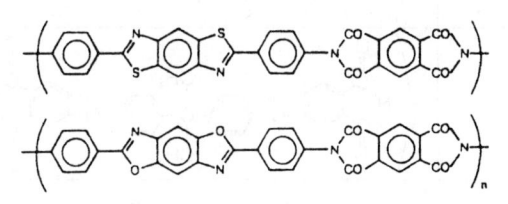

図12 複素環含有ポリイミドの例

が高いためガラス転移温度が高く，ガラス転移温度以上でも貯蔵弾性率の低下が少なく軟化しない。そのため高温での溶融流動性に乏しく，非熱可塑性を示す。溶媒に対する耐性も強く，非溶解性である。

　芳香族ポリイミドの高い耐熱性を保持したままで成形性を付与することを目的として，溶融流動性を付与した熱可塑性ポリイミドの開発も多く試みられている。有機溶媒への溶解性を付与した可溶性ポリイミドも開発されている。これらの目的には，①エーテルやスルフォンなど回転しやすい連結基を主鎖に導入する方法，②フェニル基などのかさ高い基を側鎖に導入する方法，③パラ結合をメタ結合にするなどで対称性を下げ屈曲性を向上させる方法，④ランダム共重合でセグメント間の会合を弱める方法などが用いられる。

　熱可塑性樹脂の開発はガラス転移温度や融点などの物理的耐熱性を低下させることにも対応する。耐熱性樹脂とは言え熱分解は約450〜500℃で起きるので，成形性を考えると非晶性ポリイ

ミドではガラス転移温度を約350℃以下に，結晶性ポリイミドでは融点を約400℃以下に設定しなければならない。溶融粘度を低くすることも非常に重要である。これには高分子鎖の柔軟性が大きく影響するため，"ULTEM"（ポリエーテルイミド）が熱可塑性に優れたポリイミドとして代表的な存在であった。その他，"LARC-TPI" や "TORLON" が開発されている（図13）。

商品名	構 造 式
LARC-TPI	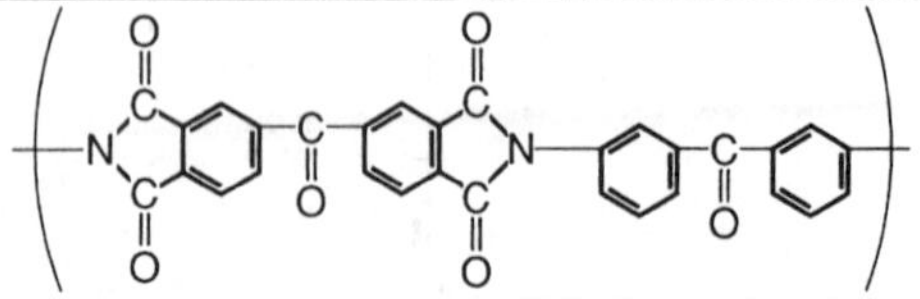 (構造式)
TORLON	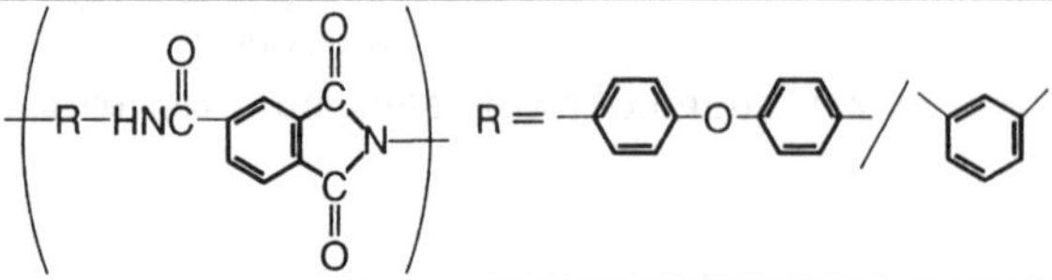 (構造式)
ULTEM	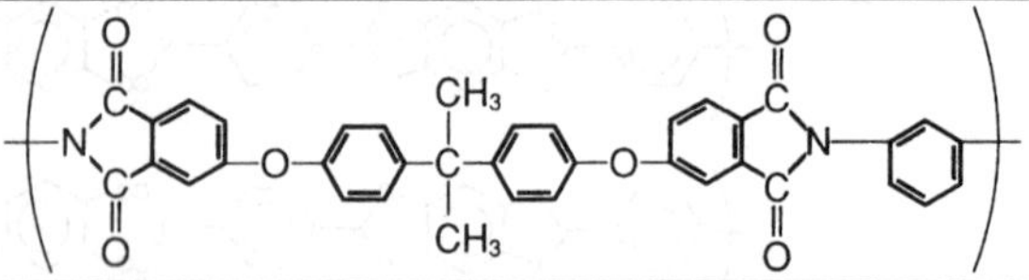 (構造式)

図13 熱可塑性ポリイミドの構造

最近，ポリイミドの分子構造と溶融流動性とを検討した結果（図14）から，耐熱性に優れた熱可塑性ポリイミドとして "Aurum"（図15）が開発された。ガラス転移温度が250℃，融点が388℃の結晶性ポリイミドであり，従来の代表的な熱可塑性樹脂であるポリエーテルエーテルケトン（PEEK）やポリエーテルイミド（ULTEM）に比べても耐熱性は格段に高い（表7）。

最近，BPDAの異性体が興味深い粘弾性挙動を示すことが明らかになった。通常のBPDAは対称性の高いs-BPDAであり，s-BPDAを1成分とするポリイミドの動的粘弾性では，貯蔵弾性率がガラス転移温度以上の高温でもわずかに低下するのみである。それに対し，非対称で屈曲性の高いa-BPDA（図16）を用いるとガラス転移温度がより高くなり，しかもガラス転移温度以上で溶融粘度が大きく低下する（図17）。a-BPDAはビフェニル環の回転障害が大きいためガラス転移温度が高くなったと考えられ，逆に，ガラス転移温度以上の温度領域では高屈曲性高分子特有の低い溶融粘度を示すため，熱可塑性ポリイミドの酸無水物成分として期待される。

第2章 耐熱性高分子の物性

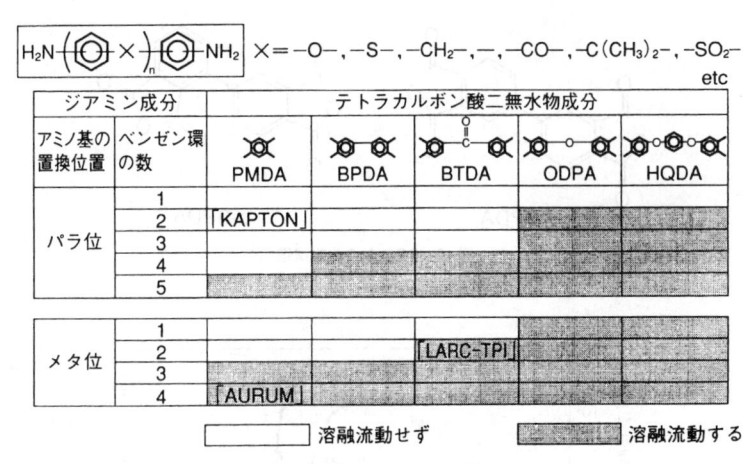

$H_2N-\left(\bigcirc-X-\bigcirc\right)_n-NH_2$　X=$-O-, -S-, -CH_2-, -, -CO-, -C(CH_3)_2-, -SO_2-$ etc

ジアミン成分		テトラカルボン酸二無水物成分				
アミノ基の置換位置	ベンゼン環の数	PMDA	BPDA	BTDA	ODPA	HQDA
パラ位	1					
	2	「KAPTON」				
	3					
	4					
	5					
メタ位	1					
	2			「LARC-TPI」		
	3					
	4	「AURUM」				

□ 溶融流動せず　　■ 溶融流動する

図14 ポリイミドの構造と溶融流動性の関係

図15 AURUM の化学構造

表7 「AURUM」の基本物性

項目	単位	「AURUM」	「PEEK」	「ULTEM 1000」	「VESPEL SP-1」*
ガラス転移温度	℃	250	143	215	—
結晶融解温度	℃	388	334	—	—
密度	kg/m^3	1.33×10^3	1.30×10^3	1.27×10^3	1.36×10^3
引張強度	MPa	92.2	97.1	105	72.4
曲げ強度	MPa	137	142	145	96.5
曲げ弾性率	GPa	2.94	3.73	3.30	2.48
圧縮強度	MPa	120	120	140	—
アイゾット衝撃値（ノッチ付）	J/m	88	69	49	—

* "Engineering Plastics" Edited by T. Hirai, Plastic Age Press, p209, (1984) より引用

図16 BPDAの化学構造

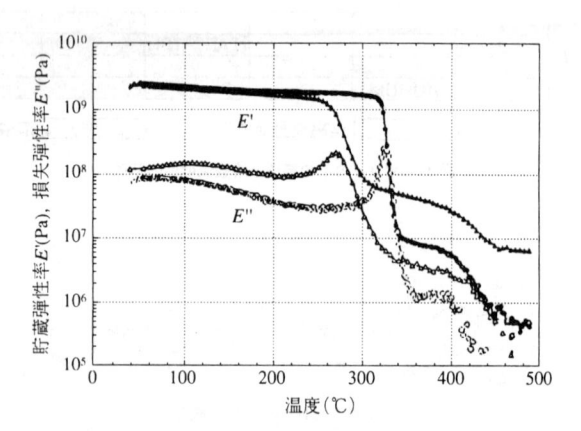

図17 非対称ビフェニルテトラカルボン酸二無水物（a-BPDA）を用いたPI（a-BPDA/4,4'-ODA）（○，●）と「Upilex-R」（△，▲）の動的粘弾性変化

4 熱硬化性ポリイミド：高靭性化と耐衝撃性の向上

芳香族ポリイミドは耐熱性に優れ前駆体のポリアミド酸などの段階で成形できるので，特にフィルム用途には最適の高性能高分子である．しかし，成形材料や複合材料用途には，前駆体のイミド化で生成する水など揮発性低分子が生成しその除去に問題が生じるため，特殊な手法が開発された．PMR（Polymerization of Monomeric Reactants）法と命名されたこの方法は酸無水物誘導体，ジアミン，末端架橋剤からなるモノマー混合溶液を用いる．最も代表的なPMR-15は図18上段に示すモノマーの混合物であり，加熱によるオリゴマー生成に引き続き，ナジックの架橋反応が起こって三次元網目構造を形成し高い耐熱性を示す．しかし，架橋密度を高くすることによって300℃以上の耐熱性を発現させているため，熱硬化性樹脂固有の欠点である脆さが大きな問題である．

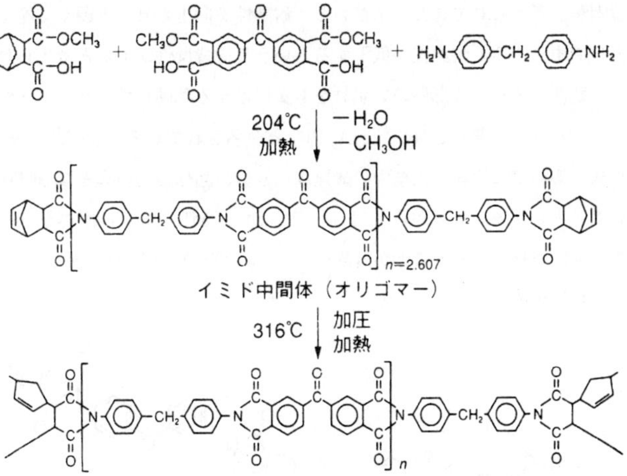

第2章　耐熱性高分子の物性

図18　"PMR-15"の構造と硬化機構

　第2世代の熱硬化性樹脂としてNASAで開発された"PETI-5"（図19）は，オリゴマーの分子量を約5000と大きくすることで架橋密度を低下させて靭性を付与した熱硬化性樹脂である。オリゴマー両末端の架橋官能基にはフェニルエチニル基が用いられている。"PETI-5"を硬化させたシートは，熱硬化性ポリイミドとは思えない程の驚くべき靭性を示す。この高い靭性は"PETI-5"の比較的高い分子量だけでなく，フェニルエチニル基のユニークな架橋反応が原因と考えられる。フェニルエチニル基の架橋反応は十分には解明されていないが，主に主鎖の延長反応を引き起こしていると考えられる。

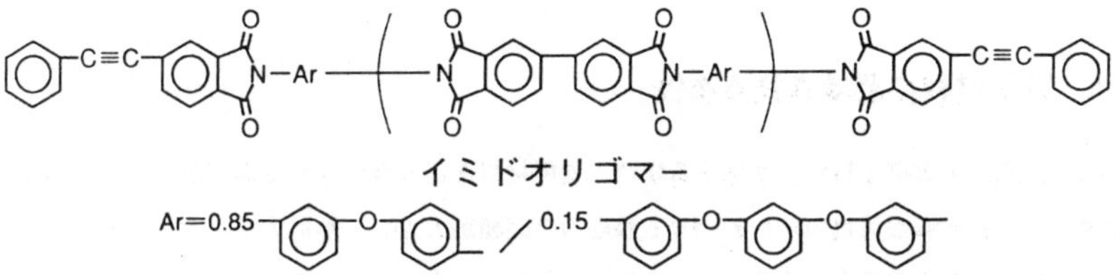

図19　"PETI-5"の化学構造

　PETI-5は靭性の点では驚異的ではあるが，架橋点間距離が長く，ガラス転移温度は約270℃であり，耐熱性という点では妥協している。耐熱性と成形性それに靭性をすべて満足する材料は

これまで作製困難と考えられてきた。すなわち，耐熱性を向上させると硬くて脆く衝撃に弱くなり，成形加工しやすくすると耐熱性が低下するという二律背反性があると考えられてきた。ごく最近，耐熱性，靭性，それに成形性のいずれをも満足させる熱硬化性ポリイミドが宇宙科学研究所を中心とするグループで開発され，"TriA-PI"と命名されている（図20）。その成功はフェニルエチニル基を架橋基に用い，主鎖中の酸無水物成分に回転障害の大きなBPDAの異性体a-BPDAを用いたことにある。表8から，"TriA-PI"が"PMR-15"の耐熱性と"PETI-5"の靭性を併せ持つ高性能材料であることが容易にわかる。"TriA-PI"をマトリックス樹脂に用いる炭素繊維複合材料が開発されつつある。

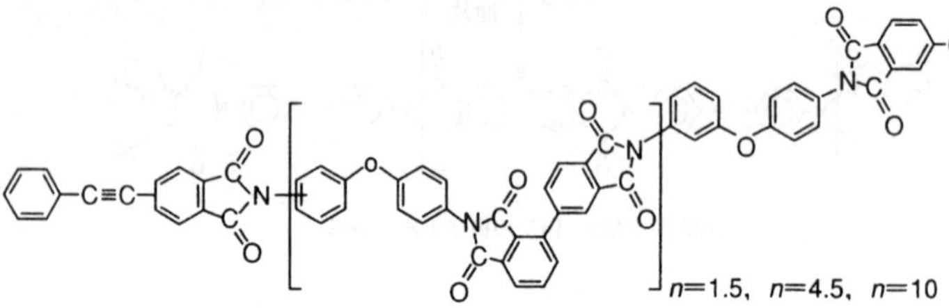

図20 "TriA-PI"の化学構造

表8 各種熱硬化性ポリイミドの物性

特性	「PMR-15」	「PETI-5」	「TriA-PI」($n=4.5$)
T_g (℃)	340	270	343
密度 (g/cc)	1.32	1.3	1.30
引張強さ (MPa)	39	130	115
破断伸び (%)	1.1	32	>14

5 電子材料に要求される物性

耐熱性高分子を電子材料に使用する場合，異種材料と組み合わされる場合が多い。そのような場合には，線熱膨張係数の差に起因する熱応力の問題が大きい。熱応力を小さくするためには，樹脂の線熱膨張係数を小さくする方法と樹脂の弾性率を小さくする方法がある。また，接着性への要求も大きい。

5.1 線熱膨張係数

線熱膨張係数のマッチングがよくないと製品の変形やクラックにつながり，製品の信頼性を損

第2章　耐熱性高分子の物性

ねてしまうため線熱膨張係数は重要である。例えば、銅の線熱膨張係数は17ppm程度であるが、代表的なポリイミドは40ppm程度であり、ポリイミドフィルムと銅箔との張り合わせに問題が生じる。

各種ポリイミドの線熱膨張係数が詳細に検討されている（表9）。表中"free"はイミド化時に硬化収縮を自由に行わせたもので、"bifix"はイミド化時にフィルムを枠に固定して硬化収縮を起こさせずに面内配向を促進させたものである。四角で囲ったものは線熱膨張係数が2ppm以下と小さいものを示す。表から、線熱膨張係数が小さいものは直鎖状の剛直なポリイミドであることがわかる。さらに"bifix"してイミド化時に面内配向を促進させることでより一層低熱膨張化することもわかる。それに対し、屈曲性ポリイミドは線熱膨張係数が大きいし、本質的に面内配向しにくいため、固定イミド化での効果もほとんどない。

例えば、酸無水物では剛直なPMDAやBPDAを用いると、ジアミン成分次第で低線熱膨張化が達成できるが、BTDAを用いると低線熱膨張化は困難になる（図21）。ジアミンを比較すると、芳香環がパラ位でつながったジアミンは低線熱膨張化ができる。しかし、ジアミン主鎖中の芳香環がメタ位でつながったり、エーテルやメチレンなどの屈曲性基が導入されると低線熱膨張化は不可能である。

5.2　低弾性率化

線熱膨張係数の差に起因する熱応力の問題を解決するもう一つの方法が、樹脂の弾性率を小さくする方法である。樹脂の弾性率を低下する方法としては、低弾性率のシリコーン変性が有効である。柔らかいシリコーン成分の含有量によって弾性率を大きな幅で制御できる。ただし、強度や伸びも低下してしまう場合が多い。

5.3　接着性

ポリイミドは一般的に接着性が低く、特に線熱膨張係数が小さい剛直棒状構造のポリイミドの接着性は悪い。ポリイミドの接着性向上は、エポキシなどとのブレンド、ポリイミドの分子構造の変性、あるいはフィルムの表面処理で達成されている。

ポリイミドの分子構造の変性では、主鎖にジメチルシロキサン構造を導入する方法が一般的である。シロキサンを含むジアミンを用いる方法と、シロキサンを含む酸無水物を用いる方法がある（図22）。シロキサンを含むジアミンを用いる方法が一般的であり、シロキサンの長さやシロキサンの導入率などで、接着性をはじめ多くの物性を制御できる。ただし、耐熱性の低下がみられる。その点、シロキサンを導入した酸二無水物を用いると耐熱性の低下が防げる。主鎖中のシロキサン以外にも、側鎖に金属との相互作用の大きな極性官能基を導入することが接着性向上の

耐熱性高分子電子材料

表9 各種ポリイミドの線熱膨張係数

(unit : ×10^{-5} K^{-1})

		bifix	free	bifix	free	bifix	free
(A)		—	—	2.10	4.34	0.26	1.90
(B)		3.20	3.70	2.94	3.67	4.00	4.22
(C)		—	—	3.95	4.70	3.19	4.67
(D)		0.04	1.65	2.59	4.06	0.58	2.45
(E)		3.48	—	3.95	—	4.00	4.24
(F)		1.61	—	—	3.89	—	—
(G)		0.59	1.83	2.17	4.37	0.54	0.92
(H)		0.20	0.64	1.54	4.44	0.56	2.77
(I)		1.37	2.29	4.91	6.37	4.64	5.28
(J)		0.56	0.94	1.83	3.10	0.59	1.38
(K)		—	—	—	—	1.72	—
(L)		1.58	2.71	1.60	2.97	1.13	1.92
(M)		2.16	4.78	4.28	5.52	4.56	5.20
(N)		4.15	5.89	5.24	5.78	4.61	5.43
(O)		4.57	4.66	4.50	4.99	4.18	5.03
(P)		5.76	5.87	5.36	5.67	4.85	5.54
(Q)		—	—	2.61	—	1.00	—
(R)		5.33	6.32	5.43	5.58	5.32	6.17
(S)		5.01	6.17	5.39	5.59	5.69	5.80
(T)		4.57	6.37	5.47	5.59	5.61	5.74
(U)		5.14	5.22	—	—	4.90	4.98

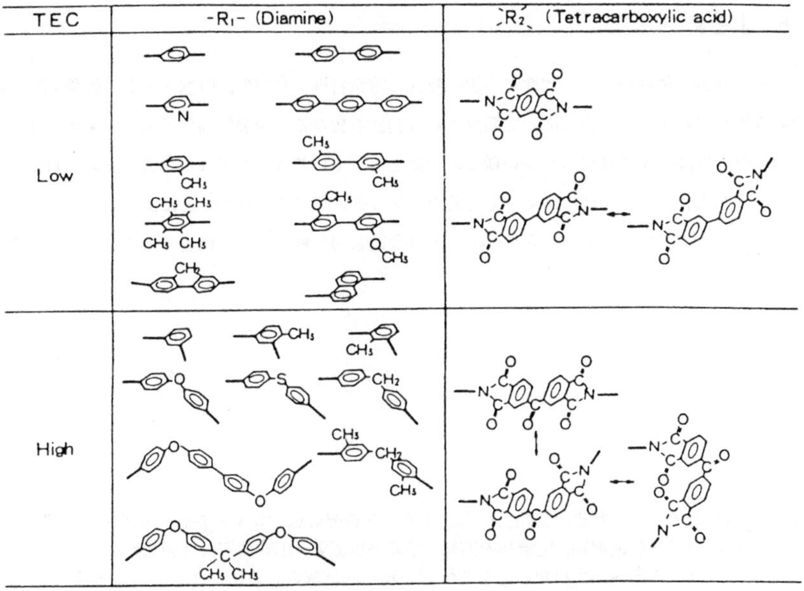

図 21　ポリイミド骨格のコンフォメーションと線熱膨張係数

$$H_2N—CH_2CH_2CH_2—SiMe_2O[SiMe_2O]_nSiMe_2—CH_2CH_2CH_2—NH_2$$

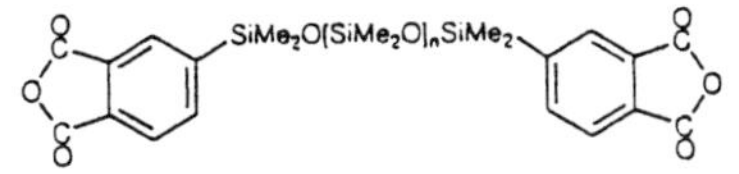

図 22　シロキサン含有モノマー

有効な方法である。

ポリイミドフィルムの表面処理では，プラズマ処理，アルカリ処理，酸処理など多くの方法が用いられ，ポリイミドフィルム表面のエッチングや極性官能基の増加による接着性向上が図られている。酸素プラズマ処理はポリイミド表面の極性官能基を増加させ接着性を向上させるが，アルゴンプラズマなどでは極性官能基の増加が無いため接着性の向上は見られない。

6 まとめ

耐熱性高分子に期待される物性は力学的特性,電気特性,光特性,吸水・吸湿・耐薬品性,耐放射線性など幅広く,用途に応じて期待される物性も異なる。耐熱性高分子の中でもポリイミドは他の耐熱性高分子では得られない種々の特徴を有しているばかりでなく,分子設計,材料設計の自由度が大きいので,他のユニットを共重合体などの形で取り込むことによって欠点を克服することもできる。これらの点からポリイミドは今後も耐熱性高分子の代表でありつづけると思われる。

文　献

1) 最新ポリイミド－基礎と応用,日本ポリイミド研究会編,エヌ・テイー・エス (2002)
2) 図解高分子材料最前線,尾崎邦宏監修,松浦一雄編著,工業調査会 (2002)
3) 材料システム学～三大材料の力学的性質の統一的理解のために,日本学術振興会先端材料技術第156委員会編,共立出版 (1997)
4) 先端高分子材料シリーズ2,高性能芳香族系高分子材料,高分子学会編,丸善 (1990)
5) 先端高分子材料シリーズ4,高性能高分子系複合材料,高分子学会編,丸善 (1990)
6) ハイテク高分子材料,アグネ社,第2章ポリイミド樹脂,塚本 朗 (1989)

第3章 低誘電率材料の分子設計

後藤幸平*

1 低誘電率材料の必要性

　現在の情報化時代は，半導体に代表される電子部品やこれらを搭載した実装基板などの高集積化，高速作動化の技術に大きく支えられている。さらに伝播速度の向上，伝送損失の低減，電装密度の向上，クロストークの最小化や誘電体の薄層化の利点に結びつく特性インピーダンス制御の容易さのために，低誘電率材料の根強い要求がある。実際，これらの関係式をみると，例えば，信号伝播速度（V）は，$V \propto C/k^{1/2}$（C：光速，k：誘電率），また，伝送損失（α）は，$\alpha = R(f) \cdot k^{1/2} + k^{1/2} \cdot \tan\delta \cdot f$（$k$：誘電率，$f$：周波数）で表されている。ともに材料の誘電率を下げることでこれらの効果が発現することが理解できよう。特に高周波領域（GHz帯）で使用される移動体通信用途のプリント配線基板積層材料の分野では，伝送損失がkのみならず$\tan\delta$ともに低くすることが必須となり，古くから低誘電率化（低$\tan\delta$）材料の研究が行われている。その実用化例として，熱硬化性ポリフェニレンエーテル（PPE）（k=2.50, $\tan\delta$=0.001）がよく知られている（この材料に関しては第12章3節ポリフェニレンエーテルを参照されたい）。

　また，LSIの分野においても高速演算対応の配線の微細化と多層化によって，高集積化の方向に進んでいく。しかしながら，設計ルールの微細化に伴い，RC遅延と呼ばれる信号遅延が大きな問題となってくる。RC遅延速度（RC）は$RC=R_s \cdot L^2 k/t$（R_s：金属配線の抵抗，L：配線の長さ，k：層間絶縁膜の誘電率，t：配線間距離）で表される。この式から，RC遅延を防止するには金属配線の抵抗（R_s）を小さくする，配線を取り囲む層間絶縁膜の誘電率（k）を小さくする必要性が理解できる。前者においては，配線材料のAlからCuへの転換の動きがある。後者では，従来の誘電率，k=4前後のSiO$_2$膜からの設計ルールに従った低誘電率化のロードマップ（デザインルール（配線幅）/層間絶縁膜のk/配線層数/量産化立ち上げ（年）：0.25μm/3.2/5層/1998，0.18μm/2.6/5-6層/2001，0.13μm/2.4/6層/2004，0.10μm/2.1/6-7層/2007）[1]が示されており，究極的には誘電率，k=2以下の低誘電率材料の開発がこの分野の重要，かつ不可欠な技術課題となっている。

　なお，誘電率は絶対値ではなく真空中の誘電率を1.0とした時の相対値であり，1.0が最小値

＊ Kohei Goto　JSR㈱　リサーチフェロー／特別研究室（筑波）室長

でそれ以下はない。そういう意味から正しくは比誘電率というが，ここでは誘電率と表現する。また，層間絶縁膜のような薄膜の誘電率の測定では，ポリマー自身の分子異方性構造による材料因子，膜厚，塗膜形成方法による異方性構造の発現の加工因子，電極の材質，構造，形成方法などの電極に関わる因子，膜厚測定の測定因子などの影響が大きく，異なる研究機関のデータの比較には注意が必要である。さらに誘電率は周波数に依存し，高周波数ほど誘電率は低くなることも理解しておく必要がある。これは分極構造の種類に対応する周波数（電子分極（～10^{14}Hz），イオン分極（～10^{12}Hz），配向分極（～10^{9}Hz））が存在するからである[2]。

2 低誘電率化設計の基本的な考え方と化学構造の関係

誘電体の誘電率（k）の算出には，Clasius-Mosottiの式：$k=[1+2(P_m/V_m)]/[1-(P_m/V_m)]$（$P_m$：原子団のモル分極率，$V_m$：原子団のモル容積）がよく知られている。この式から，誘電体の低誘電率化が図るには，モル分極率（P_m）を小さく，モル容積空間占有体積（V_m）を大きくする方向に解があることがわかる。

モル分極率（P_m）を小さくするためには，モル分極率の小さな原子，例えば，フッ素原子の導入がある。モル分極率（P_m）の小さな原子の導入の考え方は，光学材料の屈折率の式，Lorentz-Lorenzの式，から誘導される分子屈折と分極率の関係からも考察できる。屈折率を小さくすることは，分子屈折（原子屈折）を小さくすることであり，結果として，分極率を下げることに対応している。すなわち，低誘電率化の機能設計は分極率を下げる低屈折率化の機能設計と同じ考え方になる。実際，屈折率と誘電率の関係は，電子分極に対応する周波数領域では$k=n^2$（nは屈折率）に近似[2]されている。

また，モル容積空間占有体積（V_m）を大きくするには，整列しにくい構造や嵩高い構造の導入による自由体積分率を上げていく低密度化の考えが対応する。

電子材料分野以外の高分子研究者にとって，誘電率を高分子の代表特性に挙げるほどなじみはない。上式の考えをベースに誘電率と化学構造との関係をイメージしてみる。高分子とは異なり，低分子の反応を扱う有機合成化学の研究者は，反応に用いる有機溶剤の誘電率が反応速度や反応選択性に大きな影響を与えることを理解しており，誘電率の考え方や化学構造との関係などは理解している。そういうこともあり，彼らが有用する有機溶剤ハンドブック[3]にも誘電率は基礎特性としてまとめられている。まず，実際の化学構造と誘電率の関係を低分子化合物の有機溶媒の誘電率から整理してみる。溶剤ハンドブック[3]には，最も低い誘電率の有機溶媒として，シュウ酸ジエチルの1.8，ジメチルプロパンの1.801という記載がある。因みに水は80と最高の誘電率を示す。このハンドブック[3]から，誘電率3.0までの72種の有機溶剤を選び出した。Clasius-

第3章 低誘電率材料の分子設計

Mosotti の式のモル分極率（P_m）を小さく，モル容積空間占有体積（V_m）を大きくする低誘電率化の観点から，前者は屈折率（図1），後者は密度（図2）の関係でこれら有機溶剤の誘電率をプロットした。いずれも式が意味するように，誘電率は屈折率，密度との間にそれぞれの構造との関係で相関関係が得られ，Clasius-Mosotti の式の記述どおり，屈折率↓，密度↓で低誘電

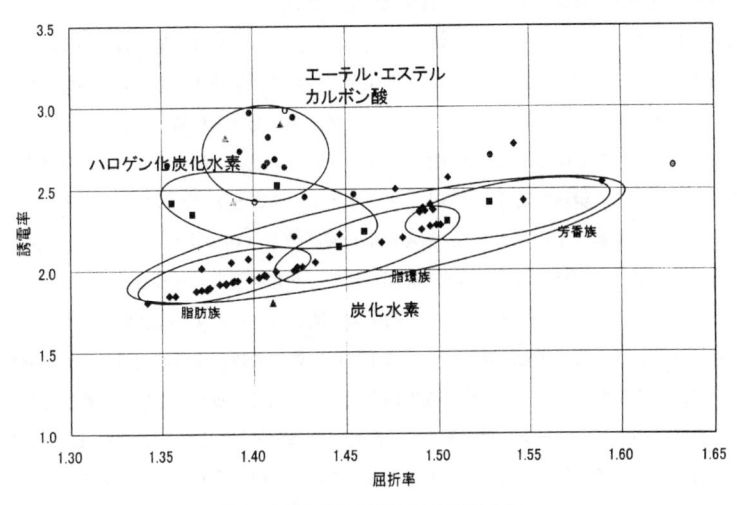

図1　有機溶剤の屈折率と誘電率の関係

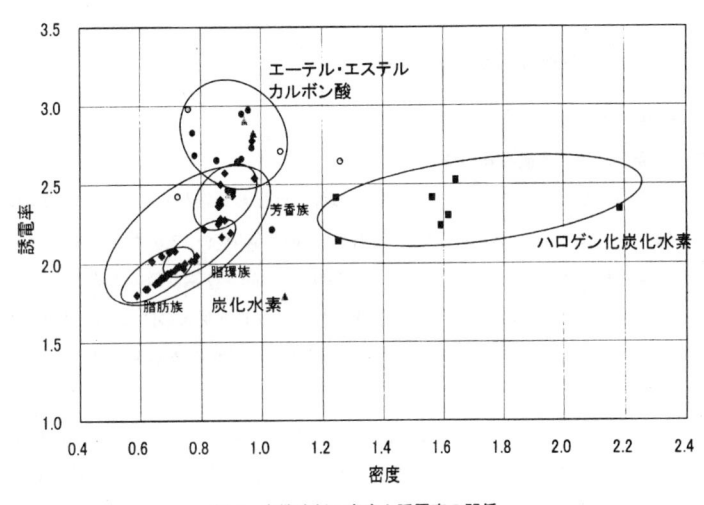

図2　有機溶剤の密度と誘電率の関係

化の方向にあることが理解できる。

　これらの関係から，誘電率を化学構造の関係で整理すると，誘電率は炭化水素＜ハロゲン化炭化水素≪エーテル，エステル，カルボン酸　の序列となり，炭化水素系では一連の構造との関係がみられるもののハロゲン以外の官能基，例えば，エステル，エーテル，カルボン酸構造をもった化合物は，官能基の種類による大きな特徴は見出せない。

　誘電率を最も低下させる官能基は非極性の炭化水素で，その序列は，脂肪族飽和炭化水素＜脂環族炭化水素＜芳香族炭化水素となる。この関係から見れば，脂肪族炭化水素系高分子のポリオレフィンが低誘電高分子材料となるが，加工性と耐熱性から低誘電材料への展開には限界がある。

　ここでは耐熱性材料の観点から，低誘電ポリイミドの分子設計の例をみながら，低誘電化設計の考え方を説明する。耐熱性高分子材料としてポリイミドを取り上げたのは，ポリイミドの誘電率は通常，$k=3.0$を越えているものの，耐熱性縮合系高分子材料の中では比較的低い誘電率に位置づけされ，低誘電率材料の分子設計の展開においても有利と考えられるからである。また，モノマーとして，ジアミン，テトラカルボン酸2無水物から，モノマー設計をしやすいことも重要な要件である。さらに，通常，無触媒の開環重付加反応で前駆体の可溶性ポリアミド酸を経由し，続いて，水の脱離を伴うイミド環形成の縮合反応で合成されるため，他の耐熱性高分子合成には見られない極めてクリーンな反応系から，高純度の高分子が得られる特長がある。これによって，電子材料用途の商品化に必須の脱メタル化などの精製工程が簡略化でき，電子材料用途に適した高分子材料と考えられるからである。

3　低誘電率化の機能設計の具体例

3.1　モル分極率（P_m）を小さくする
3.1.1　フッ素原子，フッ素置換基の導入

　低誘電率化の効果の大きさで言えばフッ素原子の導入は最も効果がある。フッ素含量は高いほど誘電率が低くなることは，$k=2.0～2.2$と有機材料で最も低いパーフルオロアルキレン構造のポリテトラフルオロエチレン-$(CF_2-CF_2)_n$-が，76.0wt％の高フッ素含量であることからも容易に予想される。一連の含フッ素ポリイミドの誘電率は，フッ素含量との間には直線関係で示される報告がある[2,4]。フッ素含量の低い領域では，骨格構造に起因する誘電率のばらつきの大きいものの，全体では比較的良好な相関関係（$r=0.85$）が得られている[4]。

　芳香環へのF置換とCF_3基の置換を同程度のフッ素含量で比較すると，CF_3置換がより低誘電率を発現している[5]。これはCF_3基の嵩高さのために分子間（内）の電荷移動錯体形成の相互作用の低減効果と自由体積分率を増大させるモル容積空間占有体（V_m）を大きくする併用効果

第3章　低誘電率材料の分子設計

によるものである。構造との関係で見ると，CF_3基が非対称に置換されている場合は，大きな双極子モーメントの分極構造となるため，フッ素含量から予想される誘電率よりも高くなる[2]。

いくつかの代表的な高フッ素含量のポリイミドの構造と誘電率の例を挙げて説明する。フッ素導入ポリイミドの低誘電率発現は，どのような構造の高フッ素含量のモノマー設計ができるかで決まってしまう。これまでの報告で，最もフッ素含量の高い例は，林ら[4]の長鎖のパーフルオロアルキル基を側鎖に導入したテトラカルボン酸二無水物からのフッ素含量56.0wt%のポリイミド**1a**がある。この誘電率は，ポリイミドの中でも最も低い範疇にある$k=2.50$（@1MHz）（T_g：180℃）と報告されている。

高含フッ素構造にするには**1a**構造のような側鎖に長鎖のパーフルオロアルキル基の導入が考えられるが，T_g低下の問題が起こる。一方，剛直鎖構造によって，これを解決しようとする試みがある（ただし，kの異方性が大きく現れやすいという課題が新たに派生する）。9,9-ビス（トリフルオロメチル）キサンテン-2,3,6,7-テトラカルボン酸二無水物**1b**を用い，ジアミンに2,2'-ビス（フルオロアルコキシ）ベンジジン誘導体**1c**，1-[2,2-ビス（トリフルオロメチル）-3,3,4,4,5,5,5-ヘプタフルオロペンチル]-3,5-ジアミノベンゼン**1d**を，それぞれ組み合わせ，前者のポリイミドで$k=2.5$（@1MHz）（F含量42.2wt%，T_g355℃，5％重量減少温度（$T_{d\,5\%}$）（空気中）470℃）[6]，後者のポリイミドで$k=2.3$（@1MHz）（F含量41.9wt%，T_g347℃（DMAによる測定），$T_{d\,5\%}$（空気中）458℃）[7]と高T_gの低誘電率ポリイミドが得られている。**1d**のT_gは，**1b**の非環状構造に相当の市販の含Fテトラカルボン酸二無水物モノマー，2,2-ビス（3,4-ジカルボキシフェニル）-1,1,1,3,3,3-ヘキサフルオロプロパン二無水物（6FDA）**1e**系に比べ，およそ100℃高くなっており，T_gの低下抑制の設計が活きている。

耐熱性高分子電子材料

　耐熱性を考慮した含フッ素系ポリイミドは，芳香環への-F, -CF$_3$, (CF$_3$)$_2$C＜置換構造に限定され，その導入量はせいぜい35wt%程度であるので，特殊な構造でない限り，この導入量のフッ素含有ポリイミドの到達誘電率は，$k=2.5$〜2.8の範囲である。

3.2　モル容積空間占有体積（V_m）を大きくする

3.2.1　整列しにくい構造の導入

　整列しにくい構造の導入についてはSimpsonら[2]の6種類の芳香族テトラカルボン酸二無水物とジアミノジフェニルエーテル（DDE）構造の4,4′-ジアミン体 2a と3,3′-ジアミン体 2b から得られるポリイミドの誘電率の関係が報告されている。いずれの系においても，3,3′-体から得られるポリイミドの誘電率は4,4′-体よりも低い。例えば，ピロメリット酸二無水物（PMDA）：4,4′-DDE　$k=3.22$→3,3′-DDE　$k=2.84$（@10GHz），3,3′,4,4′-ベンゾフェノンテトラカルボン酸二無水物（BTDA）：4,4′-DDE　$k=3.15$→3,3′-DDE　$k=3.09$（@10GHz），6FDA：4,4′-DDE　$k=2.79$→3,3′-DDE　$k=2.73$（@10GHz）。3,3′-体構造の導入によって，ポリイミドの自由体積分率が4,4′-体からのポリイミドよりも増加しているためであり，実際に陽電子消滅からもその効果は確認されている。

2a ; 4,4′-DDE

2b ; 3,3′-DDE

3.2.2　嵩高い構造の導入

(1)　脂環族構造

　有機溶剤の誘電率と密度の関係を示したように，同じ炭素数で比較するなら，芳香族構造よりも脂環構造は嵩高い分，密度が小さくなり，低誘電率化の構造単位として有利に働く。脂環構造を持つポリイミドは，熱分解温度で示される化学的耐熱性は犠牲となるものの，環構造のために高 T_g の物理的耐熱性は維持しつつ，低誘電率化が期待できる。例えば，代表的なポリイミド構造で比較すると，ジアミンに4,4′-DDE 2a を用い，芳香族テトラカルボン酸二無水物にPMDA（分子量：218.12）を用いたポリイミドの密度が1.43g/cm^{3}に対し，PMDAの分子量に近い脂環族の2,3,5-トリカルボキシシクロペンチル酢酸二無水物 3a（分子量：224.17）に代えたポリイミドの密度は1.34g/cm^{3}に低下し，その結果，誘電率は芳香族系の$k=3.5$-3.3に対し，$k=3.2$-3.0に下がっている[8]。

3a

第3章 低誘電率材料の分子設計

脂環族ポリイミドで低誘電率化と化学構造の関係を論じた報文は比較的少ない。アダマンタンからの芳香環を含む脂環族ジアミン，1,3-ビス（4-アミノフェニル）アダマンタン（分子量318.46)[9] 3b，1,3-ビス［4-(4-アミノフェノキシ）フェニル］アダマンタン（分子量502.66)[10] 3c，1,6-ビス（4-アミノフェニル）ジアマンタン（分子量370.54)[11] 3d，1,6-ビス［4-(4-アミノフェノキシ）フェニル］ジアマンタン（分子量554.73)[12] 3e，4,9-ビス（4-アミノフェニル）ジアマンタン（分子量370.54)[13] 3f，4,9-ビス［4-(4-アミノフェノキシ）フェニル］ジアマンタン（分子量554.73)[14] 3g を用い，比較的簡単な構造の市販品を含む芳香族テトラカルボン酸二無水物（PMDA，BTDA，3,3′,4,4′-ビフェニルテトラカルボン酸二無水物（s-BPDA），オキシジフタル酸無水物（ODPA），6FDA 1e 他）と組み合わせたポリイミドについて，Chern らの一連の研究報告がある。

これらの結果から，アダマンタン構造のジアミンの分子量を上げても，フッ素を含まない系での到達誘電率は，$k=2.65$-2.60（@1kHz）の範囲で飽和している。一方，6FDA 1e を用いた含フッ素効果でも誘電率は，$k=2.55$（@1kHz）前後である。また，3d と 3f，3e と 3g のような異性体関係であっても，剛直鎖構造の長い異性体のポリイミドの T_g は高くなるが，誘電率

3b

3c

3d

3e

3f

3g

には差がみられない。異性体構造によって分子充填の様相も異なると考えられるが，脂環族構造の嵩高さの効果が大きく，異性体の効果が吸収されたといえる。誘電率は導入した脂環族構造の大きさで決定され，次の芳香族構造単位とは挙動が異なる。

(2) 嵩高い置換基の導入

ポリイミドを構成する化学結合の観点から，極性構造のイミド基の存在が誘電率上昇に寄与していることは類推できる。実際に市販のポリイミドの誘電率を繰り返し単位中のイミド基濃度でプロットすると，誘電率は極性構造のイミド基濃度に依存していることがわかる（図3）[15]。この関係から，低誘電率化には極性構造（誘電率が高い）のイミド基濃度の耐熱性を損なわずに，極性の低い耐熱性の化学構造で希釈する方法に解があることがわかる。具体的な希釈単位として，モル分極率の小さいFやCF$_3$置換基，あるいは，芳香族炭化水素基やエーテル結合で連結した芳香族炭化水素基などの化学構造単位の導入がある。

ここでは，芳香族構造の嵩高い置換基をとり挙げる。耐熱性を損なわずに可溶性を付与できる特異な嵩高い芳香環，いわゆる「カルド構造」として，フルオレン骨格を導入したポリイミドが知られている[16]。カルド構造のフルオレン骨格は，構成する芳香環のπ電子共役系が個々のベンゼン環で遮断された構造であり，炭素数の多い芳香環構造でも低誘電率が予想される。さらに，フルオレン骨格のポリイミドは気体透過性にも優れ[17, 18]，自由体積分率の高い構造と想像できる。著者[19, 20]らは，一連のフルオレン骨格を導入したジアミン**4a**，テトラカルボン酸二無水物**4b**を合成し，これらから誘導される一連のポリイミドの低誘電率発現の構造因子について検討した。

これらの検討結果から，フルオレン骨格を導入して，イミド基濃度を下げる（繰り返し単位の分子量を上げる）試みにより，フッ素原子を含まないポリイミド**4c**構造で最も低い誘電率，$k=$2.77（@1MHz）（繰り返し単位分子量1291.43，イミド基濃度10.9wt%（$T_{d\,5\%}$：(窒素中) 525℃，T_g 266℃))が達成された。

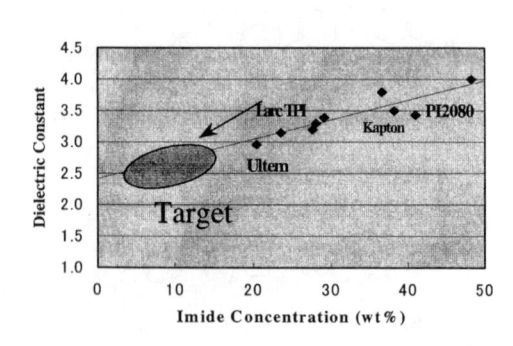

図3　ポリイミドのイミド基濃度と誘電率の関係

第 3 章　低誘電率材料の分子設計

R₁=H, CH₃, C₆H₅
R₂=H, CH₃
R₃=H, CH₃, CF₃

4a

R₄=H, C₆H₅

4b

含フッ素の 2,2-ビス [4-(3,4-ジカルボキシフェノキシフェニル)]-1,1,1,3,3,3-ヘキサフルオロプロパン二無水物からのフルオレン系ポリイミド **4d** で，$k=2.35$（@1MHz）（繰り返し単位の分子量 1413.2，F 含量 16.1wt%，イミド基濃度 9.9wt%，$T_{d\,5\%}$：(窒素中) 549℃，T_g 238℃）が得られている。なお，テトラカルボン酸二無水物に 6FDA **1e** を用いた場合には，$k=2.46$（@1MHz）（繰り返し単位の分子量 1229.1，F 含量 18.5wt%，イミド基濃度 11.4wt%，$T_{d\,5\%}$：(窒素中) 539℃，T_g：268℃）が得られており，イミド基濃度の希釈効果は検証されている。

3.2.3　低密度化を伴う重合方法：蒸着重合

また，蒸着重合の手法を用いると，同じモノマー組成でも通常の溶液重合で得られるポリイミ

4c

4d

ドよりも誘電率が下がる例がある（FLUPI-10, **5a**（k=3.2→2.9），FLUPI-01, **5b**（k=2.85→2.75)[21~23]。蒸着重合はポリマー鎖の分子充填密度を下げる重合方法と考えられ，低誘電率発現に有利である。さらにこの重合法は，高重合度が得られにくい溶液重合のモノマーの組成でも，塗膜形成可能な高分子量体が得られやすい特長をも有している。

5a   **5b**

3.2.4 空孔化：nanofoam

積極的に空孔を導入し，低密度化を図って低誘電率化を図る手法で，発泡体のイメージに繋がる。通常の発泡剤の利用では，空孔の大きさは数 μm～数 10μm と大きく，また，連続気泡となり，マイクロエレクトロニクス用途には適していない。ここでいう空孔化は，空孔の大きさが半導体の設計ルールや膜厚から，nm 台でかつ，その空孔形状が独立孔となる IBM の Hedrick ら[24~35] によって開発されたナノ空孔化（nanofoam）手法である。この手法は以下の3工程からなっている：1) ポリイミド（または前駆体のポリアミド酸）と空孔源としての易熱分解成分ポリマーとのブロック，またはグラフト共重合体の調製，2) 不連続の海島ミクロ相分離構造（海：ポリイミド，島：易熱分解ポリマー）のポリアミド酸（またはアルキルエステル），またはポリイミドの製膜，3) イミド化，もしくは，可溶性ポリイミドからの製膜時の加熱加工，もしくは熱処理時にミクロ相分離構造の島相の易熱分解成分を熱分解させる nm 台の大きさの空孔形成化。

空孔率から得られる誘電率の予測はできる。空孔の誘電率は，k=1.0 として，理想的な直列，並列模型の計算から，前者が上限，後者で下限値が計算できる。実際には，並列模型[25] や Maxwell-Garnet 則[30]，または，それに近い混合則[33] に適合する結果が得られている。

易熱分解成分の条件[32] としては，その分解温度はポリイミドの T_g（軟化温度）よりも低いことが生成した空孔を塞がないための必要条件である。また，分解過程での副生物がポリイミドの可塑化を起こさないことや発泡剤的な挙動を示さないことも易熱分解成分の必要条件である。しかも，その熱分解温度はミクロ相分離発現膜形成時の熱処理温度以上であるため，母材のポリイミドの T_g と易分解成分の分解温度の差が十分とれる設計も実用的な加工面から重要である。

誘電率を下げる機能設計の多くは T_g の低下傾向や F 含量の増加による密着強度の低下を伴い，実用上の加工面の課題は残る。一方，ナノ空孔化は誘電率が低下しても，元のポリイミドの T_g やフッ素含量は保証されるため，材料設計には有利な点となる。

第3章 低誘電率材料の分子設計

易熱分解成分とのポリマーアロイ組成はポリイミドを母材とする海島構造の相分離構造の形成が必要条件であり，得られる空孔率にも上限がある。また，空孔率は得られる低誘電率膜の機械的性質からも，おのずから上限がある。そのためにもできるだけ低誘電率のポリイミドから空孔化を図るのが，低空孔率で目標の低誘電率が発現できるので望ましい。また，空孔は 400℃ 以上の LSI 製造の後工程の熱処理温度でも形状が維持される，分解ガスなどが発生しない熱安定性（耐熱分解性，T_g）が必要である[28]。代表的なポリイミドの「Kapton」構造では，分子間の凝集力が大きく，高温時の熱処理過程（T_g 以下であっても）で高度の秩序構造を形成していくため，形成した空孔が潰されてしまう。この抑制のため，母材のポリイミドも耐熱性に加えて，非対称構造，屈曲性や嵩高い置換基の導入した分子間相互作用の小さいポリイミド系に展開されている。

以下に具体例をみてみる。代表的な具体例として，$k=2.56$ の含 F ポリイミドと易熱分解性成分にアミン末端変性ポリプロピレングリコール（PPG）を用いたブロック共重合体 **6a** から，空孔の大きさ〜10nm， 空孔率約 20% で，$k=2.27$（@1MHz）の低誘電率化の例が報告[35]されている。

6a

空孔源の易熱分解性成分として，ポリスチレン[29]，ポリ（α-メチルスチレン）[30, 31]，ポリメチルメタクリレート[24, 25]，PPG[24, 25, 29, 30, 32-35]，ポリカプロラクトン[30]の検討例がある。ポリ（α-メチルスチレン）は分解したモノマーが可塑剤的に作用するため，生成した空孔を拡げ，ナノ空孔化には適さない[31]。PPG は不活性雰囲気下（窒素，アルゴンガス）と空気中での熱安定性に差があるため，製膜時のミクロ相分離構造の発現と，熱分解による空孔化加工の区分けを雰囲気制御で行える[35]ので有利である。

ポリイミドナノ空孔体は上記の ABA 型のブロック共重合体からの展開が多い。この手法では易熱分解性成分が分子量調節剤の役目を果たし，かつその分子量も大きいので，最終的に空孔化したポリイミドの分子量の高分子量化には限界がある。高分子量の維持の観点から，側鎖に易分解性成分を導入したグラフト共重合体が，PPG 側鎖を有するジアミンモノマーが提案され[25, 31, 32]，例えば，以下のポリイミド **6b** から nanofoam 体（空孔率〜12vol%）[32]が報告されている。

空孔の大きさ，形状，空孔化効率などの制御に関し，易熱分解性成分の熱分解温度，ポリイミ

耐熱性高分子電子材料

6 b

ドの軟化温度（またはT_g）には，熱分解温度＞軟化温度（またはT_g）の関係は必須であるが，熱分解温度と軟化温度（またはT_g）の差には，適度な温度範囲が存在することも考慮すべきである。特に，ポリアミック酸からの熱分解成分の熱分解工程中での加熱イミド化反応を行う場合は，イミド化の進行によりT_gが経時に変化するので，その温度差制御もナノ空孔形成の効率に影響を与えている。

4 まとめ

ポリイミドの低誘電率化は極性構造のイミド基骨格の濃度を耐熱性（化学的，物理的）を損なわずに，いかに低減できるかにある。この場合は物理的耐熱性の指標であるT_gが低下する課題がある（剛直鎖の導入でT_gの低下は抑制できるが，誘電率の異方性を大きくしてしまう）。フッ素の導入は低誘電率化に効果があるが，基板との密着性や溶剤耐性の観点から，限界導入量を考慮する必要がある。耐熱分解性が問題ない応用の場合は，脂環族の構造が高T_gの維持から有利である。

芳香族ポリイミドの誘電率は，フッ素を含まない系で$k=2.8〜2.7$，フッ素含有系で$k=2.4〜2.2$が到達可能な下限界と考えられる。ナノ空孔化による低誘電化手法も実用的な応用段階での検討が行われ，母材のポリイミドに高T_gを維持した誘電率の低い系が選択できれば，耐熱性を満足した$k=〜2.0$に近い低誘電率材料には到達できるものと期待される。

第3章 低誘電率材料の分子設計

文　献

1) *Semiconductor International*, (No. 1) 47 (1995)
2) J. O. Simpson, and A. K. St. Clair, *Thin Solid Films*, **308-309**, 480 (1997)
3) J. A. Riddick and W. B. Bunger, Organic Solvents, Physical Properties and Methods of Purification, 3rd Edition, Wiley-Interscience (New York) (1970).
4) 林俊一, 錦見端, 山本道治, 山本一成, 日東技報, **28**, (No. 2) 49 (1990)
5) G. Hougham, G. Tesoro, A. Viebck, and J. D. Capple-Sokol, *Macromolecules*, **27**, 5964 (1994)
6) A. E. Feirling, B. C. Auman, and E. R. Wonchoba, *Polymer Preprints* (*ACS*), **34**, 393 (1993)
7) B. C. Auman, D. P. Higley, K. Sherere, E. F. McCord, and W. H. Shaw, *Polymer*, **36**, 651 (1995)
8) a) 吉田淑則, 竹内安正, 後藤幸平, JSRテクニカルレビュー, (No.103) 1 (1996)
   b) 後藤幸平, 未発表データ
9) Y-T. Chern, and H-C. Shieu, *Macromol. Chem. Phys.*, **199**, 963 (1998)
10) Y-T. Chern, and H-C. Shieu, *Macromolecules*, **30**, 4646 (1997)
11) Y-T. Chern, *Macromolecules*, **31**, 1898 (1998)
12) Y-T. Chern, *Macromolecules*, **31**, 5837 (1998)
13) Y-T. Chern, and H-C. Shieu, *Chem. Mater.*, **10**, 210 (1998)
14) Y-T. Chern, and H-C. Shieu, *Macromolecules*, **30**, 5766 (1997)
15) K. Goto, M. Kakuta, Y. Inoue, and M. Matsubara, *Polycondensasion 2000 Preprints*, p.63 (2000)
16) V. V. Korshak, S. V. Vinogradova, and Y. S. Vygodskii, *J. Macromol. Sci., Rev. Macromol. Chem.*, **C11**, 45 (1974)
17) 真野弘, 工業材料, **48**, (No. 8) 21 (2000)
18) 石原勇人, 仲川勤, 松原稔, 後藤幸平, ポリイミド最近の進歩2000, 46 (2000)
19) K. Goto, M. Kakuta, Y. Inoue, and M. Matsubara, *J. Photopolym. Sci. Tech.*, **13**, 313 (2000)
20) K. Goto, Y. Inoue, and M. Matsubara, *J. Photopolym. Sci. Tech.*, **14**, 33 (2001)
21) 佐々木重邦, プラスチックス, **42** (No. 9) 47 (1991)
22) T. Matsuura, S. Ando, S. Sasaki, and F. Yamamoto, *Macromolecules*, **27**, 6665 (1994)
23) 飯島正行, 浮島禎之, 佐藤昌敏, 飯田敬子, 高橋善和, 佐々木重邦, 松浦徹, 山本二三男, 表面技術, **50** (No. 7) 16 (1999)
24) J. Hedrick, J. Labadier, T. Russel, D. Hofer, and V. Wakharker, *Polymer*, **34**, 4717 (1993)
25) Y. Charlier, J. L. Hedrick, T. P. Russel, A. Jones, and W. Volksen, *Polymer*, **36**, 987 (1995)
26) M. I. Sanchez, J. L. Hedrick, and T. P. Russel, *J. Polym. Sci., Part B : Polym. Phys.*, **33**, 253 (1995)
27) J. L. Hedrick, R. A. DiPerto, Y. Charlier, and R. Jerome, *High Perform. Polym.*, **7**, 135 (1995)
28) Y. Charlier, J. L. Hedrick, T. P. Russel, A. Jonas, and W. Volsken, *Polymer*, **36**, 987

(1995)
29) J. L. Hedrick, T. P. Russel, J. W. Labadier, M. Lucas, and S. A. Swanson, *Polymer*, **36**, 2685 (1995)
30) J. L. Hedrick, K. R. Carter, H. J. Cha, C. J. Hawker, R. A. DiPerto, J. W. Labadie, R. D. Miller, T. P. Russel, M. I. Sanchez, W. Volksen, D. Y. Yoon, D. Mercerreyes, R. Jerome, and J. E. McGrath, *React. Funct. Polymers*, **30**, 43 (1996)
31) J. L. Hedrick, R. A. DiPerto, M. I. Sanchez, J. G. Plummer, J. Hilborn, and R. Jerome, *Polymer*, **37**, 5229 (1996)
32) K. R. Carter, R. A. DiPerto, M. I. Sanchez, T. P. Russel, P. Lakshmanan, and J. E. McGrath, *Chem. Mater*, **9**, 105 (1997)
33) J. L. Hedrick, K. Carter, M. Sanchez, R. DiPerto, S. Swanson, P. Lakshmanan, and J. E. McGrath, *Mcromol. Chem. Phys.*, **198**, 549 (1997)
34) J. L. Hedrick, R. D. Miller, C. J. Hawker, K. R. Carter, W. Volksen, D. Y. Yoon, and M. Trollsas, *Adv. Mater.*, **10**, 1049 (1998)
35) K. Carter, R. DiPerto, M. I. Sanchez, and S. Swanson, *Chem. Mater*, **13**, 213 (2001)

第4章 光反応性耐熱性材料の分子設計

望月 周*

1 はじめに

電子機器の小型・軽量化に伴い半導体装置の小型化，薄型化，微細化が急速に進んでおり，エレクトロニクス分野における材料に対する要求は着実に高性能化，高機能化，低価格化が求められてきている。

ポリイミドは優れた耐熱性，機械特性を有することから，半導体素子や高密度実装基板における絶縁膜をはじめ，多くの先端技術分野で使用されており，半導体分野における配線部分にはプロセスを簡略化するために，絶縁膜，保護膜の機能を併せもつ感光性ポリイミド（PSPI）が重要な役割を果たしている。ポリイミドパターンの形成方法を図1に示す。

本稿では，光反応性耐熱性材料の分子設計について，感光性ポリイミドの分子設計およびその機能化に関する最近の動向を中心に紹介する。なお，感光性ポリイミドに関する総説[1,2]もぜひ参照されたい。

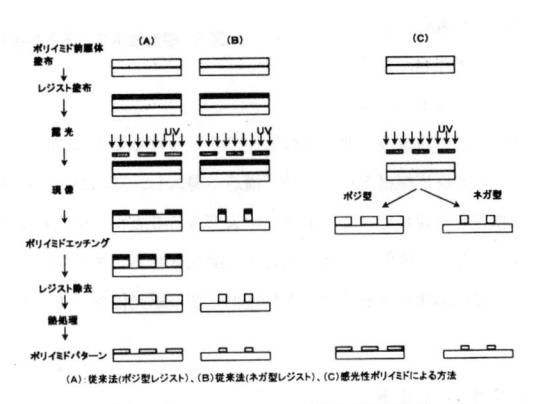

図1 ポリイミドパターン形成方法の比較

---

* Amane Mochizuki 日東電工㈱ 基幹技術センター 第1グループ グループ長

2 感光性ポリイミドの分子設計

感光性ポリイミドがLSI微細加工用のレジストと大きく異なる点は画像形成工程においては，レジスト同様の加工性が求められることに加え，最終的にはポリイミドとして製品へ搭載されるため，ポリイミドとしての皮膜特性が要求されることにある。このため，①画像形成に関わる諸特性（感度，解像度，現像方式，熱処理（イミド化）条件等）と共に，②最終的に得られるポリマーの特性（機械強度，電気特性，寸法安定性，接着性，純度）の両性能を考慮して分子設計しなければならない（図2）。

感光性ポリイミドの分子設計の指針は，光照射によって化学的変化，すなわち，光架橋，光分解，光重合，光異性化などを起こすことのできる化学構造を導入し，その結果として現像液に対する溶解性の差をつけることにある（図3）。従って，高効率（高量子収率）の光反応機構を巧みに分子構造へ導入し，なおかつ，画像形成後にはこれら光反応に寄与する物質を必要に応じて，系外へ除去できることが，感光性ポリイミドの分子設計における基本要件となる。光照射を受けた部分を不溶化させるとネガ型となり，光照射を受けた部分を現像液に対して易溶化させる設計とすればポジ型の感光性ポリイミドとなる。

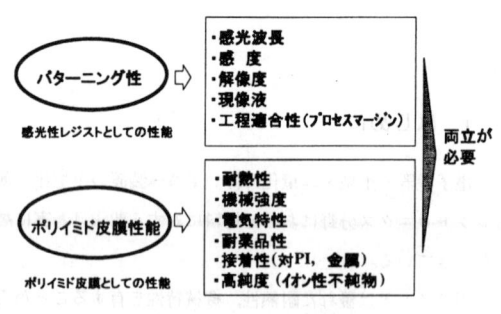

図2 感光性ポリイミドの要求性能

図3 感光性ポリイミドの設計指針

3 ネガ型感光性ポリイミド

現在市販されている感光性ポリイミドの多くは，式1に示すようにポリアミド酸のカルボキシル基にエステル[3]もしくはイオン結合[4]を介して感光基を導入したものである。この二つの代表的な感光性ポリイミドは光反応性メタクリロイル基を有するという点において，構造的に類似し

第4章 光反応性耐熱性材料の分子設計

ているが,感光機構は異なる。エステル結合を介して感光基が導入された"エステル型"感光性ポリイミドは光照射した部分が感光基の橋架けにより現像液に不溶化し,ネガ型の画像を与える。

一方,イオン結合を介して感光基が導入された"イオン結合型"の場合は,光照射により,ビニル重合を開始することなく,まず,ポリアミド酸と増感剤(N-フェニルジエタノールアミン)との電荷移動錯体が形成される。この時生成したラジカルは一重項状態から項間交差して三重項状態となり,ポリマー骨格中のピロメリトジアミド部分でアニオンラジカル対を生成する。この光照射による電荷分離が画像形成機構と推定される。さらに,この系はポリマー骨格そのものが増感剤として機能するため,先のエステル型に比べ高感度である。

現像液としてはN-メチル-2-ピロリドンなどの極性溶媒とアルコールを組み合わせたものが用いられている。また,現像工程を経て画像を形成した後,最終段階で熱処理により,ポリアミド酸を閉環してポリイミドにする。この際,感光性基の部分は脱離して揮散するために最終膜厚は半分程度に減少する。

これに対して,(式2)のような骨格中にアミド酸部分を含まない感光性ポリイミドが報告されている[5]。3,3′,4,4′-ベンゾフェノンテトラカルボン酸二無水物(BTDA)とオルト位にアルキル基を持つジアミンから合成されるポリイミドは,光が当たった部分が現像液の有機溶剤に不溶化するネガ型の感光性ポリイミドである。これは光照射で生成した三重項のベンゾフェノンによるアルキル基からの水素引き抜き,引き続き生成したラジカル同士の結合により,橋架けポリマーが生成するためである。可溶部分を除去するだけでポリイミドの画像が完成するので,熱処理後の膜減りが大幅に改善されている[6]。

4 ポジ型感光性ポリイミド

現像工程は有機溶剤系よりも非溶剤系であることが好ましく,時代の要請に応えると思われる。LSI製造用レジストであるクレゾール／ノボラック樹脂／ジアゾナフトキノン（DNQ）系レジストの画像形成機構は光照射により,DNQが分解し,アルカリ可溶性のインデンカルボン酸となり,現像液への溶解性が増大して,ポジ型の像を与えると考えられている（式3）[7]。従って,感光性ポリイミドをポジ型とすることが出来れば,マスク等,露光工程が共通仕様となる点でも大きな利点がある。ポジ型感光性ポリイミドの合成例を示す。

4.1 オルトニトロベンジルエステル型

ポジ型画像の形成やアルカリ現像が可能なポリイミド前駆体が合成された。

オルトニトロベンジルエステル基は光照射により,オルトニトロソベンズアルデヒドが脱離し,カルボン酸に変換される（式4）。この機構を導入した式5に示す感光性ポリイミドが合成された[8]。未露光部のオルトニトロベンジルエステルは現像液に不溶で,光照射した部分に生成するカルボン酸がアルカリ可溶性であり,ポジ型画像を与える。

ポリアミド酸のカルボキ

第4章　光反応性耐熱性材料の分子設計

シル基の pKa は5程度であるのに対し，フェノールの pKa は10程度であり，アルカリ水溶液に対して適当な溶解速度を有する。そこで，ポリアミド酸にエステル結合（式6）やイオン結合（式7）を介して，フェノール性水酸基を導入したポリマーが合成され，DNQ と組み合わせることによりポジ型画像を得ている[9]。最終的にイミドに変換した場合の膜減りはアミド酸型よりも大きいと思われるが，実用的な感度を有するアルカリ現像可能なポジ型感光性ポリイミドである。

(6) [構造式] + DNQ

(7) [構造式] + DNQ

4.2　ポリアミド酸／溶解抑制剤系

ポリアミド酸をマトリックスに，これにDNQおよび類似の機能を有するアルカリ溶解抑制剤を添加し，感光性ポリイミドの前駆体にした研究は多くなされている[10]。しかし，アルカリ水溶液に対するポリアミド酸の溶解性が高すぎるために，溶解性の差をつけることが難しいのが現状である。

ポリアミド酸の構造は限定されるが，式8，式9に示すような疎水性の高いポリアミド酸とDNQとの組み合わせから感度，解像度の良好な感光性ポリイミドが報告されている[11]。

(8) [構造式] + DNQ

感光剤として1,4-ジヒドロピリジン（DHP）[12]を添加した感光性ポリイミドが開発された。20wt%のDHPを混合したポリアミド酸フィルムの現像液に対する溶解挙動は露光後加熱

[式9の構造式: ポリアミド酸 + DNQ]

(PEB) の温度が低いときは露光部が未露光部よりも速く溶解するポジ型であり，PEB の温度が高いときはその逆のネガ型の挙動を示すことが明らかにされている[13]。DHP が光照射により相当するピリジン誘導体に変化するために，PEB の温度が高いときには，ピリジンの塩基触媒作用により未露光部よりも露光部において，アミド酸のイミド化が進行しやすくなるためであると考えられている。

[DHP の構造式]

ポリアミド酸と光反応性溶解抑制剤から構成される感光性ポリイミド前駆体は，最終的に得られるポリイミドの骨格に制限を与えない点で工業的にも価値が高い。

4.3 現像方法によるアプローチ

現像液に有機アミン化合物を用いる方法が提案されている[14, 15]。一例を示すと，式 10 のよう

[式10の反応式]

なポリアミド酸と DNQ からなる感光性ポリイミド前駆体膜を露光後，現像液として N-メチルイミダゾール (MIN) やアミノエタノール水溶液を用いて現像すると，露光部のポリアミド酸の加水分解が促進され，露光部の現像速度が未露光部の現像速度に比べて速くなり，良好な解像度が得られることが示されている（図2）。

第4章　光反応性耐熱性材料の分子設計

5　ポリヒドロキシイミド（PHI）をマトリックスとする系

5.1　PHI/DNQ系[16]

アルカリ現像可能で，イミド化に伴う膜減りも少ない簡便なマトリックスとして，PHIが着目され，DNQとの組み合わせによる感光性ポリイミドが報告されている。（式11）に示したPHIと30wt％のジアゾナフトキノン-4-スルホン酸エステルを含む溶液から得たフィルムをUV照射後（436nm），35℃で1％のテトラメチルアンモニウムヒドロキシド（TMAH）水溶液で現像するとポジ型画像が得られる。g線（436nm）における感度，解像度はそれぞれ250mJ/cm^2，$\gamma=$5.2と感度，解像度共に良好である。

5.2　化学増幅系PHI（ポジ型：脱保護反応）[17]

高感度化を目指して，化学増幅機構を導入した感光性ポリイミドも開発されている（式12）。PHIのフェノール性水酸基に酸で脱保護する基を導入し，アルカリ不溶性にする。これに式13に示すようなUV照射により，酸を発生する化合物（光酸発生剤）を加えたレジストを調製する。光照射により発生した酸をPEBで拡散させ，脱保護反応を促進する。これによりマトリックスはアルカリ可溶になり，ポジ型画像が得られる。

$$(13)$$

5.3 化学増幅系 PHI（ネガ型：橋架け反応）[18]

ネガ型感光性ポリイミドもマトリックスを適当に選択すればアルカリ現像型になる。先の PHI をマトリックスに用い，これに光酸発生剤と架橋剤を組み合わせた化学増幅型ポリイミドが開発されている（式14）。光酸発生剤から生じた酸が架橋剤と反応し，ベンジルカチオンを生成し，これがヒドロキシイミドのフェノール残基に親電子反応し，橋架けポリマーを与える。

マトリックス，光酸発生剤，架橋剤を重量比 70：20：10 で混合し，フィルム作製後，UV 照射，PEB を 120℃で 5 分間行い，2.5%TMAH 水溶液で現像すると良好なネガ型画像が得られている。

$$(14)$$

6 ポリイソイミド（PII）をポリイミド前駆体とする系[19]

PII は溶解性に優れ，水などの揮発成分を放出することなくポリイミドに異性化し，さらに酸，塩基触媒により異性化反応が加速される。したがって，PII と①光反応性の溶解抑制剤，②光塩基発生剤，③光酸発生剤の組み合わせにより，新しい感光性ポリイミド前駆体になることが示されている。

6.1 PII/DNQ 系[20]

ポリイソイミドと DNQ 誘導体の組み合わせによる感光性ポリイミド前駆体について検討された。式15に示したポリイソイミドと 20wt%のジアゾナフトキノン-4-スルホン酸エステルを含む溶液から得たフィルムは UV 照射後，150℃で 10 分間 PEB を行い，45℃の 5％TMAH 水溶液

第4章 光反応性耐熱性材料の分子設計

で現像すると鮮明なポジ型画像を与える。また、式16に示したポリイソイミド共重合体は有機溶剤に可溶で、ジアゾナフトキノン-5-スルホン酸エステルとの組み合わせにより、ポジ型画像を与える。さらに相当するポリイミドは寸法安定性に優れ、熱膨張係数を0〜60ppmの範囲に調整できることが示されている。

(15) + DNQ

(16) + DNQ

6.2 PII/光塩基発生剤[21]

式17に示す構造のカルバマート型光塩基発生剤とPIIからなる溶液からフィルムを作製し、光照射後、150℃で5分間PEBを行うと、UV照射により発生した塩基（ここではジメチルピペリジン）が露光部のみに拡散し、その触媒作用によって式18のようにイソイミドからイミドへの異性化が70%近く進行する。この間、未露光部のイミドへの異性化は進行しない。ポリイソイミドと相当するポリイミドの溶解性は大きく異なることから、有機溶媒系の現像液を用いることにより、ネガ型の画像を与える。この系の画像形成機構は、塩基触媒によるイソイミド－イミド異性化反応を利用したものである。

7 ポリイミド以外の感光性耐熱ポリマー

以下に示すようなポリマーを用いる感光性耐熱ポリマーの合成が報告されている。

7.1 ポリ（カルボジイミド）(PCD)／光塩基発生剤[22]

ポリ（カルボジイミド）(PCD) は有機溶剤に対する溶解性が良く（加工性が良い），しかも熱処理により耐溶剤性，耐熱性のポリマーに変換される。さらに，PCDはアミンと容易に反応して橋架けポリマーになる[23]。この反応を利用した式19のような感光性耐熱ポリマーの合成が報告されている。すなわち，PCDをマトリックスに用いて，光塩基発生剤を組み合わせる。光照射により発生した2級アミンがカルボジイミド結合に付加する。熱処理によりこの付加生成ポリマーが更にPCDに付加し，橋架けポリマーを生成し，有機溶剤に不溶となりネガ型パターンが得られる。

7.2 ポリエーテルケトン[24]

代表的なエンプラであるポリ（エーテルケトン）は主鎖中にベンゾフェノン基を有する。この感光基とアルキル基を組み合わせた感光性耐熱ポリマーの合成も報告されている（式20）。先の式2と同様の画像形成機構により，UV照射後，有機溶剤で現像すると，感度40mJ/cm²,

第4章 光反応性耐熱性材料の分子設計

コントラスト2.8のネガ型パターンが得られる。

7.3 ポリ（ベンゾキサゾール）(PBO)/DNQ[25]

ポリ（ベンゾキサゾール）(PBO)は高強度，高弾性率，高耐熱性の複素環状ポリマーである。この前駆体であるポリ（ヒドロキシアミド）はフェノール性水酸基を持つので，ノボラック/DNQレジストと同様な感光機構が期待できる（式21）。

<化学構造式> (21)

8 感光性耐熱ポリマーの高機能化

耐熱性と画像形成機能の両立に加えて，高周波用の絶縁膜ならびに光通信材料へ適用するための低損失化の検討も進んでいる。以下に一例を紹介する。

8.1 低誘電率感光性ポリイミド

低誘電率材料を使うことの利点は，式22に示すように，誘電率（ε）が小さいほど，伝播速度が速くなることにある。

$$V = k \cdot C / \sqrt{\varepsilon} \quad (22)$$

(V：伝播速度　ε：誘電率　C：光速　k：定数)

ポリイミドを低ε化する方法としては，骨格中にフッ素原子のようなモル分極の小さな原子を導入したり，嵩高い構造を導入する方法が知られており，多くの低誘電率ポリイミドが合成されている。モル体積あたりのモル分極の小さな原子団を多く導入したジアミンと酸無水物（フッ素化テトラカルボン酸二無水物（6FDA））から合成されたポリイミドの誘電率は2.5～2.6であり，低熱膨張性ポリイミドと共重合することにより，寸法安定性に優れた低誘電率感光性ポリイミド

が開発されている[26]。

8.2 感光性ナノポーラスポリイミド

空気の比誘電率が1であることに注目した多孔性材料が注目されている。これはLSIの微細化,高性能化に伴い,低誘電率(Low-K)層間絶縁膜として,近年開発が加速し進展している領域であり[27],ポリイミドの多孔体を作ることも低誘電率化の手法の一つである。

微細な独立気泡を有する感光性ナノポーラスポリイミドが開発された。ポリアミド酸と光反応性溶解調整剤からなるネガ型感光性ポリイミド前駆体とミクロ相分

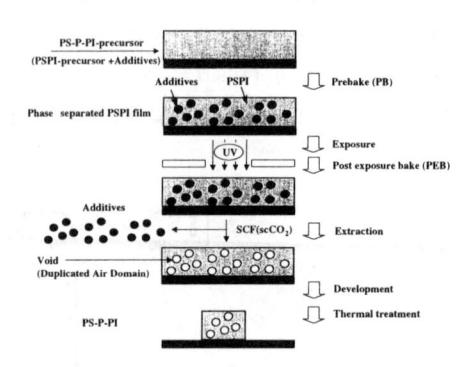

図4 感光性ナノポーラスポリイミド(PS-P-PI)の形成プロセス

離構造を誘発する添加剤(空孔形成剤)を共存させ,パターン形成工程中にミクロ相分離構造を形成し,選択的に添加剤を除去することにより,数百nmレベルの独立気泡を有するポリイミドパターンが得られている(図4)。ベースとして用いているポリイミドの誘電率は3.2であるが,多孔化することにより,2まで低下することが示されている[28]。

8.3 光導波路用感光性ポリイミド

インターネット回線の高速化が進み光通信の重要性が高まっている。高分子光導波路は石英ガラス導波路に比べ加工性に優れているため,近年注目を集めている。フッ素化ポリイミドもその候補材料の一つとして知られているが,加工にレジストプロセスとドライエッチングを必要とする。これに対し,感光性と透明性を両立した光導波

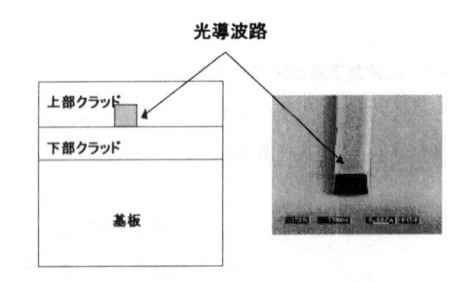

図5 感光性ポリイミド材料による光導波路

路用感光性ポリイミドが開発された。このPSPIを直接露光,現像し,熱処理することにより光導波路(コア部)が形成できる(図5)。このPSPIを用いた埋め込み型光導波路の通信波長帯($1.5\mu m$)における伝播損失は0.4dB/cmであると報告されている[29]。

第4章 光反応性耐熱性材料の分子設計

9 まとめ

いろいろな画像形成機構を利用した光反応性耐熱材料として，代表的な感光性ポリイミドの合成例を中心に紹介した。基本的にはポリアミド酸と感光剤との組み合わせが最も簡便であり，汎用性がある。ポリヒドロキシイミド（PHI）をマトリックスに用いると，DNQ との組み合わせで TMAH 溶液で現像できる。しかし，水酸基が残るために吸湿性が高い。その点，ポリベンゾキサゾール（PBO）はアルカリ現像時には水酸基を利用でき，加熱閉環後は水酸基が残らないので，ポリイミドと並ぶ感光性耐熱ポリマーとして有望である。

この分野の材料は光・電子関連機器の発展とともに，パターニング性の向上と材料としての高機能化が進み，今後も興味深い展開が期待される。

文　献

1) a) T. Omote, *Polyimides: Fundamentals and Applications*, ed by M. K. Ghosh, K. L. Mittal, Marcel Dekker, New York, p121 (1996); b) *Photosensitive Polyimide: Fundamental and Applications*, ed by K. Horie and T. Yamashita, Technomic, Lancaster (1995)
2) A. Mochizuki and M. Ueda, *J. Photopolym. Sci. Tech.*, **14**, 677 (2001)
3) R. Rubner, H. Ahne, E. Kuhn and G. Koloddieg, *Photogr. Sci. Eng.*, **23**, 303 (1979)
4) a) N. Yoda and H. Hiramoto, *J. Macromol. Sci., Chem.*, **A21**, 1641 (1984); b) N. Yoda, *Polym. Adv. Tech.*, **8**, 215 (1997)
5) O. Rohde, P. Smolka, P. A. Falcigno and J. Pfeifer, *Polym. Eng. Sci.*, **32**, 1623 (1992)
6) J. C. Dubois and J. M. Bureau, *Polyimides and Other High-Temperature Polymers*, ed by M. J. M. Abadie and B. Sillion, Elsevier, Amsterdam, p461 (1991)
7) O. Suss, *Liebigs Ann. Chem.*, **556**, 65 (1994)
8) a) S. Kubota, T. Moriwaki, T. Ando and A. Fukami, *J. Appl. Polym. Sci.*, **33**, 1763 (1987); b) S. Kubota, T. Moriwaki, T. Ando and A. Fukami, *J. Macromol. Sci. Chem.*, **A24**, 1407 (1987)
9) a) R. Hayase, N. Kihara, N. Oyasato, S. Matake and M. Oba, *J. Appl. Polym. Sci.*, **51**, 1971 (1994); b) M. Oba and Y. Kawamonzen, *J. Appl. Polym. Sci.*, **58**, 1535 (1995)
10) a) S. Hayase, K. Takano, Y. Mikogami and Y. Nakano, *J. Electrochem. Soc.*, **138**, 3625 (1991); b) W. H. Moreau and K. N. Chiong, US. Patent, 4,880,722 (1989); *Chem., Abstr.*, **108**, 140772 (1988)
11) a) O. Haba, M. Okazaki, T. Nakayama and M. Ueda, *J. Photopolym. Sci. Tech.*, **10**, 55 (1997); b) H. Seino, A. Mochizuki, O. Haba and M. Ueda, *J. Polym. Sci. Part A, Polym. Chem.*, **36**, 2261 (1998)

12) T. Yamaoka, H. Watanabe, K. Koseki and T. Asano, *J. Imaging Sci.*, **34**, 50 (1990)
13) T. Omote and T. Yamaoka, *Polym. Eng. Sci.*, **32**, 1634 (1992)
14) 福島誉史, 大山俊幸, 飯島孝雄, 友井正男, 板谷博, 第9回ポリマー材料フォーラム, p.283-284 (2000)
15) 川門前善洋, 真竹茂, 早瀬留美子, 第9回ポリマー材料フォーラム, p287-288 (2000)
16) a) D. N. Khanna and W. H. Mueller, *Regional Tech. Conf. on Photopolymers-Process and Materials*, Ellenvile, New York, p.429 (1988)
    b) T. Nakayama and M. Ueda, *React. Funct. Polym.*, **30**, 109 (1996)
17) T. Omote, K. Koseki and T. Yamaoka, *Macromolecules*, **23**, 4788 (1990)
18) M. Ueda and T. Nakayama, *Macromolecules*, **29**, 6427 (1996)
19) a) 望月周, 上田充, 高分子加工, **44**, 109 号 (1995)
    b) A. Mochizuki and M. Ueda, *ACS Symp. Ser.*, **614**, 413 (1995)
20) a) A. Mochizuki, T. Teranishi, M. Ueda and K. Matsushita, *Polymer*, **36**, 2158 (1995)
    b) H. Seino, O. Haba, M. Ueda and A. Mochizuki, *Polymer*, **40**, 551 (1999)
    c) H. Seino, O. Haba, A. Mochizuki, M. Yoshioka and M. Ueda, *High Perform. Polym.*, **9**, 333 (1997)
21) A. Mochizuki, T. Teranishi and M. Ueda, *Macromolecules*, **28**, 365 (1995)
22) A. Mochizuki, K. Takeshi, O. Haba and M. Ueda, *J. Photopolym. Sci. & Technol.*, **11**, 225 (1998)
23) a) T. W. Campbell, J. J. Monagle and V. S. Foldi, *J. Am. Chem. Soc.*, **84**, 3673 (1962) ;
    b) L. M. Alberino, W. J. Farrissey, Jr. and D. S. Sayigh, *J. Appl. Polym. Sci.*, **21**, 1999 (1977) ; c) A. Mochizuki, M. Sakamoto, M. Yoshioka, T. Fukuoka, Y. Hotta and M. Ueda, *High Perform. Polym.*, **9**, 385 (1997)
24) M. Ueda, T. Nakayama and T. Mitsuhashi, *J. Polym. Sci. Part-A, Polym. Chem.*, **35**, 371 (1997)
25) a) H. Ahne, R. Rubner and E. Kuhn, EP0023626 (1980) ; b) R. Rubner, *Adv. Mater.*, **2**, 452 (1990)
26) A. Mochizuki, N. Kurata and F. Fukuoka, *J. Photopolym. Sci. Tech.*, **14**, 17 (2001)
27) 竹市力, 機能材料, 18 (9), 34 (1998)
28) A. Mochizuki, T. Fukuoka, M. Kanada, N. Kinjou and T. Yamamoto, *J. Photopolym. Sci. Tech.*, **15**, 159 (2002)
29) K. Mune, R. Naitou, T. Fukuoka, A. Mochizuki, K. Matsumoto, N. Yurt, G. Meredith, G. Jabbour and N. Peyghambarian, *Proc. SPIE*, to be submitted

応用編

說 明 編

第5章　耐熱注型材料

玉井正司[*1], 黒木貴志[*2]

1　はじめに

　図1にプラスチックの分類とその代表例を示す。プラスチックはその加工特性から熱可塑性樹脂と熱硬化性樹脂に大別され，射出成形などの溶融成形が可能な熱可塑性樹脂はあらゆる産業において大量に用いられている。そのため，プラスチックと言えば一般的には熱可塑性樹脂をイメージすることが多く，高分子の総説書も熱可塑性樹脂およびその射出成形法に多くのページを割い

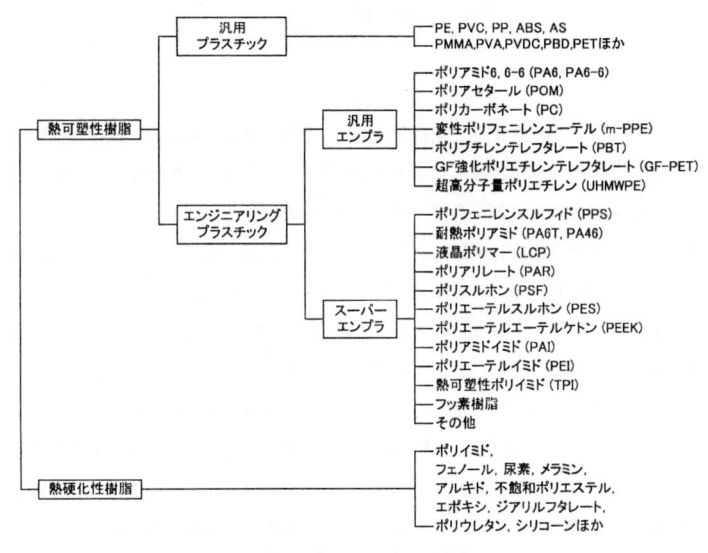

```
熱可塑性樹脂 ─┬─ 汎用プラスチック ────── PE, PVC, PP, ABS, AS
             │                              PMMA,PVA,PVDC,PBD,PETほか
             └─ エンジニアリング ┬─ 汎用エンプラ ── ポリアミド6, 6-6 (PA6, PA6-6)
                プラスチック      │                ポリアセタール (POM)
                                  │                ポリカーボネート (PC)
                                  │                変性ポリフェニレンエーテル (m-PPE)
                                  │                ポリブチレンテレフタレート (PBT)
                                  │                GF強化ポリエチレンテレフタレート (GF-PET)
                                  │                超高分子量ポリエチレン (UHMWPE)
                                  └─ スーパー ──── ポリフェニレンスルフィド (PPS)
                                     エンプラ       耐熱ポリアミド (PA6T, PA46)
                                                   液晶ポリマー (LCP)
                                                   ポリアリレート (PAR)
                                                   ポリスルホン (PSF)
                                                   ポリエーテルスルホン (PES)
                                                   ポリエーテルエーテルケトン (PEEK)
                                                   ポリアミドイミド (PAI)
                                                   ポリエーテルイミド (PEI)
                                                   熱可塑性ポリイミド (TPI)
                                                   フッ素樹脂
                                                   その他
熱硬化性樹脂 ─────────────────── ポリイミド，
                                     フェノール，尿素，メラミン，
                                     アルキド，不飽和ポリエステル，
                                     エポキシ，ジアリルフタレート，
                                     ポリウレタン，シリコーンほか
```

図1　プラスチックの分類[1)]

---

*1　Shoji Tamai　三井化学㈱　マテリアルサイエンス研究所　先端材料グループ
　　　主任研究員
*2　Takashi Kuroki　三井化学㈱　マテリアルサイエンス研究所　先端材料グループ
　　　研究員

耐熱性高分子電子材料

表1 エレクトロニクス用高分子部材の代表例[2]

半導体用	前工程	フォトレジスト，層間絶縁膜，ペリクル，パッシベーション膜，バックグラインドテープ
	後工程	ダイシングテープ，半導体封止材，TABテープ
表示材料		偏光板，位相差フィルム，偏光膜保護フィルム（TACテープ），視野角向上フィルム，カラーフィルター，透明導電性フィルム，異方導電性フィルム（ACF），液晶配向膜，液晶用スペーサー，プラスチックフィルム基板，液晶用フォトレジスト，拡散シート，バックライト導光板，プリズムシート，反射防止（AR）フィルム，有機EL材料，圧接・熱接コネクタ，フレキシブルシート型ディスプレイ
プリント基板用		感光性層間絶縁膜，熱硬化性層間絶縁材料，電着レジスト，液状ソルダーレジスト，ドライフィルムレジスト，FPC用フィルム，樹脂付銅箔（RCC），PWB用マスキングテープ
パッケージ，その他用		キャリアテープ，ICトレー，静電気対策バッグ，透明導電性プラスチック，導電性接着剤

ている。

　ところが，エレクトロニクス関連の総説書における高分子材料の中心は，熱硬化性樹脂であるフェノール樹脂，アクリレート樹脂，エポキシ樹脂あるいは非熱可塑性ポリイミド等であり，その加工法の中心は液状樹脂の注型・含浸，樹脂溶液の塗布等である。

　表1にエレクトロニクス用高分子部材の代表例を示す。実際，エレクトロニクス用高分子部材として特に重要な部材，例えば，半導体封止剤にはフェノール樹脂が，表示材料用シール剤にはアクリレート樹脂が，プリント基板にはエポキシ樹脂が，TAB（Tape Automated Bonding），FPC（Flexible Printed Circuit）用フィルムには非熱可塑性ポリイミドが用いられており，その他の代表的な部材においても，熱可塑性樹脂を用いたものはほとんど見受けられない。

　そこで，エレクトロニクス用高分子部材の代表であるポリイミドフィルム，半導体封止材，プリント配線板等については他章に譲り，本章では，エレクトロニクス分野における耐熱注型樹脂として，特に射出成形用スーパーエンジニアリングプラスチックを取り上げる。

2　注型材料としてのスーパーエンジニアリングプラスチック

　熱可塑性樹脂は，加熱により軟化，賦形したのち，冷却により固化することができるため，型内での硬化反応を伴う熱硬化樹脂に比べ，生産性が著しく高い。射出成形の場合，樹脂はシリンダー中で溶融後，金型内に注入され，その形状を忠実に転写すると同時に冷却・固化し，製品と

第5章　耐熱注型材料

して取り出される。この1サイクルの工程は通常数秒から数十秒であり、短時間に大量の製品を製造することができる。さらに、インサート成形による金属部品との一体成形や、精密射出成形による薄肉高精度部品の成形も可能である。このことから、エレクトロニクス分野においても、加工費まで含めたトータルコストの削減を目的として、従来の熱硬化性樹脂や金属材料から、生産性の高い熱可塑性樹脂への、なかでも耐熱性に優れたエンジニアリングプラスチックへの代替が進んでいる。

エンジニアリングプラスチック（エンプラ）とは、「構造用及び機械部材に適合している高性能プラスチックで主に工業用途に使用され、耐熱性が100℃以上のもの」と定義され、1939年にポリアミド（ナイロン）が誕生して以来、様々な種類が開発・商品化されてきた。中でも5大汎用エンプラと称されるポリアセタール、ポリブチレンテレフタレート（PBT）、ポリアミド6及び6-6、ポリカーボネート、変性ポリフェニレンエーテルは、主要産業に広く使用されており、エレクトロニクス分野においても、必要不可欠な材料としてその地位を確立している。

これらエンプラの中でも、特に高い耐熱性を特徴とする新たな樹脂が、スーパーエンジニアリングプラスチック（スーパーエンプラ）と一括して称される。スーパーエンプラとは一般に、「耐熱性がUL（Underwriters Laboratories Inc.）規格長期連続使用温度として150℃相当以上の実力を持つ熱可塑性プラスチック」と解釈される。スーパーエンプラは耐熱性、機械特性、電気特性などの優れた特長を生かし、様々な分野に使用され、エレクトロニクス分野においても需要を大幅に伸ばしている。

3　スーパーエンプラの特徴と用途

表2に代表的なスーパーエンプラの種類、熱物性、市場規模、エレクトロニクス分野での使用量をまとめた。エレクトロニクス用高分子部材としてなじみの薄いスーパーエンプラが、実は同分野で大量に使用されていることがわかる。以下にこれらスーパーエンプラの特徴とエレクトロニクス分野での用途例を簡単に述べる。

3.1　ポリフェニレンサルファイド（PPS）[1, 3～8]

PPSはPhillips Petroleum（米）が開発した耐熱性、耐薬品性の優れた結晶性プラスチックである。

PPSの特徴を以下に示す。

基本特性：ガラス転移温度88～93℃、融点285～288℃、最大結晶化度65%の結晶性プラスチック。

耐熱性高分子電子材料

表2 代表的なスーパーエンプラとその市場規模[1, 3]

ポリマー	略号	T_g (℃)	T_m (℃)	商標名（メーカー）	2000年市場規模[3] (ton/年)	
					総量	電気・電子部品用
ポリフェニレンスルフィド	PPS	90	283	Ryton（Chebron-Philips） Fortron（Polyplastics/Ticona） DIC PPS（大日本インキ化学工業）ほか	47,000	20,000
耐熱ポリアミド	PA6T PA46	78-127	290-320	アーレン（三井化学） Amodel（Solvay） Stanyl（DJEP/DSM）	33,100	12,800
液晶ポリマー	LCP	—	250-400	Vectra（Polyplastics/Ticona） Sumikasuper（住友化学） Zenite（DuPont） Xyder（Solvay/日石化学）ほか	12,000	10,830
ポリアリレート	PAR	193	—	Uポリマー（ユニチカ）	5,400	810
ポリスルホン	PSF	190	—	Udel（Solvay） Ultrason（BASF）	7,500	1,340
ポリエーテルスルホン	PES	225	—	Radel A（Solvay） Ultrason E（BASF） スミカエクセル PES（住友化学） MITSUI PES（三井化学）	5,500	3,050
ポリエーテルエーテルケトン	PEEK	143	334	PEEK（Victrex）	1,600	550
ポリアミドイミド	PAI	280	—	Toron（Solvay）	165	70
ポリエーテルイミド	PEI	217	—	Ultem（GEP）	10,500	3,800
熱可塑性ポリイミド	TPI	250	—	Aurum（三井化学）	100	30

耐熱性　：ガラス繊維40%強化グレードの荷重撓み温度は260℃（1.82MPa），UL温度インデックスは220℃であり，高温下で長時間使用しても物性劣化が小さい。

機械特性：優れた機械特性を有し，高温，高荷重下でも優れたクリープ特性を保持する。また，繰り返し応力に対し優れた耐疲労性を有する。

吸水性　：吸水性は極めて低く，高温高湿下や熱水浸漬における寸法・物性の変化が小さい。

電気特性：無極性であり誘電特性，絶縁性に優れる。誘電特性は広い温度域，周波数域にわたり

第5章 耐熱注型材料

安定した値を示す。
耐薬品性：フッ素樹脂に匹敵する耐薬品性を有し，一部の強酸化剤，強酸以外，すべての薬剤に耐性がある。
難燃性　：難燃性（酸素指数44％）であり，難燃剤の添加なしでUL94V-0/5Vをクリアしている。
成形性　：溶融流動性に優れ，成形収縮率も0.2％以下と小さいため，精密部品等の薄肉成形が可能である。通常ガラス繊維や無機フィラーとのコンパウンドとして，射出成形に供される。

　エレクトロニクス分野におけるPPSの主な用途としては，コネクター，リレー，コイルボビン，小型モーターのケースや軸受，パワーモジュールケースなどのほか，CDピックアップベース，各種センサ部品，VTRシリンダーベースや，電子機器製造工程で用いられるウェハーキャリアー，チップトレイなどが上げられる。PPSは優れた耐熱性と溶融成形性を有し，かつ，低価格であることから，電子部品用途を中心に今後も順調な成長が期待される。

3.2　耐熱ポリアミド[1, 3~6]

　耐熱ポリアミドには変性ポリアミド6Tおよびポリアミド46があり，汎用のポリアミドに比べ，耐熱性に優れている。
　変性ポリアミド6Tは三井化学が開発した高融点，高剛性，低吸水性の結晶性プラスチックである。ポリフタルアミドと称される芳香族ポリアミドもほぼ同一構造を有する。
　ポリアミド46はDSM（オランダ）が開発した結晶性プラスチックであり，結晶化が速いため成形サイクルが短く，生産性に優れている。
　変性ポリアミド6Tの代表例として三井化学「アーレン®」の特徴を以下に示す。
基本特性：ガラス転移温度85~125℃，融点310~320℃の結晶性プラスチック。
耐熱性　：荷重撓み温度が290~305℃（1.82MPa）と高く，汎用ポリアミドに比べ高温時の剛性，摺動特性に優れる。
機械特性：特に高温時の剛性，摺動特性に優れる。
吸水性　：汎用ポリアミドに比べ吸水率が低く，吸湿による寸法や物性変化が抑えられている。
耐薬品性：有機溶剤，オイル等への耐性に優れ，電子部品洗浄溶剤にも強い。
難燃性　：難燃剤の添加によりUL94V-0をクリアしている。
成形性　：線膨張率が小さく，温度変化による寸法変化や応力の発生が抑制される。
　エレクトロニクス分野における耐熱ポリアミドの主な用途は，コネクタ，スイッチ，コイルボビン等である。中でもハンダを溶融するために基板全体をリフロー炉に通す表面実装技術（SMT）

耐熱性高分子電子材料

においては，ハンダの鉛フリー化に伴いリフロー温度が上昇しており，従来の汎用エンプラから耐熱ポリアミドへの置き換えが進んでいる。また，バリの発生が少なく低コストであることからPPSやLCPからの代替も進んでいる。なお，耐熱ポリアミドは極性基を有することから他樹脂との接着性に優れ，例えばエポキシ樹脂と接着するLED反射材料等にも用いられている。今後この良接着性を活かした展開も期待される。

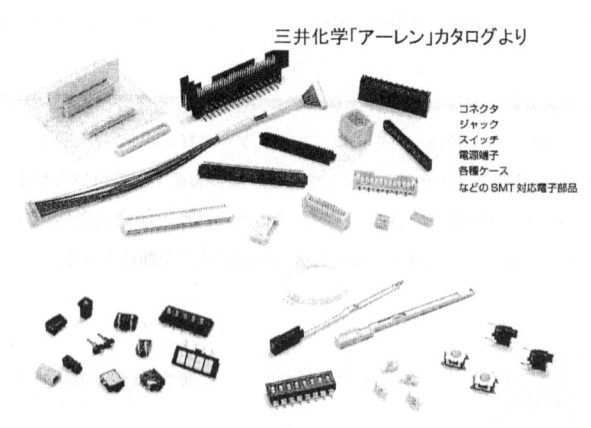

図2 変性ポリアミド6T「アーレン®」を用いたSMT対応電子部品
ファインピッチコネクタやスイッチ類などの金属との複合部品をインサート成形により高効率に生産できる

図3 変性ポリアミド6T「アーレン®」のリフローハンダ耐性
耐熱性が高くリフロー時のフクレがない

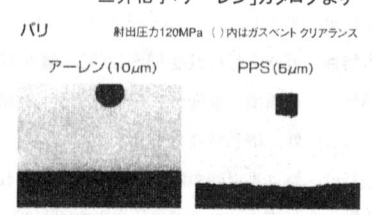

図4 変性ポリアミド6T「アーレン®」の低バリ性
バリの発生が少なく精密成形性に優れる

3.3 液晶性ポリエステル（LCP）[1, 3〜8]

LCPとは溶融状態で液晶性を示すサーモトロピック液晶ポリマーであり，最初のLCPはカー

第5章 耐熱注型材料

ボランダム(米)により開発された。p-ヒドロキシ安息香酸と種々のコモノマーからなる芳香族ポリエステルの共重合体である。共重合組成により、1,3-ベンジル環によるベント構造を有するⅠ型、2,6-ナフタレン環によるクランク構造を有するⅡ型、アルキル鎖によるフレキシブル構造を有するⅢ型の3タイプに分類される。便宜上、荷重撓み温度により、270℃以上のⅠ型、230～270℃のⅡ型、230℃以下のⅢ型と分類されることもあるが、新しいグレードの開発が進み、耐熱性、流動性のバラエティーが拡がっている。

　LCP全般にわたっての特徴を以下に示す。
基本特性：サーモトロピック液晶ポリマーであり、優れた溶融流動性と自己補強効果を示す。
耐熱性　：構造により異なるが、総じて耐熱性は高い。
機械特性：流動方向への配向が大きく自己補強効果がある。強度の異方性が大きいため、流動方向に対してはガラス繊維強化エンプラ以上の高い強度と弾性率を示すが、垂直方向の強度は半分程度である。また、ウェルド強度が低い。
吸水性　：ポリエステルであるため耐熱水性に劣り、加水分解による物性低下が起こる。
電気特性：誘電正接が小さく、絶縁破壊電圧が大きい。耐アーク性や耐トラッキング性も良い。
耐薬品性：有機溶剤やその他の薬品への耐性は良好であるが、**強酸・強アルカリ**には侵される。
難燃性　：ほとんどのものが難燃性で、難燃剤の添加なしにUL94V-0をクリアしている。
成形性　：溶融流動性が高く、バリの発生が少ない。さらに、成形収縮率、線膨張係数ともに小さいため精密成形に適する。また、溶融から固化への構造変化が少ないため、速度論的にも熱力学的にもハイサイクル成形に適している。

　LCPの最大用途は、ファインピッチ化や耐ハンダリフロー温度が要求されるSMT対応部品(コネクタ、リレー、スイッチケース・ベース、コイルボビン、ボリュームなど)である。その他、FDDのキャリッジ、アーム、プリンタのワイヤードット、インクジェットノズルなどに用いられている。また、超精密部品として光ファイバーコネクタ等も開発されている。振動吸収特性が良く振動の減衰が速いことから、光ピックアップベースやスピーカー振動板にも用いられている。

3.4　ポリアリレート(PAR)[1,3~8]

　ユニチカが開発した全芳香族ポリエステルで、芳香族系スーパーエンプラのうち最も透明性に優れた非晶性プラスチックである。
　PARの特徴を以下に示す。
基本特性：ガラス転移温度193℃、透明性に優れた非晶性プラスチック。
耐熱性　：荷重撓み温度175℃(1.82MPa)、UL温度インデックス130℃の耐熱性を有する。動

耐熱性高分子電子材料

　　　　　　粘弾性カーブで−60℃にも変曲点を有し耐寒性にも優れる。
機械特性：ポリカーボネートに次ぐ高い耐衝撃性を有し，変形に対する弾性範囲が広い。
吸水性　：ポリエステルであるため耐熱水性に劣り，加水分解による物性低下が起こる。
耐薬品性：ケトン類・エステル類・ハロゲン類の極性溶剤には侵される。その他の有機溶剤においてもソルベントクラックを起こす臨界ひずみは小さい。
難燃性　：難燃性（酸素指数約37％）であり，難燃剤の添加なしにUL94V-0をクリアしている。
成形性　：成形時の寸法安定性に優れる。

　エレクトロニクス材料としてのPARは，優れた透明性を活かし，センサーレンズ，LEDランプ，ヒューズカバー，ICカードなどに用いられており，耐熱透明樹脂としての今後の展開が期待される。

3.5　ポリスルホン（PSF）[1, 3~8]

　UCC（米）で開発された琥珀色透明の非晶性プラスチックである。
　PSFの特徴を以下に示す。

基本特性：ガラス転移温度190℃，琥珀色透明の非晶性プラスチック。
耐熱性　：荷重撓み温度175℃（1.82MPa），UL温度インデックス160℃の耐熱性を有する。低温特性も良好で，脆化温度が−100℃であるので，広い温度範囲で使用可能である。
機械特性：特に長期クリープ特性に優れている。
吸水性　：23℃平衡吸水率は0.62％と小さい。耐熱水性は良好であり，高温スチーム暴露（140℃3分間に1,000回）でも物性の大幅な低下はない。
電気特性：広い温度・周波数範囲で電気特性，特に誘電特性に優れる。
耐薬品性：ケトン類・エステル類・ハロゲン類の極性溶剤には侵される。また，ソルベントクラックも起こりやすい。
難燃性　：難燃性（酸素指数30％）であり，UL94V-0からV-2に認定されている。
成形性　：摺動性が良く，寸法安定性に優れる。流れ方向と垂直方向の成形収縮率がほぼ等しいため，そりやねじれの発生が少ない。

　PSFの主要用途は医療，食品関連であるが，エレクトロニクス分野においてもコネクタ，コイルボビン，スイッチ，ICキャリア，光ピックアップベース，小型モーターケースなどへの展開がなされている。

3.6　ポリエーテルスルホン（PES）[1, 3~8]

　ICI（英）により開発された透明プラスチック中最高の耐熱性を有する非晶性プラスチックで

第5章 耐熱注型材料

ある。

　PESの特徴を以下に示す。

基本特性：ガラス転移温度225℃，透明の非晶性プラスチック。

耐熱性　：透明樹脂中最高の荷重撓み温度210℃（1.82MPa）を示し，UL温度インデックス180℃に認定されている。高温下での耐クリープ性に優れ，長期使用に耐える。極低温下でも優れた機械物性を保持し，−150℃でも脆性破壊しない。

機械特性：室温から200℃までの広い温度範囲において，曲げ弾性率，線膨張係数が一定である。

吸水性　：23℃平衡吸水率は2.1%と大きいが，加水分解を受ける結合を有さないため，耐熱水性・耐水蒸気性は良好で，高温スチーム下でも使用可能である。

電気特性：電気特性に優れ，その温度依存性が小さい。

耐薬品性：非晶性プラスチックの中では耐薬品性に優れ，ケトン類・エステル類・ハロゲン類の極性溶剤には侵されるが，オイル，ガソリン，脂肪族炭化水素，アルコール類には優れた耐性を示し，濃硫酸・濃硝酸を除く酸・アルカリにも耐える。

難燃性　：難燃性（酸素指数約38%）であり，難燃剤の添加なしにUL94V-0をクリアしている。

成形性　：通常の成形機での成形が可能で，寸法精度に優れる。

　エレクトロニクス分野におけるPESの用途は，リレー，スイッチの摺動部品，コイルボビン，バーインソケット，ランプケース等である。また，超純水に対する汚染が少なく成形性・寸法精度に優れることから，半導体製造工程用の治具としての使用が増えてきており，欧米ではIC用耐熱トレーとしての認知度が高い。耐熱性に優れるPESは構造・製法・物性・コスト的に近いPSFからの代替も進んでいくものと思われる。

3.7　ポリエーテルエーテルケトン（PEEK）[1, 3〜8]

　ICI（英）が開発した耐熱性の高い結晶性プラスチックである。

　PEEKの特徴を以下に示す。

基本特性：ガラス転移温度143℃，融点334℃，最大結晶化度48%の結晶性プラスチック。

耐熱性　：ニート樹脂の荷重撓み温度は152℃（1.82MPa）だが，結晶性のためガラス繊維30%強化グレードの荷重撓み温度は315℃（1.82MPa）にも達する。UL温度インデックスも260℃と高く，高温での長時間暴露においても機械物性の低下は少ない。

機械特性：耐摩耗性，摺動特性に優れ，250℃荷重下でも優れた特性を保持する。また，衝撃強度・疲労強度はエンプラ中で最も高い。

吸水性　：吸水率は低い。耐熱水性に優れ，熱水中での連続使用可能温度は200℃である。

電気特性：広い温度範囲，周波数帯に対し優れた電気特性を示す。

耐熱性高分子電子材料

耐薬品性：極めて優れた耐薬品性を有し，濃硫酸を除く酸・アルカリにも耐える。
難燃性　：難燃性（酸素指数約35％）であり，難燃剤の添加なしにUL94V-0をクリアする。
成形性　：結晶化が速く，射出成型時に金型内で結晶化するので，アニール・切削加工などの後加工が要らず生産性に優れる。

　エレクトロニクス関連材料としてのPEEKは，半導体・液晶ガラス基板の製造工程等，高いクリーン度が要求される分野で，低溶出性，低発塵性，耐薬品性，強靱性，軽量性を生かした用途が増加しており，ウェハーキャリア，液晶ガラスキャリアやウェハー洗浄装置の搬送ローラーなどにも用いられている。また，鉛フリーハンダ化によるリフロー炉の温度上昇に伴い，ハンダリフロー装置部材，半導体特性試験用バーインソケットなどへの適用例が増えている。

3.8 まとめ

　携帯電話やノートパソコン等，電気・電子・情報機器の軽量化，小型化，大画面化に伴い，部品の大型化，軽量化，精密化が求められている分野では，金属あるいは熱硬化性樹脂から，耐熱性・強度が高く精密部品を低コストで成形できるスーパーエンプラへの代替が進んできた。また，ハンダの鉛フリー化に伴うリフロー温度の高温化の進む表面実装プロセスにおいても，耐熱性の高いスーパーエンプラの活躍の場が増えている。今後更に，環境問題や信頼性の点からエレクトロニクス分野においても難燃剤フリー化が進むと見られ，難燃性に優れたスーパーエンプラの重要性はますます高くなっていくものと思われる。

4　注型材料としてのポリイミド

　前述のように，スーパーエンプラは様々な部材として実績を重ね，エレクトロニクス分野での信頼を築いてきた。しかしながら，エレクトロニクス関連において最も信頼ある高分子材料は依然としてポリイミドであろう。

　1960年代にDuPont（米）により開発された「Kapton®」に代表されるポリイミドは，卓越した耐熱性・耐薬品性に加え，優れた機械強度，電気特性を有し，エレクトロニクス・産業機器・自動車・航空機などの高性能部品として，広範な分野で実用化が進められている。なかでも，エレクトロニクス分野におけるポリイミドは，LSI表面を保護するバッファーコート材として築いた信頼性と実績により，高密度実装基板における絶縁膜，フレキシブル配線基板，液晶配向膜など様々な用途に展開され，今や必須の材料となっている。

　一方で，「Kapton®」に代表されるポリイミドは，架橋構造を有さない直鎖状高分子であるにもかかわらず熱可塑性を示さず，加工上の制約から，フィルムや塗膜以外への展開は極めて限定

第5章 耐熱注型材料

的であった。例えば，DuPont（米）のポリイミド成形体「Vespel®」は，ポリイミド粉末から500℃ 100～200MPaという高温高圧下で長時間かけて圧縮/焼結成形され，複雑な形状を有する成形体の場合には板・棒からの切削加工により製造されるため，卓越した性能を有するが，生産性が低く極めて高価であると認識されている。

そこで，その成形加工性を改良する研究が数多く行われ，3つのスーパーエンプラが開発された。1972年にAmoco（米）が工業化したポリアミドイミド「Torlon®」，1982年にGE（米）が工業化したポリエーテルイミド「Ultem®」，そして1980年代末に三井化学が開発した熱可塑性ポリイミド「AURUM®」である。

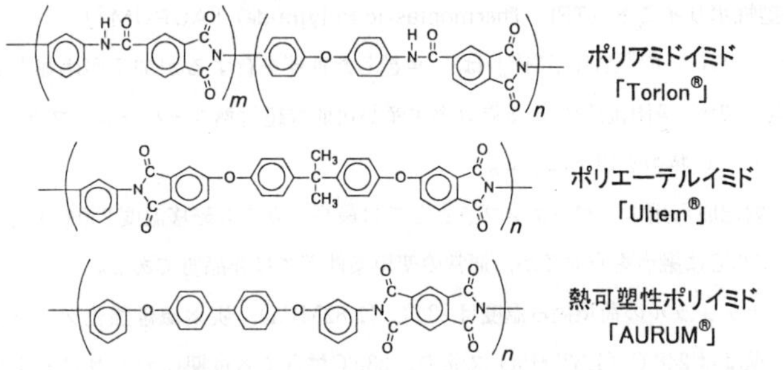

図5 ポリアミドイミド，ポリエーテルイミド，熱可塑性ポリイミドの構造式

ポリアミドイミド（PAI）「Torlon®」[9, 10]はスーパーエンプラ中最高のガラス転移温度280～290℃を有する非晶性プラスチックであり，その荷重撓み温度は278℃（1.82MPa）である。ただし，「Torlon®」は溶融成形を可能とするために分子量を下げており，成形後に165～260℃で段階的に熱処理（ポストキュア）することにより重合を完結する必要がある。「Torlon®」はポストキュアにより，引張強度は約2倍，荷重撓み温度は約40℃上昇し，耐薬品性，耐摩耗性にも顕著な向上が得られるが，一方でその熱可塑性は失われる，いわば熱硬化性樹脂のような性質を有する。なお，ポストキュアには最低72時間を要し，通常の射出成形に比べ生産性に劣るほか，成形時にも重合が起こり溶融粘度が上昇する，熱処理時に変形が起こる等の問題があり，その成形には高度な技術・ノウハウが必要である。そのため，ポリアミドイミド成形体は通常，樹脂メーカーで最終形状にまで加工されるか，板・丸棒から切削加工されるケースが多い。

ポリエーテルイミド（PEI）「Ultem®」[11, 12]は優れた溶融成形性を有するガラス転移温度217℃，荷重撓み温度190℃（1.82MPa）の非晶性プラスチックである。「Ultem®」は柔軟なエーテル結合を有することから流動特性が良く，幅広い条件範囲での射出成形が可能で，寸法精度に優れた

成形物を高効率で製造することができる。そのため，高性能コネクタ，レンズホルダーやスライドベース，ソケットブレーカー部品等，エレクトロニクス関連材料として広く用いられている。なお，この樹脂は，耐熱レベルがPESと同等でありハロゲン系溶剤にも溶解することから，ポリイミドとは別の範疇であるポリエーテルイミドとして分類されている。

熱可塑性ポリイミド（TPI）「AURUM®」は，ポリイミドの卓越した耐熱性・耐薬品性と，良好な溶融成形性を両立し，射出成形による成形体の高効率生産を可能とした超耐熱スーパーエンプラである。以下に「AURUM®」および新しく開発されたその上位銘柄「Super AURUM®」の特徴，用途展開を詳細に述べる。

4.1 熱可塑性ポリイミド（TPI : Thermoplastic Polyimide）「AURUM®」

熱可塑性ポリイミド「AURUM®」は，「卓越した性能を有するが加工が困難」というポリイミドの常識を覆すし，射出成形による高効率生産が可能な超耐熱スーパーエンプラとして誕生した。「AURUM®」の特徴を以下に示す。

基本特性：射出成形用スーパーエンプラとしては最高のガラス転移温度250℃を有する。なお，388℃に融点を有するが，通常の使用条件下では非晶質である。

耐熱性　：ナチュラルの荷重撓み温度は238℃（1.82MPa），炭素繊維強化グレードの荷重撓み温度が248℃（1.82MPa）であり，230℃付近でも長期にわたりほとんど物性の低下がない。

機械特性：耐摩耗性・摺動特性に優れ，常温から230℃付近まで高い機械物性を維持する。

電気特性：誘電率・誘電正接ともに小さく，高周波領域まで安定している。

耐薬品性：ポリイミドであるため強酸・強アルカリには侵されるが，非晶質プラスチックとしては卓越した耐薬品性を有する。

難燃性　：難燃性（酸素指数約47％）であり，難燃剤の添加なしにUL94V-0（0.4mm/All color），5VA（2.0mm/All color），FAA（垂直燃焼試験，3mm）をクリアしている。

成形性　：良好な流動性を示し，かつ分解温度が極めて高いため，幅広い条件範囲での成形が可能である。また，寸法安定性に優れ，精密部品に適している。

その他　：クリーン特性に優れる。すなわち，高温下でのアウトガスや金属不純物の含有が極めて少なく，耐摩耗性，耐プラズマ性，耐放射線性にも優れることから，樹脂に由来する使用環境への汚染がほとんどない。

AURUM®はその卓越した性能から，従来金属あるいはセラミックが用いられてきた用途に積極的に展開されており，例えば自動車の駆動部品や産業機器の耐熱ギア等に使用されている。もちろん，エレクトロニクス分野においても，AURUM®は重要部材として様々な実績を重ね，そ

第5章 耐熱注型材料

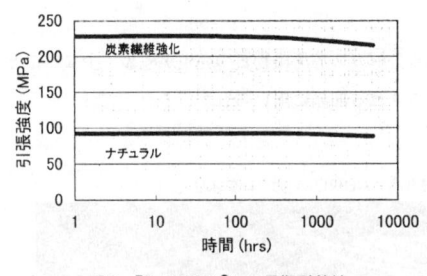

図6 「AURUM®」の長期耐熱性
230℃においても長期にわたり強度低下がほとんどない

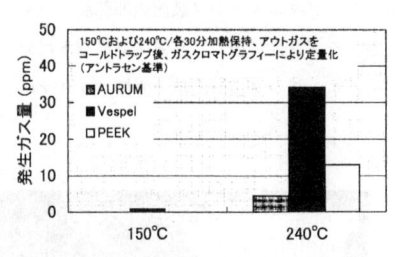

図7 「AURUM®」の低アウトガス性
高温下においてもアウトガスの発生は極めて低い

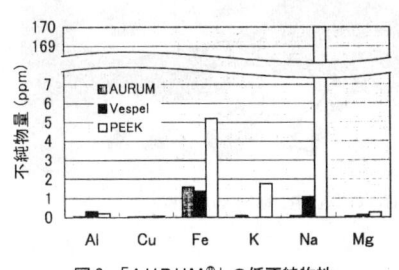

図8 「AURUM®」の低不純物性
金属不純物がほとんどなく使用環境への汚染がない

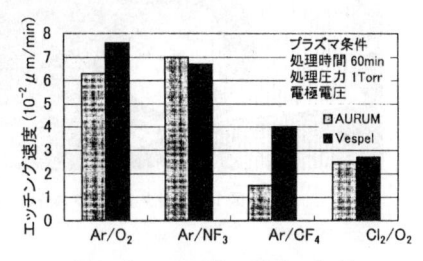

図9 「AURUM®」の耐プラズマ性
非熱可塑性ポリイミドと同等の耐プラズマ性を有し，プラズマ環境下での使用が可能

の信頼性を高く評価されている。

〈エレクトロニクス分野におけるAURUM®の用途例〉

① 超耐熱トレー，キャリアー

　半導体や液晶等の製造工程には多くの耐熱トレーが用いられているが，中でも特にハンダリフローに対する繰り返し耐性を要求される超耐熱トレーに用いられている。従来この分野には切削により製造された金属トレーが用いられていたが，射出成形により生産されるAURUM®製トレーは数百回のリフロー工程においても寸法変化がなく，洗浄工程における不純物の溶出もないため，高く評価されている。

② HDD部品

　リフロー時の寸法変化およびメディアを汚染するアウトガスがほとんどないことから，HDD内の精密部品に用いられている。なお，AURUM®製部品は摺動特性に優れ，摩耗による汚染物質の発生もほとんどないことから，HDDの信頼性向上にも貢献している。

③ プラズマエッチング装置内部部品

　耐プラズマ性に優れ，高温・高真空下における分解ガス等汚染物質の発生が極めて少ないことから，エッチング装置内部で直接プラズマにさらされる部品に用いられている。

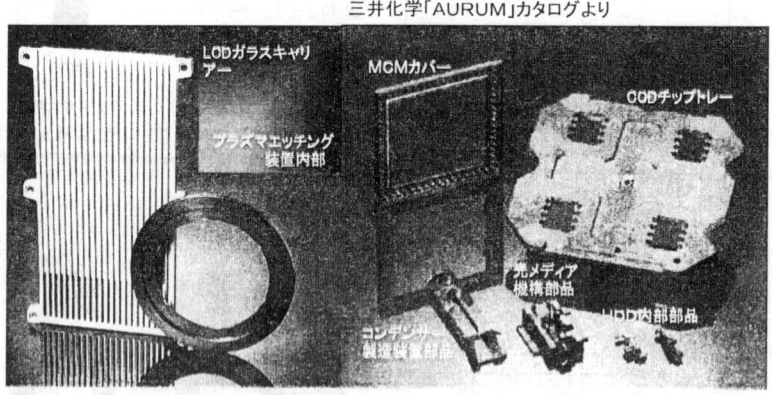

図10　エレクトロニクス分野における「AURUM®」の用途例

4.2　高結晶熱可塑性ポリイミド「Super AURUM®」

　近年，三井化学㈱は，250℃以上の超耐熱用途に対応する新たな熱可塑性ポリイミド「Super AURUM®」を開発した。炭素繊維強化グレードの荷重撓み温度が400℃（1.82MPa）にも達し，非熱可塑性ポリイミドをも凌駕する耐熱性を有している。

　「Super AURUM®」の特徴を以下に示す。

基本特性：ガラス転移温度190℃，融点395℃の結晶性プラスチック。

耐熱性　：ナチュラルの荷重撓み温度は227℃（1.82MPa）だが，結晶性のため繊維強化グレードの荷重撓み温度は400℃（1.82MPa）にも達する。また，優れた長期耐熱性を有する。

機械特性：AURUM®と同様の優れた機械強度を有し，さらに，他のスーパーエンプラが使用できない300℃以上の高温領域においても高い特性を保持する。

吸水性　：結晶性のため吸水率は極めて低く，140℃7日間の熱水浸漬後も機械物性の低下はほとんどない。

耐薬品性：PEEKや非熱可塑性ポリイミドと同等の優れた耐薬品性を有する。

成形性　：融点より僅かに高い温度で優れた成形性を示し，特に射出圧力の高い領域において極

第5章　耐熱注型材料

めて高い流動性を有する。さらに，結晶化が速く射出成形時に金型内で結晶化するので寸法精度に優れ，成形後の熱履歴による収縮もほとんどないことから，精密成形性に優れている。

その他　：クリーン特性に優れ，高温下でのアウトガスや金属不純物の含有が極めて少ない。

表3に「Super AURUM®」炭素繊維30wt%強化グレードの基本物性を示す。その荷重撓み温度は非熱可塑性ポリイミド「Vespel®」をも凌駕する，有機材料として最高レベルの値を示し，機械物性も他のスーパーエンプラに遜色ないレベルにある。

表3　「Super AURUM®」炭素繊維30wt%強化グレードの基本物性

項目	単位	Super AURUM 炭素繊維30wt% 強化	AURUM 炭素繊維30wt% 強化	PEEK 炭素繊維30wt% 強化	Vespel SP-1
荷重たわみ温度	℃	400	248	315	360
引張強度	MPa	205	228	224	86
伸び	%	1	2	2	7
曲げ弾性率	GPa	20	19	20	3.1
曲げ強度	MPa	296	320	355	130
アイゾット衝撃値	J/m	62	108	88	80
比重		1.48	1.42	1.44	1.43

図11に「Super AURUM®」と各種スーパーエンプラの曲げ弾性率の温度依存性を示す。なお，「Super AURUM®」と各種スーパーエンプラについては炭素繊維30wt%強化グレードのデータを，「Vespel®」については黒鉛15wt%添加グレードのデータを用いた。250℃以下の領域においては，ガラス転移温度が最も高い「AURUM®」が最も高い剛性を示すが，それ以上の温度域においては「Super AURUM®」が最も優れた剛性を示している。これは，高い結晶性を有する「Super AURUM®」の結晶部分がガラス転移温度以上の温度域においても分子を強固に固定するためである。

図12には「Super AURUM®」の295℃における引張強度の経時変化を示す。長期耐熱性に優れる「Super AURUM®」は，295℃ 2000時間の暴露においても初期強度を十分に保持している。

結晶性に優れる「Super AURUM®」は耐熱性のみならず耐薬品性も優れている。図13に示すように，「Super AURUM®」は，耐薬品性が最も優れると言われるPEEKに比べても，遜色のない耐薬品性を有している。

超耐熱樹脂である「Super AURUM®」は，一方で優れた溶融成形性をも有している。図14に

耐熱性高分子電子材料

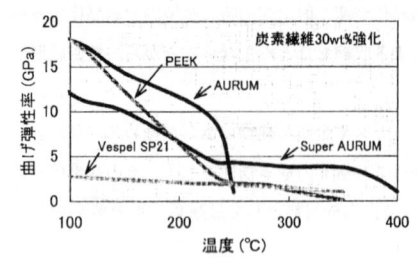

図11 「Super AURUM®」と各種スーパーエンプラの曲げ弾性率の温度依存性

図12 「Super AURUM®」引張強度の経時変化（295℃）

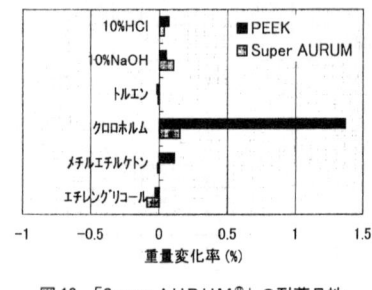

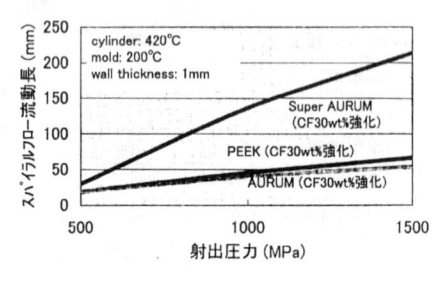

図13 「Super AURUM®」の耐薬品性

図14 「Super AURUM®」の溶融流動性

は，溶融流動性の指標として，炭素繊維強化グレードのスパイラルフロー流動長の射出圧依存性を示す。本評価は，渦巻状の金型に射出成形した際の樹脂の流動長を測定するもので，流動長が長いほど金型の隅々まで行き渡りやすいことを示している。厚さ1mmの薄肉成形において他のスーパーエンプラと同じ成形温度で射出成形した「Super AURUM®」は，最も優れた溶融流動性を示した。しかも，流動性の射出圧力依存性が高いことから，例えばガスベント口など放圧される部分では流動性が低下し，バリが発生しにくいことがわかる。また，データは省略するが，「Super AURUM®」は結晶化が速く射出成形時に金型内で十分に結晶化するので，成形収縮や成形後の熱履歴による収縮がほとんどないことがわかっている。以上のことから「Super AURUM®」は高流動性，低バリ性，良寸法精度を兼ね備えた，精密成形に適した材料であるといえる。

エレクトロニクス分野における「Super AURUM®」の主な用途としては，半導体や液晶等の製造工程で用いられる超耐熱トレーやキャリアーが想定される。図15に想定用途の1例であるHDメディアキャリアーのモデルによる長期耐熱試験結果を示す。射出成形により製造したこの

第5章 耐熱注型材料

キャリアーはアルミ板を搭載した状態での350℃100時間の熱暴露にも耐え、形状・寸法変化はほとんど認められなかった。以上のことから、「Super AURUM®」はリフロー炉を数百回も繰り返し通る超耐熱トレーや、ガラス・金属類の焼成に用いられる超耐熱トレー・キャリアーにも展開し得るものと期待される。

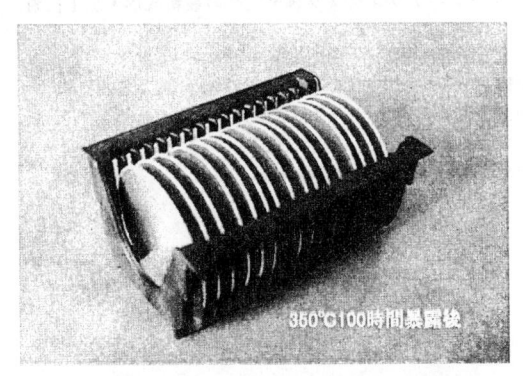

図15 HDメディアキャリアーモデルによる長期耐熱試験

5 おわりに

エレクトロニクス分野における耐熱注型樹脂として射出成形用スーパーエンプラを取り上げ、その概略とエレクトロニクス材料としての展開を述べた。

射出成形用スーパーエンプラの耐熱性・機械物性は、電子材料分野において最も実績と信頼のある非熱可塑性ポリイミドをすでに凌駕しており、金属やセラミックスに肉薄するレベルに達している。スーパーエンプラは今後も、エレクトロニクス産業の発展の中でこれまで以上に多様な部材として実績を重ね、電子材料としての重要度と信頼を高めていくであろう。

文献

1) 和田光雄, PLASTIC AGE ENCYCLOPEDIA 進歩編 2003, プラスチック・エージ, p154 (2002)

耐熱性高分子電子材料

2) 2001エレクトロニクス高分子材料の現状と将来展望, 富士キメラ総研, p.25 (2001)
3) 2002エンプラ市場の全貌とグローバル展開, 富士経済 (2001)
4) 安田武夫, 工業材料, **50**, No.11, p.2 (2002)
5) 石王敦, 真壁芳樹, PLASTIC AGE ENCYCLOPEDIA 進歩編2002, プラスチック・エージ, p.121 (2001)
6) 山口泰彦, プラスチックス, **53**, No.4, p.18 (2002)
7) 大柳康ほか, エンジニアリングプラスチックの最新成形・加工技術, シーエムシー出版 (1987)
8) 三田達ほか, 最新耐熱性高分子, 総合技術センター (1987)
9) 西崎俊一郎ほか, ポリイミド樹脂, 技術情報協会, p.247 (1991)
10) 大谷例子, 工業材料, **45**, No.4, p.103 (1997)
11) 三田達ほか, 最新耐熱性高分子, 総合技術センター, p.465 (1987)
12) 岡村光恭, 工業材料, **45**, No.4, p.76 (1997)

第6章　ポリイミドフィルム

下川裕人[*1]，小林紀史[*2]

1　はじめに

　ポリイミドはスーパーエンジニアリングプラスチックの中でも最高の耐熱性を有するポリマーとして広く知られている。宇部興産のポリイミドフィルム「ユーピレックス-S」に至っては、明確なTgが存在せず、熱分解開始温度は500℃以上と最高の耐熱性を示す[1]。

　ポリイミドの歴史はその性能に比して意外といえるほど長く、1963年に米国DuPont社よりアルミニウムに匹敵する耐熱性プラスチックとして発表された[2]。開発から40年余を経ているが、ポリイミドは現在でも商用材料の中で高耐熱性プラスチックの最高位としての地位を不動のものとしている。さらにポリイミドは耐熱性が高いだけでなく、高強度・高弾性率などの機械特性、高絶縁性、低誘電率などの電気特性、更には耐薬品性・耐環境特性などに優れる材料であることから、宇宙開発分野に端を発し、今日では航空産業、電子情報機器の実装材料など高い信頼性が要求される幅広い分野で使用されるようになった。特に電子材料分野においては、ポリイミドの使用されていない電子機器はほとんどないといえるほどに著しい拡大を遂げた。

　近年では、耐熱、耐環境、電気、機械の優れた諸特性に加え、様々な特殊機能を付与された新しいポリイミド製品が次々に開発されており、応用分野は急速に拡大を続けている。

　本章では、高耐熱性ポリイミドフィルムを中心に、その特徴、特性などを他の耐熱性フィルムとの比較を交えて紹介し、さらに代表的な用途、最新のトピックスについても簡単な説明を加えることにする。

2　ポリイミドの化学構造と特質

　ポリイミドとは、イミド結合を有するポリマーの総称である。このうちには、主鎖にイミド結合を有する直鎖状ポリイミドと、環状イミド構造を有する環状ポリイミドがある。それぞれの構

---

*1　Hiroto Shimokawa　宇部興産㈱　機能品ファインディビジョン　技術開発部
*2　Norifumi Kobayashi　宇部興産㈱　機能品ファインディビジョン　ポリイミドビジネスユニット

造を図1に示す。一般にポリイミドといえば，合成が比較的容易で有用性の高い，環状ポリイミドを指す。さらに，イミド環，あるいはイミド結合部以外の構造により，大きくは脂肪族ポリイミド，芳香族ポリイミドに分別され，より耐熱性に優れるのは芳香族ポリイミドである[3]。

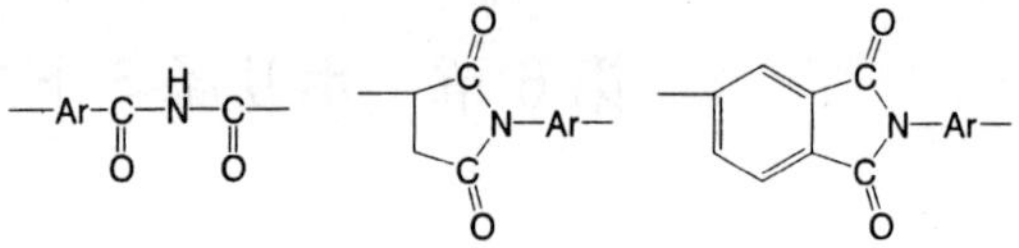

直鎖状ポリイミド　　環状ポリイミド

図1　直鎖状，環状イミド構造[3]

表1に示すカプトンやユーピレックスのような芳香族環状ポリイミドが，ポリイミドの中でも最も耐熱性を有する構造である。この理由には，複素環や芳香環などの環構造が主鎖中に多数存在するため分子運動の自由度が制限され剛直であること，かつまた原子間の結合エネルギーが総体的に大きいこと，π電子共役系の存在で分子間相互作用が強いことなどが挙げられる。また，分子内あるいは分子間でCT（Charge Transfer）錯体を形成し，これが凝集力をより強固にしているとも言われている[4]。分子構造と耐熱性についての詳細は他章を参照されたい。

表1　カプトン，ユーピレックスの分子構造

化学構造	商品名
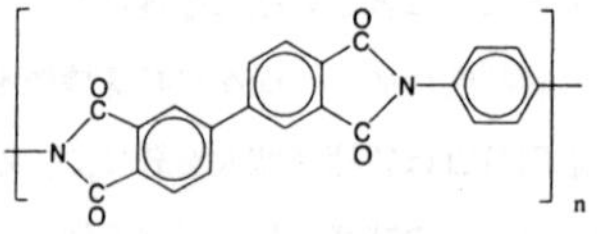	ユーピレックス-S
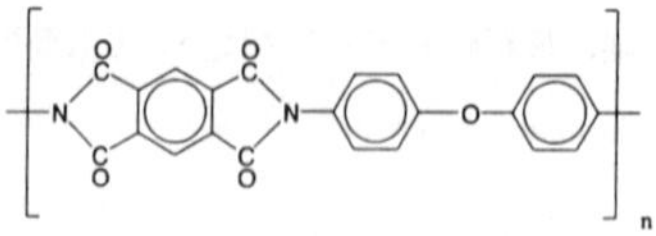	カプトン-H アピカル-AH
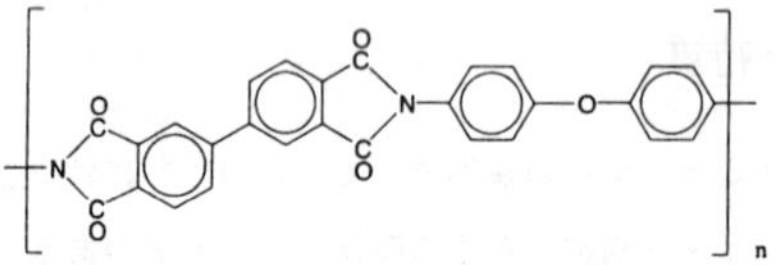	ユーピレックス-R
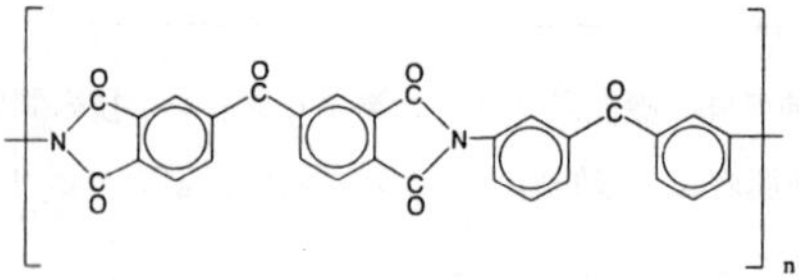	LARK-TPI

第6章　ポリイミドフィルム

　ポリイミドは，一般的には酸無水物とジアミンの重縮合によって得られる。これら酸成分とジアミン成分の組み合わせにより種々のポリイミドの構造が考えられ，その構造により耐熱性や機械物性が異なってくる。現在工業化している代表的な芳香族ポリイミド原料を表2に示した。

表2　芳香族ポリイミドの代表的な原料

酸無水物	ジアミン
PMDA	DADE
BPDA	PPD
BTDA	BDA

PMDA：ピロメリット酸二無水物
BPDA：ビフェニルテトラカルボン酸二無水物
BTDA：ベンゾフェノンテトラカルボン酸二無水物
DADE：ジアミノフェニルエーテル
PPD：パラフェニレンジアミン
BDA：ベンゾフェノンジアミン

　耐熱性という点で多く論じられるのは，先に挙げた芳香族環状である非熱可塑性ポリイミドについてであろう。熱挙動の種類を挙げれば，他に熱可塑性ポリイミド，熱硬化性を付与したポリイミドなどがあるが，これらについては，本章では紹介に留めたい。

　ポリイミドはその化学構造に由来し，耐熱性のみに留まらず各種特性が高度にバランスした優れた材料である。特に各種特性に優れる「ユーピレックス-S」が有する特徴を以下に列挙する。

① 耐熱性…あらゆるエンジニアリングプラスチックの中で最高の耐熱性を示す。
② 機械特性…軟鋼並みの強度を有す。
③ 耐薬品性…あらゆる有機溶剤に不溶。その他の酸，アルカリなどほとんどの化学薬品に対して耐性を有している。
④ 電気特性…絶縁性に優れ，低誘電率，低誘電正接である。

⑤ 耐環境性…低吸水率である。耐候性に優れる。耐寒性に優れる。
⑥ 吸湿膨張性…PET並みの吸湿膨張率が得られる。低吸湿性のものも開発されている。
⑦ 耐放射線性…宇宙環境でも利用される，優れた特性を示す。

各種特性の詳細については，後述を参照されたい。

3 ポリイミドフィルムの製法[3, 5]

　高い耐熱性を示す全芳香族環状ポリイミドは多くの場合融点をもたず，適当な溶媒がないため，そのままでは，成形加工ができない。このため，自己支持性を有するポリイミドフィルムを得るためには，以下のような手法が用いられる場合が多い。まず，ポリイミドの前駆体であるポリアミック酸（ポリアミド酸）の溶液を調製し，これを流延して製膜を行う。この後，加熱あるいは化学的処理により脱水閉環（イミド化）し，ポリイミドフィルムを得る。

　この手法は一般的に二段合成法と言われる方法で，以下の図2に示す化学反応過程を経る。ポリイミドが開発されてから40年以上が経過するが，実用性の点においては古典的なポリアミド酸を経由するこの二段合成法が汎用性のある方法として現在でも広く採用されている。

　この他にもポリイミドの合成法としては，一段合成法，三段合成法と呼ばれる方法があり，それぞれ以下の特徴を有している。

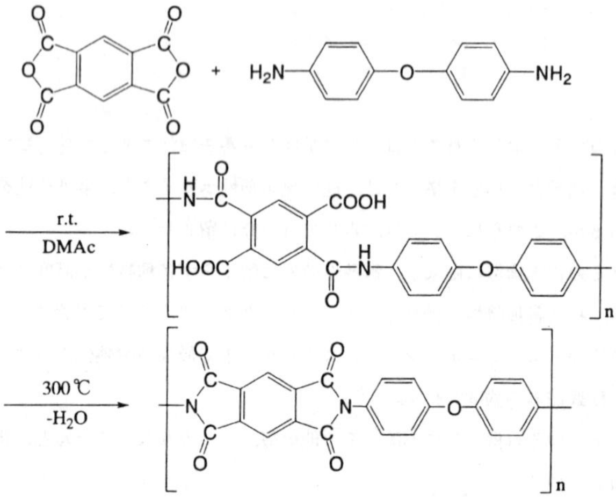

図2　ポリイミド二段合成法の化学反応式[6]

第6章 ポリイミドフィルム

A 一段合成法

　芳香族ポリイミドは一般には有機溶剤に溶解しないが，ある組成のポリイミドは可溶性であり，一段合成法が可能になる。この場合は，テトラカルボン酸二無水物とジアミンを高沸点溶媒中，150～200℃に加熱し縮重合させると一挙にポリイミド溶液が得られる。この一段合成でもやはりポリアミック酸を経由してポリイミドになるのは二段合成法と同様である。得られるポリイミドの分子量は溶液中の水と平衡関係にあり，水分量で分子量が変化する。水分量が多くなると分子量が低くなり，水分量が少なくなると分子量は高くなる。一般には，高重合度のポリイミドを製造するのが目的であるので，イミド化の際副生する水を溶媒との共沸により除去する。この方法は主鎖中に柔軟性成分を含有するポリイミド，すなわちシリコーン変性ポリイミド，熱可塑性ポリイミド，接着性ポリイミドなどの合成には広く用いられている。しかしながらこれらのポリイミドは，粉体やペレット状の製品形態にされることが多い。また，一段合成法としてジアミンの代わりにジイソシアネートを用いる方法なども開発されている。

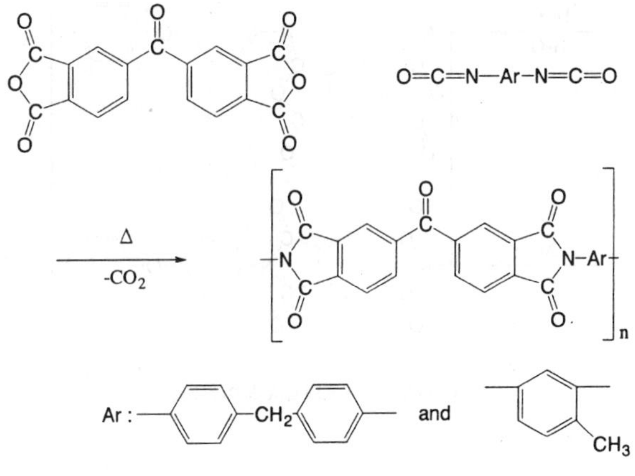

図3　ポリイミド一段合成法の反応式[6]

B 三段合成法

　この合成法は二段合成法と同じく，モノマーから不溶不融の最終製品を完成するために，加工性の良い中間体のステップを設けるものであるが，二段合成法より更に1ステップを増やし，ポリイミドの異性体であるポリイソイミドを経る方法である。

　ポリアミック酸は，ある種の溶剤に可溶であり，加工性も有しているが，イミド化の過程で副生水が発生し，分子量の低下が発生するなどの問題点もある。これに対し，アミック酸を脱水閉

環してなるポリイソイミドはイミド化に際し水が副生しないという利点に加え，その非対称構造によって溶解性に優れ，多くの極性溶剤に可溶である。また，溶融粘度が低く成形加工性に優れているといった利点もある。

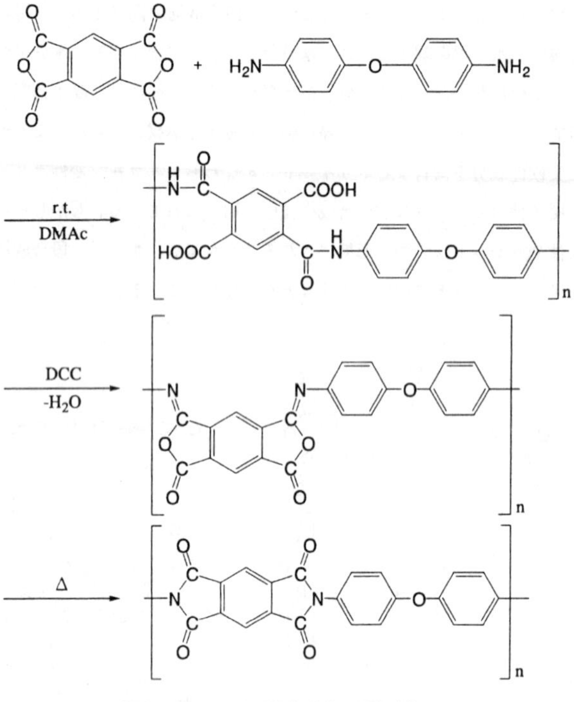

図4 ポリイミド三段合成法の反応式[6]

4 ポリイミドフィルムの特性[7]

4.1 耐熱性

ポリイミドの特性の中で最も特徴的なものは耐熱性である。高分子材料の耐熱性には，高温まで軟化せず外力に耐えることを意味する物理的耐熱性（可逆的）と，高温雰囲気下に長時間さらされた時，特性の低下が無いことを意味する化学的耐熱性（不可逆的）の2つがある。

4.1.1 物理的耐熱性

可逆的である物理的耐熱性は，一次構造（モノマー組成）に由来する分子の絡まりや配向など

第6章　ポリイミドフィルム

の高次構造や，製造法にも左右される分子量分布などに大きく影響される。2節「ポリイミドの化学構造と特質」でも若干の説明はしているが，その詳細については前章を参照されたい。高分子の劣化反応はまだ充分明らかにされていないが，化学構造の中の最も弱い結合（非共有結合）が熱切断されることに起因するといわれている。熱切断の反応速度は，その結合エネルギーと関係しているが，芳香環の間の結合エネルギー等の定量的なデータがないため，熱分析などから経験的に次のように耐熱性の順位がつけられている。

芳香環（ベンゼン＞ナフタレン）＞複素縮合環（ベンゾアゾール類＞ベンツイミド）＞複素単環
また，環間結合としては以下の図5の順といわれている。

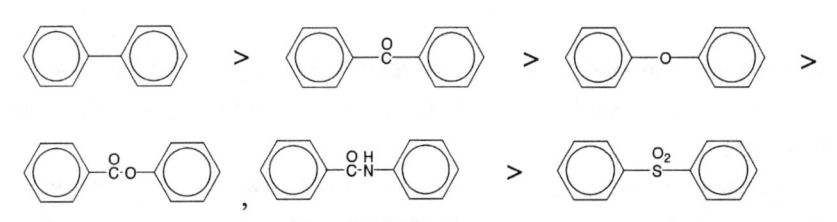

図5　環間結合の結合エネルギー順位

4.1.2　化学的耐熱性

表4に現在市販されている代表的な高耐熱性ポリイミドフィルムの2万時間での引張り強度の半減温度を示した。表2に示した各フィルムの化学構造と併せて参照されたい。市販のポリイミドフィルムはベンゼン環単環，ビフェニル型，エーテル型の構造から成り立っており，ビフェニル構造を有し，エーテル結合がない「ユーピレックス-S」は2万時間での引張り強度の半減温度が290℃という高い化学耐熱性を示す。

4.1.3　他のプラスチックとの比較

一般的な耐熱性の指標として，2万時間の耐熱寿命（強度の半減値）に相当する温度が温度指数（TI：Temperature Index）として用いられる。ポリイミド以外のプラスチックを含めたTIの一覧を表3に示す。ポリイミドフィルムはクラスCで最も耐熱性がある材料に区分される。その他にPEEKフィルムなどが挙げられるが，高耐熱性ポリイミドフィルムは総じて耐熱寿命温度が250℃以上と高く，「ユーピレックス-S」はその中でも非常に高い耐熱性を示す[8]。

4.2　機械的特性

芳香族ポリイミドフィルムは高い引張り強度と引張り弾性率を示す。これは，ポリイミドの芳

耐熱性高分子電子材料

表3　各種プラスチックフィルムの温度インデックス[9]

耐熱クラス	温度（℃）	プラスチックフィルム
Y	90	
A	105	
E	120	PETフィルム，トリアセテートフィルム
B	130	PArフィルム，PSFフィルム，（PETフィルム）
F	155	
H	180	PPSフィルム，PEIフィルム
C	180を超えるもの	PESフィルム ポリイミドフィルム，PEEKフィルム， PTFEフィルム，PFAフィルム

香族直鎖状分子が剛直な構造になっていることに起因している。(BPDA/PPD)型ポリイミド「ユーピレックス-S」は最も剛直な分子構造を有しており，引張り強度が390MPa（室温）と軟鋼並みの値を示す。

図6に市販されている3種のポリイミドフィルムの応力〜歪曲線を示した。この中で(BPDA/PPD)型「ユーピレックス-S」は他の2種 (BPDA/DADE)型「ユーピレックス-RN」，(PMDA/DADE)型「カプトンH」に比べ約2倍の引張り強度と，2倍以上の引張り弾性率を示す。これは (BPDA/PPD)型の分子構造が剛直なことに加えて，分子鎖秩序が高いことに起因しているといわれている。

4.3　耐薬品性

芳香族ポリイミドフィルムはあらゆる有機溶剤に不溶で，ほとんどの化学薬品に対しても充分な耐性を示すが，一般的にアルカリに対する耐性に劣っている。しかしビフェニル型ポリイミドはアルカリに対しても充分な耐性を示す。これはビフェニル構造に隣接するイミド結合のカルボニル基がベンゼン単環に隣接するイミド結合のカルボニル基に比べ，アルカリ存在下でも加水分解を受けにくいためと考えられる。

表4に芳香族ポリイミドフィルムの耐薬品性を示す。

4.4　吸水率

一般的にポリイミドはイミド結合を有することから高い吸水率を示すが，分子構造の違いによってその値が異なっている。ポリイミドの吸水のメカニズムは明確でなく，これらを単に分子鎖秩序の違いで説明することは難しいが，BPDA型ポリイミドとPMDA型ポリイミドではかなり大きな差が認められている。

第6章 ポリイミドフィルム

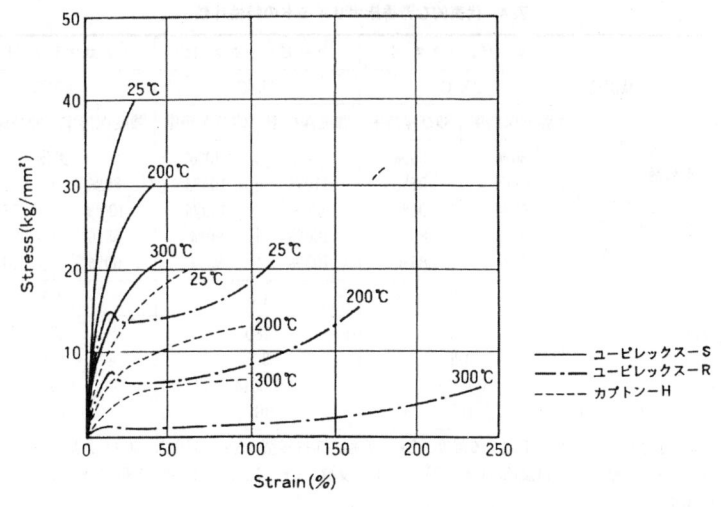

図6 ポリイミドフィルムの応力-歪曲線

表4にポリイミドの吸水率を示す。

4.5 その他の物性

これまで述べてきた物性のほかにもポリイミドはいくつかの特徴的な特性を有している。

その一つは電気特性で，誘電率は約3.5とフッ素樹脂には及ばないものの比較的低い値を示す。表4にポリイミドフィルムの電気特性の一部を示す。

また，耐放射線性にも優れており，γ線照射や電子線照射に対し，充分耐性を示すとの報告もある[10]。

5 ポリイミドフィルムの用途

5.1 電子材料分野での用途

従来，ポリイミドの電気産業での用途は主にエナメル線用被覆材であったが，1970年代後半からの半導体の集積化の進展に伴い，LSIのバッファーコート材としての地位を確立していった。このような経緯で電子材料業界に認知されたポリイミド材は，1980年代になって，半導体内部に留まらずエレクトロニクス全般に用途を拡大していった[11]。その中でも各種製品の薄型・小型化，配線の高密度化に伴い，配線基板としてのポリイミドフィルムの用途が大きく拡大しており，

表4 代表的な芳香族ポリイミドの特性比較

	ユーピレックス-S		ユーピレックス-R		カプトン-H	
耐熱性　　半減温度[1*]	290℃		250℃		270℃	
耐薬品性	強度保持率	伸び保持率	強度保持率	伸び保持率	強度保持率	伸び保持率
10%NaOH[2*]	80%	60%	85%	80%	劣化	
氷酢酸[3*]	100%	95%	110%	105%	85%	62%
P-クレゾール[4*]	90%	90%	55%	140%	100%	77%
水　pH=1.0[5*]	95%	85%	100%	90%	65%	30%
pH=10.0[6*]	95%	85%	105%	95%	60%	10%
吸水率[7*]	1.2		1.3		2.9	
絶縁破壊強さ[8*](kV/mm)	272		280		276	
誘電率	3.5		3.5		3.5	
誘電正接	0.0013		0.0014		0.003	
体積抵抗　（Ω・cm）	10^{17}		10^{17}		10^{18}	

1* 引張り強さが2万時間で半減する温度，2* 常温，5日浸漬，3* 110℃，36日浸漬，4* 200℃，22日浸漬，5* 100℃，14日浸漬，6* 100℃，4日浸漬，7* 23℃，24時間浸漬，8* 25μm厚フィルムでの測定

現在に至っても情報電子機器分野の進歩に伴って，その適用範囲，需要は拡がり続けている。

以下にポリイミドフィルムの配線基板としての用途を紹介する。

5.1.1 TABテープ基材

TABとは，Tape Automated Bondingの略で，ポリイミドフィルムを数十mm幅のテープ状に裁断し，基材として使用する[12]。テープ基材には写真や映画のフィルムと同様なスプロケットホール（ガイド穴）が設けられ，搬送と同時に各種加工工程での位置決めのための基準穴としても利用される。TABテープにはポリイミドフィルム上に直接導体が形成された2層テープと，ポリイミドフィルム上に熱硬化性の接着剤層を介して導体が積層された3層テープの2種類がある。

図7 ユーピレックス-Sを用いたTABテープ

2層テープは絶縁性，耐熱性などには優れるが，価格的には不利であり，現在は3層テープの需要が多い。

3層TABテープの製造工程を簡単に説明する。所定幅（35，48，70mm幅など）に裁断された長尺状のポリイミドフィルムに，熱硬化性接着剤を貼付して加熱すると溶融しないが軟化する段階（Bステージ）にする。ついでスプロケットホールやデバイスホール（半導体チップを実装する場所に形成される回路基板上の穴）などをプレス成形機で打ち抜き加工された後，銅箔を熱

第6章 ポリイミドフィルム

圧着して銅張積層板（CCL）を形成する。銅箔はパターンやリード形成のために，レジスト塗布，マスク露光，現像，エッチング工程が施される。この後，オーバーコート層が設けられ，Sn，Auなどのめっき処理が行われて回路基板として完成する[13]。最近では，パッケージの小型化，多ピン化等を実現するためにBGA（Ball Grid Array），CSP（Chip Size Package），さらにはCOF（Chip On Film）などの技術が開発，導入され[14]，狭ピッチ化の進展も著しい。それに伴いTABテープ基材であるポリイミドフィルムに対する要求特性も，高度化しているといえる。

TABテープ基材への要求特性を表5に示す。前述のような狭ピッチ化，実装技術の進歩に伴って，要求特性の中でも寸法安定性，耐熱性は最も重要な特性である。

表5　TABテープ基材フィルムの要求特性

項目	要求特性
物性	・高弾性率で薄くできること ・熱膨張係数が小さく，ばらつきが少ないこと ・湿度膨張係数が小さく，ばらつきが少ないこと ・ICの連結（ボンディング），実装時のハンダ工程（リフロー）に耐えうる耐熱性 ・絶縁信頼性が高いこと（高温・高湿度環境下）
加工性	・プレス加工時の打ち抜き性が良好なこと ・接着剤，封止樹脂に対する接着性が良好なこと ・各工程での寸法安定性が良好なこと（ピッチ精度，反り，ねじれ） ・搬送に耐えうる強靱さがあること

TAB技術が開発されてから長い間，無水ピロメリット酸（PMDA）と4,4′-オキシジアニリン（ODA）を構成モノマーとするポリイミドフィルム「カプトン」（DuPont社）が主にテープ素材として用いられてきた。宇部興産ではより剛性が高く，熱，吸湿に対する寸法安定性に優れるビフェニルテトラカルボン酸二無水物（BPDA）系ポリイミドフィルム「ユーピレックス-S」を開発し，現在TABテープのポリイミドフィルム基材としては第1位の市場占有率となっている。この結果は「ユーピレックス-S」が先に挙げたTABテープ基材への要求特性を高度にバランスさせた材料であることによる。「ユーピレックス-S」は，市販ポリイミドフィルム材料の中では最も剛性（例えば引張り弾性率など）が高いため，他の材料に比べ厚みを薄くすることができる。また，熱膨張係数も精密に制御され，加熱収縮率も小さいため，累積ピッチ精度に優れる。これらの特性は先に挙げた分子構造に由来するものであるが，それのみならず，フィルム製造工程における各種条件の膨大な検討成果と緻密な条件制御により達成されている。

5.1.2　FPC基材

FPC（フレキシブルプリント配線板）とは，基材となるポリイミドフィルムの片側あるいは両

側に銅配線を有したもの，と定義することができる[14]。広義には先に挙げたTABを含む場合もあるが，TABの製造装置や製造方法，特性，用途などが一般のFPCと異なることから，ここでは区別することとした。

FPCの作製法を概略すると，まずTABと同じく接着剤を介して銅箔と貼り合わせた3層銅張積層板（3層CCL）かあるいは，スパッタ・めっき法などにより接着剤を使用せずポリイミドフィルム上に銅層を形成して得られる2層銅張積層板（2層CCL）を作製する。その後にサブトラクティブ法により片面あるいは両面の銅層をパターニングして，ポリイミドフィルム上に配線を形成するというのが一般的である。通常は更に，得られた銅配線の上からカバーレイと呼ばれるポリイミドフィルムを貼り合わせてFPCが完成する。TAB方式と異なり，スプロケットホールを形成してテープ状で自動搬送するといったことはなく，量産性に不利であるものの，設計の自由度は高いと言える。

FPCにおいてもTAB同様，携帯電話やデジタルカメラなどの高機能化，小型化などに伴って，配線の微細化，実装技術の高度化が加速されている。それに伴って基材であるポリイミドフィルムや銅張積層板への要求特性は高度化，多様化している。耐熱性，寸法安定性などにおいて不利になる，接着剤を必要とする3層CCLではそれらの要求に応えられなくなってきており，接着剤を使用せず，ポリイミドの特性を発揮できる2層CCLが注目されている。2層CCLについては，後述の最近のトピックスの中で触れたい。

5.2 電子実装材料以外の用途

宇部興産では既に紹介した「ユーピレックス-S」「ユーピレックス-VT」以外に「ユーピレックス-RN」を上市している[15]。

「ユーピレックス-S」では配線板基材のほかに，真空プロセスで金属薄膜を形成する基材として用いられ，医療用センサ（人体に直接触れない用途）に応用されている。この用途では，薄膜形成プロセスに耐えうる耐熱性と表面平滑性が特に要求される。また，電子実装でも使用されるが，シリコーン系粘着剤を片面に有した高耐熱性の粘着テープなどにも使用されている。

「ユーピレックス-RN」は，BPDAとDADEを原料としたポリイミドフィルムである。この組成のポリイミドはガラス転移温度（Tg）が285℃付近にあり，このTg付近でフィルムが軟化する特性を利用して，金型による熱プレス加工で簡単な形状の成形体が得られる。主な用途として，スピーカーコーンやTAB工程で用いられるスペーサーテープ（リールに巻いた加工途中のTABテープの接触を避ける目的で使用）などがある。また宇宙分野においても，フィルム上に真空プロセスによって金属薄膜を形成させたものが熱制御膜（MLI）の部材として使用されている[16]。この用途では宇宙環境で使用するために，軽量，高強度，高耐熱，耐放射線性など種々の

特性が要求される。

「ユーピレックス-VT」は，「ユーピレックス-S」の優れた特性を継承し，フィルム表面に熱融着性を有したポリイミドフィルムであり，熱圧着により金属箔ほか各種基材との積層体を得ることができる。例えば，ステンレス箔との熱圧着により得られる積層材は薄型面状ヒーターやHDDサスペンションなどに用いられる。熱融着型ポリイミドフィルム「ユーピレックス-VT」は接着剤レスの2層銅張積層板「ユピセルN」に使用され，高い評価を受けているが，高強度，高耐熱，高寸法安定性などの特色を兼ね備え，簡便な手法で各種基材との積層体を作製できるという特色を生かし，様々な用途への展開を見せている。この「ユーピレックス-VT」の特徴については後の項にて述べる。

6 需要動向

芳香族ポリイミドフィルムのほとんどは，東レ・デュポン，鐘淵化学工業，宇部興産の3社から国内ユーザーに供給される。

東レ・デュポン社の「カプトン」は，フレキシブルプリント回路(FPC)をはじめ車両用や産業用モーターのコイル絶縁用に使用されている。鐘淵化学工業の「アピカル」は「カプトン」と同じ分子構造を持っており，特性的にもよく似ているため，「カプトン」と同様の用途に使用されている。

一方，当社ポリイミドフィルム「ユーピレックス」はカプトンやアピカルとは異なった分子構造を持ち，その優れた寸法安定性と低い吸湿性と言う特徴から，TABテープ用途やファインピッチのFPC，LOC(ICチップの回路側とリードフレームとを両面テープで接着したパッケージ構造)テープ用途で利用されている。

表6にポリイミドフィルムの国内需要予測をまとめた。

携帯電話，PDA，ノートパソコン，デジタルカメラなどの小型電子機器で，今後更に小型化，軽量化が要求されると，プリント配線板の細線化・高密度化・極薄化が加速する結果，材料に求められる電機特性(低誘電率，低誘電正接，体積抵抗，表面抵抗等)を満足する材料として，益々ポリイミドフィルムの需要が拡大する事が予想される。

表6 ポリイミドフィルムの国内需要予測

(単位：トン)

2001	2002	2003	2004	2005
1,800	2,000	2,300	2,500	2,800

特に，携帯電話はその牽引役となり液晶画面のカラー化，カメラ，GPSの搭載など，多機能化，小型化，軽量化が急速に進んでおり，ポリイミドフィルムを使用したフレキシブル配線基板も従来の3層材料から，より高密度化，極薄化が可能な接着剤を用いない2層材料へと変わってきている。

また，ノートパソコンの液晶パネル，デスクトップパソコンの液晶モニター，PDP（プラズマ・ディスプレイ・パネル），液晶TV等のディスプレイ駆動回路用基板としてもポリイミドフィルムを基材とする動きが活発である。

7 製品規格

7.1 タイプ

7.1.1 ユーピレックス（BPDA系）

ユーピレックスにはSタイプ，RNタイプ，VTタイプの3種類がある。

Sタイプは，他社フィルムと比べても高耐熱性，高寸法安定性，高弾性率の特徴を有するフィルムである。また，化学的性質に優れることは様々な化学処理に対しても優位なポリイミドである。

RNタイプは，高温時の伸びが大きい（加工が難しいポリイミドフィルムの中で深絞り加工を施すことができる数少ない特徴を有する）ことや，耐放射線性（用途としては人工衛星を保護する熱制御フィルム等）に優れるのが特徴のフィルムである。

VTタイプはSタイプをコアとして両表層が熱融着タイプの接着剤レスで，銅箔やその他の金属箔と貼り合わせが可能なポリイミドである。Sタイプをコアに持つがゆえに，Sタイプの機械的性質や電気的性質を継承している。

7.1.2 カプトン（PMDA系）

カプトンの標準タイプのHタイプ，Hタイプより熱収縮率を小さくしたVタイプ，更に寸法安定性を良くしたENタイプがある。

7.1.3 アピカル（PMDA系）

アピカルの一般グレードであるAHタイプ，寸法安定性を小さくしたNPIタイプ，更に吸水率，吸水膨張率を小さくしたHPタイプがある。

第6章 ポリイミドフィルム

表7 各社ポリイミドフィルムの製品規格[17, 18]

厚み (μm)	宇部興産		東レ・デュポン	鐘淵化学工業
	ユーピレックス-S	ユーピレックス-RN	カプトンEN	アピカルHP
7.5	7.5SN			7.5HP
10				10HP
12.5	12.5SN		50EN	12.5HP
25	25S	25RN	100EN	25HP
37.5	40S	38RN	150EN	50HP
50	50S	50RN	200EN	
75	75S	75RN	300EN	
125	125S	125RN		

8 最近のトピックス

8.1 熱可塑性ポリイミドフィルム

ポリイミドの成形加工性の問題を解決する目的で，熱可塑性のポリイミドの開発がなされており，「AURUM」(三井化学)などが開発されている[19]。「AURUM」はフィルム成形も可能であるとされている。各社，ポリイミドフィルムの高付加価値化と用途拡大を目指し，熱可塑性ポリイミドフィルムが数種開発されている[20]。これには例えば，デュポンの「カプトンKJ」や「カプトンLJ」，鐘淵化学工業の「PIXEO (ピクシオ)」などがあり，主にボンディングシートとしての用途展開がなされている。しかし低温度域にガラス転移温度が存在するため，「カプトンH」や「ユーピレックス-S」のような非熱可塑性の高耐熱性ポリイミドフィルムには耐熱性が劣ると考えられる。これに対し，宇部興産が開発した熱融着型ポリイミドフィルム「ユーピレックス-VT」は，3層一括成形を実現した独自の製法により，「ユーピレックス-S」の優れた耐熱性，機械特性などの諸特性を継承した，フィルム表面に熱融着性を有するポリイミドフィルムである。
以下に新しいポリイミドフィルムのトピックとして「ユーピレックス-VT」を紹介する。

8.1.1 ユーピレックス-VT[21]

通常，FPCなどに用いられる銅張積層板は，ポリイミドフィルムと銅箔とをアクリルあるいはエポキシ等の接着剤により接着させた3層構造のものが一般的であった。この接着層の存在により耐熱性の低下，寸法安定性の低下を起こしていた。「ユーピレックス-VT」は接着剤を用いることなく，銅箔，ステンレス，アルミニウム等の金属あるいはセラミック等に300℃程度で熱融着可能なポリイミドフィルムである。その際の圧力は，プロセスや基材によって異なるが一般

的な範囲の数値である。ユーピレックス-VT は図8に示した基本構造を有する「ユーピレックス-S」をコアとして開発された全芳香族ポリイミドフィルムであり、重合、製膜に関して特殊な工程は不要で、既存の設備を使用できる。以下にユーピレックス-VT の優れた特性を挙げる。

ユーピレックス-VT の諸特性を表8に示した。比較のため当社製「ユーピレックス-S」の値も示している。ユーピレックス-VT の機械強度は、「ユーピレックス-S」の60〜70%の特性を有しており、高い機械特性を示している。また、加熱収縮率は「ユーピレックス-S」と同等であり、熱膨張係数は用途上、18ppm 程度に制御しており、CCL とした場合に優れた寸法安定性を示す。また、各種電気特性も、「ユーピレックス-S」と同等であり、本材料をフレキシブル基板として使用する際に高い信頼性を示している。

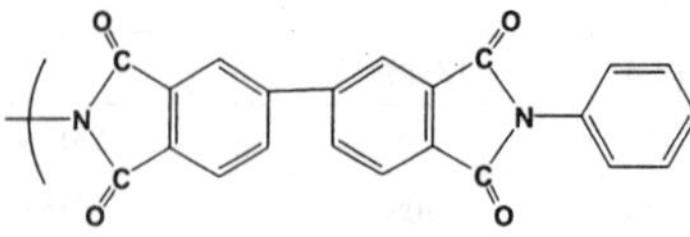

図8 ユーピレックス-S の構造

前項でも述べたが、熱融着型ポリイミドである「ユーピレックス-VT」は耐熱性、高い寸法安定性、良好な機械特性及び電気特性、耐薬品性等、ポリイミドの高い基礎物性を生かした材料であり、フレキシブル基板として適した材料であるといえる。用途としては、FPC, COF, TCP, MCM-L, リジッドフレックス、多層基板、高周波基板などが考えられ、いくつかは既に商品化されている。また熱融着させる材料は銅箔だけでなく、ステンレス、アルミニウム、セラミックスなど用途に応じて対応することが可能である。

8.2　2層 CCL 基材[22]

先にも述べたように、フレキシブル配線板の基材（CCL）には3層構造（3層 CCL）と2層構造（2層 CCL）がある。3層 CCL は絶縁層となるポリイミドフィルムと導体層となる銅箔をエポキシ系やシリコーン系の接着剤で貼り合わせた構造である。一方、2層 CCL は接着剤を用いずに製造される。フレキシブル配線板の主な用途である携帯電話やその他の携帯電子機器、LCD（液晶ディスプレイ）などの進歩に伴い、基板への要求特性も急激な高まりを見せ、2層 CCL がその用途を拡大している。ポリイミドメーカー各社は、2層 CCL 用ポリイミドフィルムの開発にしのぎを削っている状態にあり、ポリイミドフィルム開発の現状を知る上で、欠くべからざる要素と言えよう。ここでは、2層 CCL の現状とその基材に求められる特性について、宇部興産の開発した2層 CCL「ユピセル N」、「ユピセル D」の紹介を交えて簡単な解説を加える。

8.2.1　2層 CCL の製造法

2層 CCL にもその製造法により数種のものがある[14]。ポリイミドベース2層 CCL の製造方法

第6章 ポリイミドフィルム

表8 ユーピレックス-VT の諸特性

グレード 特性項目	単位	ユーピレックス-VT			ユーピレックス-S		試験方法
フィルム厚さ	μm	25	38	50	25	50	
引張り強さ	MPa	507	513	499	553	463	ASTM D882
引張り弾性係数	MPa	7189	7350	7306	9797	9366	ASTM D882
(引裂き強さ)	kg	2.5	3.4	4.5			IPC-TM650
(引裂き伝播抵抗)	g	9.3	15.7	25.2			IPC-TM650
熱膨張係数 CTE (50-200℃)	ppm/℃	○ 18.3	○ 17	○ 18.8	10.9	13.1	微小線膨張計
吸湿膨張係数 CHE	ppm/%RH	40,60,80% 8	40,60,80% 11	40,60,80% 13	12	12	ASTM D570
熱収縮率	200℃ MD/TD 平均	0.08/0.05					
	300℃ MD/TD 平均	0.31/0.24	0.2	0.42/0.03			
吸水率	%	1.1	1.27	1.48	1.25	1.44	ASTM D570
表面抵抗	Ω	$>18.8 \times 10^{16}$	$>18.8 \times 10^{16}$	$>18.8 \times 10^{16}$	$>10^{17}$	$>10^{16}$	ASTM D257
体積抵抗率	Ω・cm	3.6×10^{16}	3.6×10^{16}	3.6×10^{16}	5×10^{16}	6×10^{16}	ASTM D257
絶縁破壊電圧	kV	6.8	9.0	11.0	6.4	10.8	ASTM D149
誘電率	1 MHz	3.3	3.3	3.3	3.3	3.3	IPC-TM650
	1 GHz	3.3	3.3	3.3			ストリップライン
誘電正接	1 MHz	0.002	0.002	0.002			ASTM D150
	1 GHz	0.004	0.004	0.004			
フィルム単体耐折り曲げ性 (MIT)	(回)	>100000	>100000	>100000	100000	35000	ASTM D2176

を表9に示す。表中に示したように，2層CCLの製造法は(1)キャスト法，(2)スパッタ，めっき法，(3)ラミネート法に大別できる。既存の2層CCLはキャスト法，スパッタ／めっき法が主流であるが，以下のような問題を抱えている。①ピンホール　②銅箔厚みの薄膜化（Cu厚み：10μm以下）への対応が困難　③銅とポリイミドのピール強度　④価格である。

8.2.2 ラミネート方式2層CCL 「ユピセルN」

宇部興産では，上記の熱融着型ポリイミドであるユーピレックス-VTと銅箔とをラミネート法により熱融着させることにより銅張積層板（ユピセルN）を開発した。熱融着の条件は300℃以上，圧力20kg/cm²程度で接着可能である。熱融着させる方法としては，連続ラミネート法と

耐熱性高分子電子材料

表9 各種無接着剤タイプCCLの比較[14]

	めっき法	キャスティング法	ラミネーション法
ベース層の選択	自由度大	自由度小	自由度小
ベース層の厚さ	使用可能なフィルムに依存	自由度大	他のフィルムと組み合わせれば自由度大
導体層の選択	自由度小	自由度大	自由度大
導体層の厚さ	自由度大　5μm以下も可	使用する金属箔に依存	使用する金属箔に依存
両面積層板	製作は容易	単独では困難	製作は容易
ロール状材料	容易	可	可

真空圧着法を適用している。

本製法で得られるユピセルN（2層CCL）は以下の特長を有している。
① 接着剤フリーであるため，接着剤に起因する特性低下がなく，ハロゲンも発生しない環境調和型材料である。
② 銅とポリイミドの接着性が優れ，特に高温時における剥離強度保持力が高い。
③ ポリイミド層には，業界で定評のある「ユーピレックス-S」と殆ど同等の品質を持つ「ユーピレックス-VT」を用いているため信頼性に優れる。
④ フィルム特性に由来して，寸法安定性，耐屈曲性，ハンダ耐熱性に優れる。
⑤ レーザー加工性に優れている。

薄い銅箔（9μm）での2層品が作製可能。

8.2.3 めっき方式2層CCL「ユピセルD」

実装技術の進展の中で，フレキシブル配線板上に直接チップを実装するCOF（Chip On Film）技術が開発され，高密度実装に不可欠な技術となってきている。この手法では，チップ接合時の位置合わせを行うため銅をエッチングした後のポリイミドフィルムの透明性が求められたり，チップ接合時に変形を起こさないよう高い物理的耐熱性が要求されたりと，これまでにない，あるいはこれまで以上の特性が必要となる。現状，銅層除去後のポリイミドフィルムの透明性という点で2層CCL製造法としては，めっき法が最適である。また高い物理的耐熱性という点では，「ユーピレックス-S」が優れていることはこれまで述べてきた通りである。しかしめっき法には，ポリイミドフィルムと銅層との密着性（ピール強度）が低いという問題があった。宇部興産は，これらの問題を解決しためっき法2層CCL「ユピセルD」を開発した。「ユピセルD」は絶縁層として耐熱性に定評のある「ユーピレックス」をメタライジングに適すよう最適化を行い，従来ではなしえなかった高いピール強度を実現した。

第6章 ポリイミドフィルム

表10 ユピセルNの特性値

試験項目	測定条件			測定値	試験方法
	状態	剥離法	単位		
銅箔引き剥がし強度	常態		90°	N/mm	1.1	IPC-FC-241B 規格準拠
	熱間 初期値	T剥離	N/mm	1.4	
	250℃時	T剥離	N/mm	1.3	
耐熱ピール強度	200℃, 7日後	90°	N/mm	1.1	
耐薬品ピール強度	2N-HCl	90°	保持率%	100	
	2N-NaCl	90°	保持率%	100	
寸法安定性	Cuエッチング後	MD	変化率%	−0.060%	
		TD		−0.025%	
	熱処理150℃×30分	MD	変化率%	−0.080%	
		TD		−0.035%	
耐屈曲性		MD	回	110,000	
		TD		150,000	
ハンダ耐熱性：300℃　1分				異常なし	
吸水性		−	%	1	IPC-TM650
耐折性　R0.4		MD	回	48	JPCA FC01
		TD		48	

＊上記数値は代表値
＊測定サンプル：BE1210（ポリイミドフィルム25μm，電解銅箔18μm，両面板）

ユピセルDが有する特性を表11に示す。前項で紹介した「ユピセルN」とともに，高いピール強度と寸法安定性のほか，「ユーピレックス」が有する優れた諸特性を有した2層CCLとして，用途を拡大していく考えである。

9　おわりに

ポリイミドフィルムはその優れた諸特性により，信頼性ある材料として活躍してきた。更に近年では，電子・情報分野で飛躍的発展を遂げ，今日の社会で必要不可欠な材料となった。ポリイミドフィルムの材料としての重要性がますます高まっている現状に，われわれ開発者も性能と品質の向上をもって応えていかなければならないと意を新たにする。また，他の材料との複合化や，緻密な分子設計により，ポリイミドの更なる用途の拡大と発展に大いに期待する。

表11 ユピセルDの特性

項目	測定条件		単位	特性値	試験方法
銅膜ピール強度	常態		N/m	1000	IPC-FC-241B 規格準拠
	耐熱ピール強度	PCT×100hr 後		800	
		150℃×24hr 後（in air）		800	
	耐薬品ピール強度	2N-HCl		1000	
		2N-NaOH		1000	
寸法安定性	Cu エッチング後　　　（MD）		変化率%	0.00	
	（TD）			0.01	
	熱処理後 150℃×30 分　（MD）			−0.01	
	（TD）			−0.01	
ハンダ耐熱性：300℃×1 分				異常なし	

CCL 特性値　ユピセル D Cu 厚/PI 厚 = 8/38：(SU3215)
＊上記数値はカタログ値であり，保証値ではない

文　　献

1) 毛利裕：繊維と工業, **50**, p.96, (1994)
2) C. E. Sroog : in Polyimides, Fundamentals and Applications, M. K. Ghosh and K. L. Mittal, eds., pp.1-6, Marcel Dekker, New York (1996).
3) 今井淑夫, 横田力男：最新ポリイミド〜基礎と応用〜, pp.4-54, エヌ・ティー・エス (2002).
4) 今井淑夫, 横田力男：最新ポリイミド〜基礎と応用〜, pp.78-100, エヌ・ティー・エス (2002).
5) 井上浩：高分子, **46** [8] pp.566-569 (1997).
6) 躍進するポリイミドの最新動向Ⅱ, p.9, 住ベテクノリサーチ (2000).
7) エレクトロニクス実装材料の開発と応用技術, pp.14-17, 技術情報協会 (2001).
8) 南智幸, 小坂田篤：工業用プラスチックフィルム, 加工技術研究会 (1991).
9) 沖山聰明：プラスチックフィルム［加工と応用］, 技報堂出版 (1995).
10) 躍進するポリイミドの最新動向Ⅱ, 住ベテクノリサーチ, p.120 (2000).
11) 今井淑夫, 横田力男：最新ポリイミド〜基礎と応用〜, p.327, エヌ・ティー・エス (2002).
12) 今井淑夫, 横田力男：最新ポリイミド〜基礎と応用〜, p.556, エヌ・ティー・エス (2002).
13) 畑田賢三：TAB 技術入門, 工業調査会 (1990).
14) 沼倉研史：高密度フレキシブル基板入門, 日刊工業新聞社 (1998).
15) 石井拓洋：コンバーテック, **9**, p.10 (1996).
16) 躍進するポリイミドの最新動向Ⅱ, 住ベテクノリサーチ, p.235 (2000).

17) 東レ・デュポン,「カプトン」カタログ
18) 鐘淵化学工業,「アピカル」カタログ
19) 今井淑夫, 横田力男:最新ポリイミド〜基礎と応用〜, p.242, エヌ・ティー・エス (2002).
20) 躍進するポリイミドの最新動向Ⅱ, 住ベテクノリサーチ, p.20 (2000).
21) COF実装の高密度化における材料・工法の問題点とその対策, p.3, 技術情報協会 (2003).
22) 柴田充人:エレクトロニクス実装学会, 2, p.54 (2003).

第7章 アラミド繊維紙

村山定光*

1 はじめに

今世紀半ば頃までには図1に示したようなマルチメディア時代が到来すると言われている。この時代が到来すると，日常必要な要件のほとんどが家庭内にある一台のテレビや電子機器を媒体にして処理できるようになると考えられている。このマルチメディア時代の電子機器に求められている技術は，高耐熱性，高密度化，高性能化，高速処理化，小型軽量化などの技術であり，これらの要求を満たすために，半導体や関連部品はもちろんのこと，それらに使用される材料にも同様の技術開発が求められている。

帝人グループでは，アラミド繊維の有する耐熱性，電気絶縁性，軽量性，レーザー加工性などに着目して，上述のような市場要求に対応すべく，最適な電子材料を開発し，高性能絶縁用材料やプリント基板用材料などの分野を中心に販売中である。ここではアラミド繊維の種類，製法，

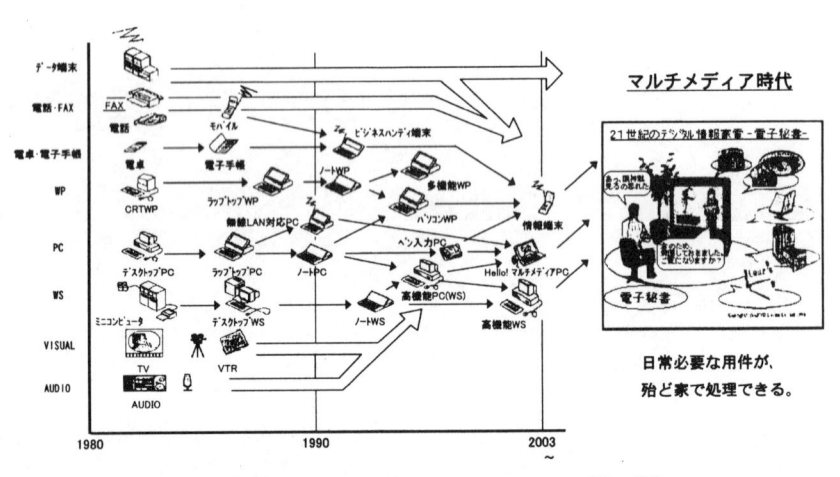

図1 電子機器メーカーが描いているマルチメディア時代の姿[1]

* Sadamitsu Murayama 帝人アドバンストフィルム㈱ 開発営業部 部長

第7章 アラミド繊維紙

基本物性,特徴などについて紹介するとともに,あわせて,この繊維による電子材料用途への展開状況について述べる。

注:引用文献を示す[1]は,本文中では,記載を省略し,全て図と表のタイトル後部に記載した。
なお,図と表がない場合には,本文中に記載した。

2 アラミドの名称と種類

アラミドとは,米連邦通商委員会(FTC)が1974年に,従来から生産,販売されている脂肪族ポリアミドと区分するために,分子骨格が芳香族(ベンゼン環)からなるポリアミドに対して与えた命名であり,その後,国際標準機構(ISO)も,1977年に人造繊維の分類名称として認可した総称である。このアラミドからなる繊維には,図2に示したように,耐熱性と難燃性に特徴を有するメタ型アラミド繊維と,高強力,高弾性率に特徴を有するパラ型アラミド繊維がある。メタ型アラミド繊維の代表例が,デュポン社の「ノーメックス」(ポリメタフェニレンイソフタルアミド=MPIA)(注;なお本文では,登録商標名であることを示す®は省略する)と帝人の「コーネックス」(MPIA)である。またパラ型アラミド繊維の代表例が,デュポン社の「ケブラー」(ポリパラフェニレンテレフタルアミド=PPTA),アクゾ社の「トワロン=現在,帝人トワロン社が生産,販売中」(PPTA),それに帝人が独自技術で開発し,1987年に事業化した共重合型の「テクノーラ」(コポリパラフェニレン・3,4′-オキシジフェニレンテレフタルアミド)である。これらの両アラミド繊維は,価格と機能や性能のバランスが上手くとれているため,他の高機能繊維や高性能繊維に比べて生産量も多く,耐熱衣料,防護衣料,ゴムや樹脂の補強材料,電子機器用材料などの各種用途へ適用され,多用されている。

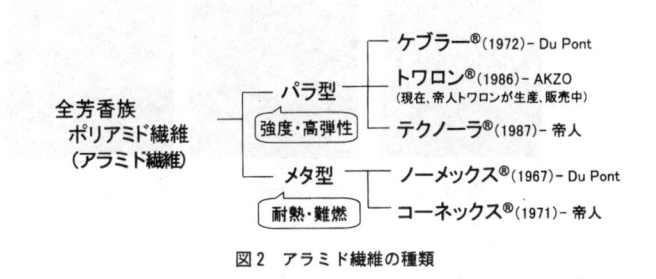

全芳香族
ポリアミド繊維
(アラミド繊維)
├─ パラ型 強度・高弾性
│ ├─ ケブラー®(1972)- Du Pont
│ ├─ トワロン®(1986)- AKZO (現在,帝人トワロンが生産,販売中)
│ └─ テクノーラ®(1987)- 帝人
└─ メタ型 耐熱・難燃
   ├─ ノーメックス®(1967)- Du Pont
   └─ コーネックス®(1971)- 帝人

図2 アラミド繊維の種類

3 アラミド繊維の製法と構造

代表的なメタ型アラミド繊維である「ノーメックス」と「コーネックス」の製法を図3に示した。帝人が独自技術で開発した「コーネックス」はデュポン社の「ノーメックス」と分子構造は同一であるが，界面重合法を採用しているため，ポリマーは一旦粉末状に単離され，その後，再度アミド系溶媒に溶かして湿式紡糸される。そのため，溶液重合法を採用している「ノーメックス」とは少し異なった特徴を持っている。その主なものは，単繊維径が異なる糸を生産し易いこと，および高強力綿，原着綿，易染綿など銘柄の多様化が比較的容易であり，各種用途の要求特性に対応し易いことである。表1に「コーネックス」の微細構造を示した。この表1から「コー

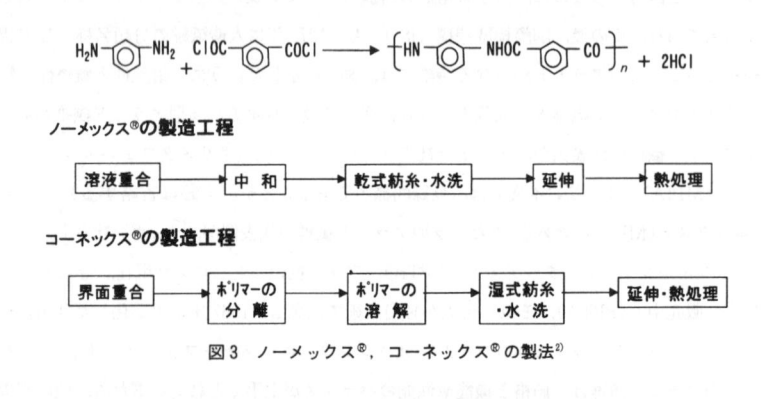

図3 ノーメックス®，コーネックス®の製法[2]

表1 コーネックス®の微細構造[3]

項目	コーネックス®	ポリエステル	ナイロン
X線写真			
結晶化度（％）	40～45	40～60	35～45
配向度（％）	89～92	93～95	90～93
結晶サイズÅ	45～49	40～70	40～60
複屈折率	0.15～0.16	0.17～0.19	～0.05
比重	1.37～1.38	1.38～1.40	1.13～1.14

第7章　アラミド繊維紙

ネックス」の結晶性，配向度などは，ほぼポリエステル繊維やナイロン繊維並みであることがわかる。

パラ型アラミド繊維である「ケブラー」（PPTA）と「テクノーラ」の製法を図4に示した。「ケブラー」が，剛直性の極めて高いホモポリマー（PPTA）を濃硫酸に溶解して得た液晶溶液から紡糸されるのに対して，「テクノーラ」は剛直性，耐熱性，溶解性，延伸性，耐疲労性などのバランスを考えながら分子設計された第3成分を含む光学的等方性共重合体溶液から紡糸される。従って，その特徴は，第3成分としてエーテル結合を含むジアミン（3,4′-ジアミノジフェニルエーテル）が導入されているために，濃硫酸を用いることなく，極性溶媒に上記の共重合体を溶解した紡糸原液を用いて半乾半湿式紡糸し，水洗，乾燥後，高温高倍率で延伸して生産されていることである。この「テクノーラ」も汎用の有機系繊維と同様に，延伸倍率の増大に伴って強度，弾性率，伸度はいずれも向上傾向を示すが，過大になりすぎると単繊維切れや構造欠陥を生じて特性が低下するため，最適な延伸倍率が存在している。

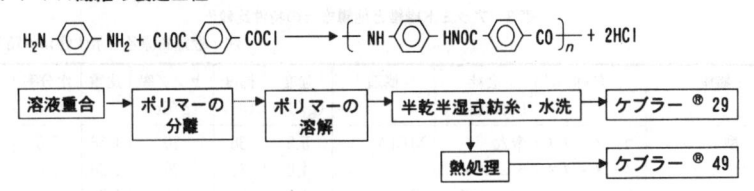

図4　ケブラー®（PPTA）とテクノーラ®の製法[2]

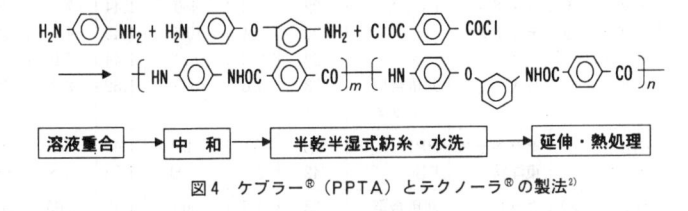

パラ型アラミド繊維について測定した微細構造の一例を表2に示した。単純には比較できないが，「テクノーラ」はPPTAに比べて密度が低く，X線写真でも鮮明な回折像を示さずに，結晶部と非晶部の区分が不明瞭であり，第3成分導入による影響が現れている。しかし見かけの結晶化度は高いので，かなり秩序ある構造をとっていると推定されている。

表2 パラ型アラミド繊維の微細構造例[4]

項目	テクノーラ®	PPTA（ケブラー®29）
密度（g/cm^3）	1.39	1.44
結晶化度（%）	66	66
配向度（%）	93	91
結晶サイズ（Å）	32	46

4 アラミド繊維の特性と電子材料用途

他繊維と比較させながら表3にメタ型およびパラ型アラミド繊維の代表的な特性を示した。これらの高性能・高機能繊維の中で，メタ型およびパラ型アラミド繊維はいずれも，ほぼ中程度の性能と機能を有していることがわかる。以下，これらの特徴を生かした電子材料用途への展開状況について記す。

表3 アラミド繊維と他繊維との特性比較[2]

注：登録商標名を示す®は省略した。

繊維	名称	会社（開発会社）	構造	強度（g/de）	伸度（%）	ヤング率（g/de）	比重	水分率（%）	LOI
メタ型アラミド	コーネックス	帝人	MPIA	5.5	38	70	1.38	5.5	30
	ノーメックス	デュポン	〃	4.0	31	70	1.38	5.5	30
	ケルメル	ローヌプーラン	ポリアミドイミド	4.1	17	56	1.32	—	33
パラ型アラミド	ケブラー29	デュポン	PPTA	22	3.8	460	1.44	7.0	29
	ケブラー49	デュポン	〃	22	2.4	1000	1.45	4.5	29
	トワロン	アクゾ	〃	22	3.3	510	1.44	7.0	29
	テクノーラ	帝人	共重合型アラミド	28	4.6	590	1.39	2.0	25
芳香族複素環	PBI	セラニーズ	PBI	3.1	30	45	1.40	15.0	>41
	ザイロン	東洋紡	PBO	42	2.5	2000	1.58	0.5	68
芳香族ポリエステル	ベクトラン	クラレ	共重合型ポリエステル	23	3.7	560	1.40	0.05	37
高強力ポリエチレン	ダイニーマ	東洋紡	高重合度ポリエチレン	30〜35	3〜5	1200	0.97	—	—
	スペクトラ	アライド	〃	34	3.5	2000	0.97	—	—

第7章　アラミド繊維紙

4.1　メタ型アラミド繊維の特性と用途

　メタ型アラミド繊維である「コーネックス」の一般的な諸特性を表4に，また乾熱と湿熱暴露時の強度保持率を図5に，他の繊維特性と比較しながら示した。「コーネックス」の機械的特性は，ヤング率を除き，汎用合成繊維に類似している。しかし，ガラス転移点や熱分解温度はかなり高く，高温下でも機械的特性を失わず，長期間にわたって高強度を保持できることが大きな特徴である。

　さらに，LOI値（限界酸素指数）が約30と高く，難燃性にとみ，かつ，燃焼時のガス発生量や有毒ガスの発生量も少なく，電気絶縁性にも優れているため，これらの特徴を生かした用途開

表4　コーネックス® 一般特性[2]

項目	単位	コーネックス®		ポリエステル	ナイロン－66
		レギュラー	HT		
引張強度	g/de	5.0～5.5	6.0～7.0	4.7～6.5	4.5～7.5
破断伸度	%	35～45	20～30	20～50	25～60
結節強度	g/de	3.8～4.3	4.0～4.5	4～5	5～6
ヤング率	kg/mm²	800～1000	1200～1300	310～870	100～300
比重	－	1.38	1.38	1.38	1.14
分解温度	℃	400～430	400～450	255～260	250～260
ガラス転移点	℃	280	280	70	49
水分率	%	5.0～5.5	5.0～5.5	0.4～0.5	3.5～5.0

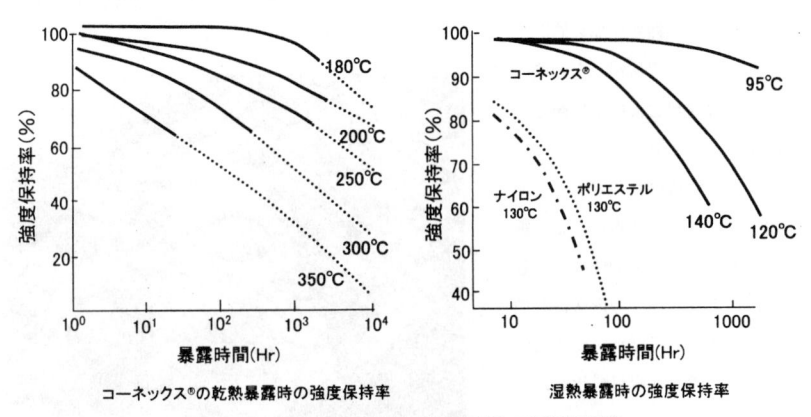

図5　コーネックス® の乾熱・湿熱暴露時の強度保持率[2]

コーネックス® の乾熱暴露時の強度保持率　　湿熱暴露時の強度保持率

耐熱性高分子電子材料

発が行われ，展開されている。その用途は，主として難燃性を生かした衣料・寝装・インテリア関係用途と耐熱性，電気絶縁性を生かした産業資材用途に大別できる。

衣料・寝装・インテリア関係用途では，官公庁関係の消防，警察，防衛関係の救助服や防火・防護服などに，民間企業である電力，化学，ガス，石油，航空関係会社の制服や作業衣，防護具などに，さらに一般家庭の安全毛布やカーテンなどにも採用され，展開されている。特に最近，これらの用途ではサーマルマネキンを使用して人体各所における温度上昇や熱流束を定量的に測定，把握し，人体への火傷度合いを予測し，その予測に基づいたより安全な衣料を開発しようとする世界的な動きがあり，帝人でも，その研究開発に現在注力中である。

産業資材用途では，バグフィルター，スピーカー用ダンパー，パソコン用電磁波シールド材料，耐熱電気絶縁材料，耐熱クッション材料，ハニカム構造材料などを中心に織物やフェルト状，紙状で使用されている。さらに補強用材料としてVベルト，ホース，ダイヤフラム，摩擦材，シール材などに長繊維状や短繊維状で適用され，使用されている。これらの中でも特に，メタ型アラミド短繊維とメタ型アラミドパルプとを組み合わせて湿式法で抄造された紙は，耐熱性や電気絶縁性に優れているため，電子材料用途で多用され，需要量も抜きん出ている。その湿式抄造紙は下記に大別でき，それぞれの特徴を生かしながら以下の各用途に適用され，使用されている。

① 高温・高圧カレンダーで加工されたメタ型アラミド紙⇒全体的にバランスの取れた特性を有する高嵩密度の代表的な絶縁紙であり，各種変圧器の素線，層間，リード線の絶縁材料，電動機や発電機の導体，コイル，端末などの絶縁材料および螺旋巻き用絶縁材料，さらに耐熱性，耐薬品性を生かして耐熱離型用材料などに展開されている。

② 高温・高圧カレンダーで加工されていないメタ型アラミド紙⇒柔軟性と表面吸収性に優れているため，各種変圧器の層間やバリヤーの絶縁材料，電動機の層間絶縁材料および低い熱伝導率を生かしてガラスやアスベストなどの無機材料代替として使用されている。さらに，この紙は積層して加熱・加圧成形することにより，種々の形状にも加工が可能であるため，立体形状などが必要な絶縁材料用途にも展開されている。図6に加熱・加圧成形加工された製品の一例

図6　加熱・加圧成形加工された製品の一例[5]

第7章 アラミド繊維紙

を示した。

③マイカーなど他素材混抄紙⇒特殊な電子機器への適用を目的に開発された製品であり，例えばマイカー混抄・高温・高圧カレンダー加工紙は優れた電機特性，耐熱性，耐コロナ性などを合わせ持っているため，高耐熱・高耐電圧が要求される電子機器材料用途に展開されている。上記以外では，ガラス繊維やカーボン繊維を混抄した紙も開発され，展開されている。

ここでは上記①で述べた代表的な高嵩密度絶縁紙の特性を中心に記載する。その代表的な絶縁紙の表面SEM写真を図7に示した。また標準的な電気特性の一例を表5に示した。さらに図8には電気特性の温度依存性を示した。

図7 代表的なメタ型アラミド紙の表面SEM写真[5]

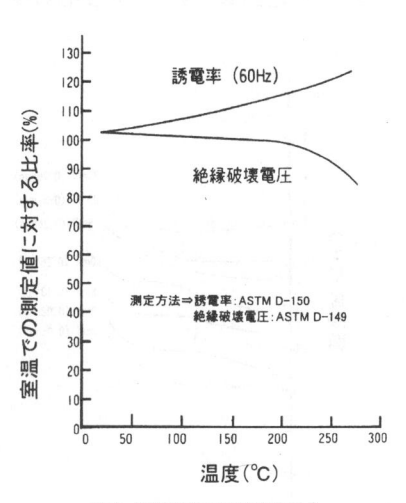

図8 電気特性の温度依存性[5]

表5 メタ型アラミド紙の標準的な電気特性[5]

公称厚み	mil mm	2 0.05	3 0.08	5 0.13	7 0.18	10 0.25	12 0.30	15 0.38	20 0.51	24 0.61	30 0.76
絶縁破壊電圧 （AC直昇圧）	kV/mm	18.1	22.3	25.1	32.3	32.9	33.0	33.6	31.2	32.0	27.8
誘電率（60Hz)		1.8	1.9	2.4	2.6	3.0	2.9	3.3	3.5	3.7	3.4
誘電体損失係数 （60Hz）		0.005	0.005	0.006	0.007	0.009	0.007	0.009	0.008	0.007	0.008
表面抵抗率	$\Omega/\square$	1×10^{17}	1×10^{16}	2×10^{16}	2×10^{16}	1×10^{16}	1×10^{16}	7×10^{16}	7×10^{16}	1×10^{16}	4×10^{16}
体積抵抗率	$\Omega\cdot cm$	1×10^{16}	2×10^{17}	1×10^{17}	5×10^{16}	3×10^{16}	1×10^{16}	5×10^{16}	2×10^{16}	1×10^{16}	2×10^{16}

※この特性値はいずれも最近製造した標準的な製品の測定値であり，製品仕様目的の保証値ではない。

耐熱性高分子電子材料

　この絶縁紙の最大の特徴は絶縁破壊電圧が250℃においても室温時の約90％の値を保持し，高温時でも極めて優れた電気特性を有しているばかりでなく，誘電率や誘電体損失係数も図9，図10に示したように室温から約200℃の温度範囲内では，変化が比較的少ないことである。表6には電気特性の相対湿度依存性を示した。この表6から湿度による電気特性変化も少ないことがわかる。また耐コロナ性や耐放射線性も他の有機系絶縁紙よりは優れており，特に耐コロナ性は一部の無機材料に匹敵する値を示すことが確認されている。この絶縁紙は強酸や強塩基を除く多くの薬品や有機溶媒に対して強い耐性を示すと同時に，あらゆる電気用ワニスや接着剤（ポリイミド系，シリコーン系，エポキシ系，ポリエステル系，フェノール系など）にも適合可能であり，化学変化や変質を起こさず，また変圧器のオイル，コンプレッサー用のオイル，冷媒などにも適

図9　誘電率の温度依存性[5]　　　図10　誘電体損失係数の温度依存性[5]

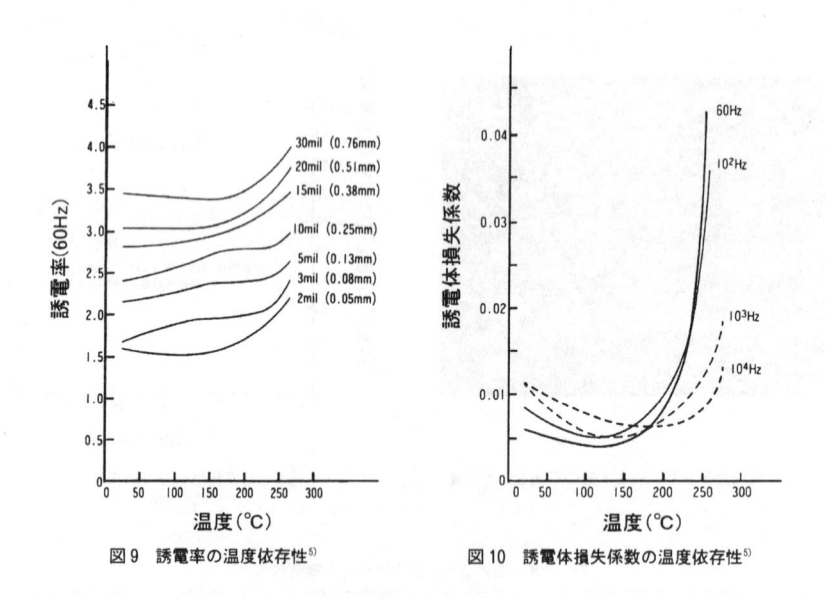

表6　電気特性の相対湿度依存性[5]

相対湿度 (％)	絶縁破壊電圧 (kV/mm)	誘電率 (60Hz)	誘電体損失係数 (60Hz)	体積抵抗率 (ohm-cm)
完全乾燥	36	2.5	0.0059	2.4×10^{16}
50	35	2.7	0.0061	1.5×10^{16}
95	33	3.2	0.011	2.0×10^{14}

※この特性値はいずれも標準的な製品の測定値であり，製品仕様目的の保証値ではない。

合するために多用されている。また嵩密度＝0.96g/cm³，厚さ＝10mil（0.25mm）である代表的な紙の150℃における熱伝導率は，3.3×10⁻⁴cal/(cm・℃・sec)であり，ガラスやアスベストに比べても低く，その温度依存性も少なく，かつ，LOI値（限界酸素指数）も室温で約30と高く，難燃規格UL94 V-0にも合格しているため，耐熱断熱材用途への適用も可能である。

　上述の如く，メタ型アラミド紙は他の有機系湿式抄造紙に比べて優れた特徴を有しているため，世界における需要量伸び率も他繊維紙に比べて高く，特に中国や東南アジアでは，今後もかなり高い成長率が継続すると予測されている。それら対象国での需要目的に対応でき得る新規な混抄紙や新用途開発に今後注力する必要があると思われる。また最近の電子機器関連分野における耐熱性や電気絶縁性の高度化要求は益々高まるばかりであり，特殊用途をも視野に入れた今後の新製品開発に期待したい。

4.2　パラ型アラミド繊維の特性と用途

　帝人が開発した「テクノーラ」は，表3に示したように，PPTA繊維よりも強度や伸度が高く優れているが弾性率では劣る。この弾性率が比較的近い値であるPPTA（「ケブラー29」）を比較に入れながら，表7に耐薬品性・耐熱性を示した。

　前述のように，「テクノーラ」は共重合型であるために，熱分解温度が約530～540℃近辺の

表7　パラ型アラミド繊維の耐薬品性・耐熱性[2,6]

薬品名，その他	濃度（％）	温度（℃）	時間（hrs）	強度保持率（％）	
				テクノーラ®	PPTA（29）
硫酸	20	95	100	93	2
塩酸	20	20	100	98	42
硝酸	10	20	100	99	52
水酸化ナトリウム	10	95	20	93	15
ポルトランドセメント	飽和	180	15	70	13
次亜塩素酸ナトリウム	10	95	20	95	8
海水中	3	95	1000	98	85
水（飽和水蒸気中）	100	160	100	84	17
メチルエチルケトン	100	20	1000	97	94
エチレングリコール	100	95	300	94	96
ガソリン	100	20	784	>95	>95
N-メチルピロリドン	100	95	100	31	96
耐熱性（乾熱）	−	200	100	100	75
	−	200	1000	75	

耐熱性高分子電子材料

PPTAよりも約20〜30℃程度低いが,実使用上の耐熱性は充分高く,例えば,200℃の高温下に,1000時間放置した場合でも,約75%の強度を保持しており,また常温と高温間を一定荷重下で繰り返しながら使用した後に,常温で測定した時の強度も高い保持率である。このような長期耐熱性はむしろPPTAよりも優れている。さらに「テクノーラ」は高温度の酸やアルカリ水溶液およびアミド系溶媒を除く有機系溶剤に対しても,PPTAより強い耐性を示すとともに,高温高湿下における強度の劣化もきわめて少なく,長期間の使用に耐えることができる。同様に耐摩耗性や耐屈曲疲労性,耐伸張疲労性も優れている。これらの特徴が発現されるのは,第3成分として導入した3,4'-ジアミノジフェニルエーテル結合が分子の剛直性を低下させて,フィブリル化を起こり難くしていること,製糸工程での熱延伸により分子鎖末端の分布が任意になって,フィブリル間隙が少なくなっていること,結晶の大きさが小さく結晶部と非晶部の差が明確でない微細構造であること,などによると考えられている。

このような特徴を生かした「テクノーラ」の用途は,大別すると,繊維が集合体(構造体)状で使用される用途と,マトリックスの補強材として使用される用途に区分できる。

繊維が集合体状で使用される用途には,ロープやコード,安全ネット,安全ベルト,土木資材などの産業資材分野と防弾防刃衣や耐切創衣,安全手袋や防護具などの防護関連製品分野がある。

また補強材として使用される用途には,耐圧ホース,タイミングベルト,コンベアベルトなどのゴム補強分野,工事現場や造船所などの天井膜材や大型テントなど膜材・フィルム補強分野,コンクリート補強分野などがある。

さらに最近の新規な樹脂補強用途として,可変速揚水発電機の回転子,自動車用ギアやプリント基板などがあげられる。この可変速揚水発電機では,高低温が繰り返される中での耐伸長疲労性が求められるため,15000時間におよぶ長期間の評価試験を踏まえ,エポキシ樹脂と組み合わせた形態で採用されるに至った。また最近の自動車における軽量化,静粛性,耐久性向上要求に対応すべく,アラミド繊維(メタ型アラミド繊維とパラ型アラミド繊維の混合形態)で補強された樹脂製ギアも開発され,バランスシャフト用ギアに採用(トヨタのエスティマ,他)されている。

一方,電子機器分野では図11に示したように,半導体や電子部品の小形軽量化,高密度化,高性能化,高速処理化などに関する技術の進化はめざましいが,それらを搭載するプリント配線基板に関する技術の進化はどちらかというと遅れ気味であった。即ち,このような市場要求に対して,従来のドリルによる孔あけ加工とメッキ加工を必須とするスルーホール構造のガラス/エポキシ樹脂製プリント配線基板(ガラス製配線基板)では,対応できなくなりつつあり,関連業界では,新たにフォトやレーザーを使って精密なマイクロビアを高密度に高速で形成できるビルドアップ構造の多層プリント配線基板が渇望されていた。

第7章 アラミド繊維紙

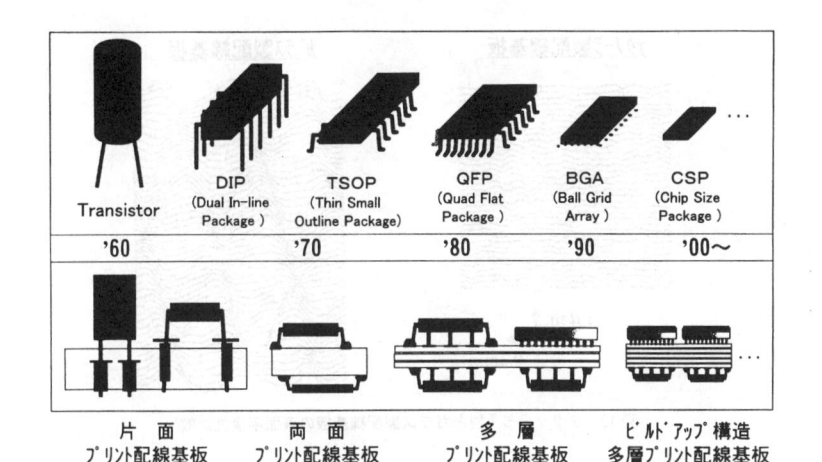

図11 半導体技術とプリント配線基板の進化[7]

　帝人グループでは，パラ型アラミド短繊維，特にテクノーラの短繊維を主体とする湿式抄造紙にエポキシ樹脂を含浸させ，銅箔と組み合わせた積層板が耐熱性，レーザー加工性，軽量性などの諸特性で優れていることを見出し，プリント配線基板用基材への展開可能性を探索した。その結果，このパラ型アラミド抄造紙／エポキシ樹脂からなるプリント配線基板（アラミド製配線基板）は，表面平滑性や軽量性，面（XY）方向の熱寸法安定性に優れているばかりでなく，レーザーによる精密な微細孔あけ加工が自由自在にできるため，高密度実装が可能で，かつ，不純イオン含有量も少ないために，銅や銀によるエレクトロケミカルマイグレーション特性も良好であることが実証された。この特徴が関係業界で認知され，従来のガラス製配線基板に替わって，特に携帯電話機などの小形化，軽量化要求が強い携帯端末機器を中心に採用されるに至り，現在，急速に広がっている。

　図12には，テクノーラ短繊維／エポキシ樹脂製配線基板（テクノーラ製配線基板）を用いて測定した表面平滑性（平坦性）を，また図13には銅の表面マイグレーション特性を，ガラス製配線基板と比較して示した。図12，図13からテクノーラ製配線基板の優位性が明確である。このテクノーラ製配線基板の基本特性をガラス製配線基板と比較しながら表8に，さらに，このテクノーラ製配線基板搭載携帯電話の一例を図13に示した。

　テクノーラ製配線基板はガラス製配線基板に比べて，曲げ強さでは劣るけれども，軽量性や誘電特性，熱膨張係数では優れており，ビルドアップ用多層配線基板としては充分使用可能なレベルである。この特徴を生かし，既に高密度実装用軽量配線基板として携帯端末機器を中心に多量

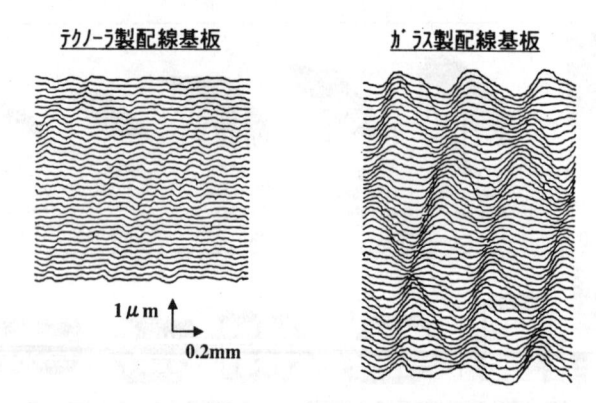

図12 テクノーラ®製とガラス製配線基板の表面平滑性比較[7]

図13 銅のプリント配線基板表面マイグレーション比較[8]

使用されている。テクノーラ製配線基板は炭酸ガスレーザーによる孔あけ加工が上述の如く容易で，その加工スピードもドリル加工に比べて約10倍向上すると言われている。さらに$100\mu m$以下の微細な孔あけ加工も容易に可能となるため，精密なビルドアップ構造の高密度実装プリント配線基板が作製できる。アラミド製多層プリント配線基板の構造と特徴を他基板と比較して図15に示した。このビルドアップ構造多層プリント配線基板では，表裏を貫通するスルーホールが不必要になるため，配線基板表裏面に存在する貫通孔を避けて部品の配置や配線を行わなければならないという従来配線基板の問題が解消されて，回路設計時間が約1/3以下に，回路面積も約1/2以下になって，重量も半減するばかりでなく，生産工程の自動化率も高められるので，これら全体を考慮すると，ガラス製配線基板近辺にまでトータルコストを下げることが可能になる

第7章 アラミド繊維紙

表8 テクノーラ®製とガラス製配線基板の特性比較[7]

評価項目	処理条件	テクノーラ®配線板	ガラス配線板
絶縁抵抗 [Ω]	常態	1.5×10^{14}	1.1×10^{14}
	+D-2/100	3.0×10^{13}	5.2×10^{13}
体積抵抗率 [Ω-cm]	常態	9.0×10^{15}	3.6×10^{16}
	+C-96/40/90	7.4×10^{15}	7.1×10^{15}
表面抵抗 [Ω]	常態	3.2×10^{12}	4.1×10^{12}
	+C-96/40/90	3.4×10^{11}	2.2×10^{11}
誘電率 (1MHz)	常態	4.1	4.7
	+D-24/23	4.1	4.7
誘電正接 (1MHz)	常態	0.019	0.023
	+D-24/23	0.019	0.023
耐電圧 [kV]	D-24/50 オイル中	29.0	27.6
曲げ強さ [kgf/mm]	タテ	29.0	61.5
	ヨコ	31.1	48.8
ハンダ耐熱性 (260℃)	常態	120s OK	120s OK
オーブン耐熱性	常態	250℃ OK	250℃ OK
耐塩化メチレン性	常態	15min. OK	15min. OK
耐アルカリ性	常態	10min. OK	10min. OK
銅箔引剥がし強度 (35μm) [kg/cm]	常態	1.5	1.8
基板密度 [g/cm³]	常態	1.4	1.7
熱膨張係数 [ppm/℃]	常態	8	15

と推定[10,11]されており,関連業界からは革新技術として注目されている。

また最近では図16に示したように,マザーボード用のプリント配線基板ばかりではなく,モジュールやパッケージ(インターポーザ)用のプリント配線基板へも適用されている。さらに現在,パラ型アラミド短繊維とパラ型・メタ型アラミドパルプなどを上手く組み合わせた18～40g/m²の薄葉湿式抄造紙も開発され,ガラス製配線基板をコア部に,表層部に上記の薄葉紙を用いたガラス製／アラミド製複合配線基板も開発されて各種電子機器に順次採用されつつある。このような適用範囲の拡大や現在までの多量な使用実績に裏付けられた高信頼性は関連電子機器業界でますます認知されつつある。特に,動画など画像のやり取りができる携帯電話や国境を意識せずに使用できる次世代携帯電話などでは,高密度実装配線基板が必須となるために,アラミド製配線基板の搭載は確実視されている。

なお近年,プリント配線基板用ガラス織物においても,糸間の隙間を極力少なくした均一繊維

耐熱性高分子電子材料

図14 テクノーラ®製配線基板搭載携帯電話の一例

項　目	めっきスルーホール構造配線基板:ガラス繊維／エポキシ樹脂	ビルドアップ構造配線板 感光性or耐熱性樹脂／ガラス／エポキシ	全層ビルドアップ構造配線基板 アラミド繊維紙／エポキシ樹脂
構　造			
有効実効面積	×	○	◎
軽　量	△	△	◎
ファイン化	△	◎	○
ノイズ	△	○	○
設計開発期間	×	○	◎
コスト	○	△	△

図15 多層プリント配線基板の構造と特徴比較[9, 11]

分布構造の織物が開発され，レーザー孔あけ加工用配線基板に展開されつつある。同様の技術をアラミド織物にも応用中であり，これらの新技術や前記薄葉アラミド紙とを組み合わせた新規な高密度実装用プリント配線基板が今後開発され，展開されるものと予測される。いずれにせよ，電子機器関連技術では，日本が世界のリード役を演じているため，今後も，これらの技術の進展方向や動向を的確に把握しながら対応可能な新材料，新技術を継続探索し，開発していかなけれ

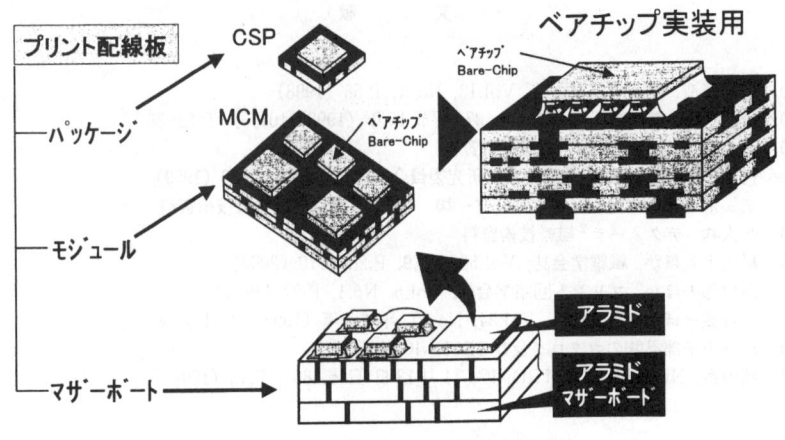

図16 アラミド製プリント配線基板の展開例[10]

ばならない。

5 おわりに

　メタ型とパラ型アラミド繊維を中心に，他の高性能・高機能繊維を比較に入れながら，また，湿式抄造紙を中心に用途開発，展開状況を記述したが，このアラミド繊維は，既存の汎用繊維に比べると，まだまだ改善すべき課題が幾多残されている。例えば，メタ型アラミド繊維では染色性，耐候（光）性の改善，用途によっては吸水率の低下などが必要であり，またパラ型アラミド繊維では圧縮強度や各種マトリックスとの界面接着強度などの向上が必要である。しかし，なんといっても最大の改善課題は汎用繊維に比べて，値段が高く，通常の汎用的な用途へ参入し難いことである。この課題を解消しないと，大型繊維には発展させられないため，原料の新規な製法や安価な重合法の開発，製糸工程での生産能力向上などによる総経費の低下に関する新技術開発に，今後特に期待するとともに，それらの技術で製糸された繊維による新規な用途開発にも期待したい。

耐熱性高分子電子材料

文　　献

1) 畑田賢造, 回路実装学会誌, Vol.13, No.1, P.58 (1998)
2) 野間　隆, 機能紙研究会誌, No.37, 平成10年 (1998) 10月号, P.32-36
3) 帝人㈱, コーネックス®繊維技術資料
4) 村山定光, 第23回先端繊維素材研究委員会講演会要旨集, P.40 (1999)
5) デュポン帝人アドバンスドペーパー㈱, ノーメックス®紙総合技術資料
6) 帝人㈱, テクノーラ®繊維技術資料
7) 村山定光ほか, 繊維学会誌, Vol.56, No.9, P.268-270 (2000)
8) 西村邦夫ほか, プリント回路学会誌, Vol.5, No.1, P.27 (1990)
9) 中谷誠一ほか, 電子材料, Vol.34, No.10, 平成7年 (1995) 10月号, P.53
10) 松下電子部品㈱のカタログ及びTECHNICAL GUIDE
11) 藤田香, NIKKEI ELECTRONICS, 1月13日 (No.680), P.15 (1997)

第8章 アラミドフィルム

佃　明光*

1 はじめに

電気電子用途に用いられる耐熱性フィルムとしては，ポリイミドを代表として，ポリフェニレンスルフィド（PPS），液晶ポリエステルなどが挙げられる。こうした耐熱性高分子は，分子構造的には，芳香環，複素環を有する芳香族系高分子であり，一般にスーパーエンプラに分類されている。このような高分子の構造について概念的にまとめると図1のように芳香環，複素環との結合基の種類により，それぞれのポリマーの特徴が発現することが理解できる。

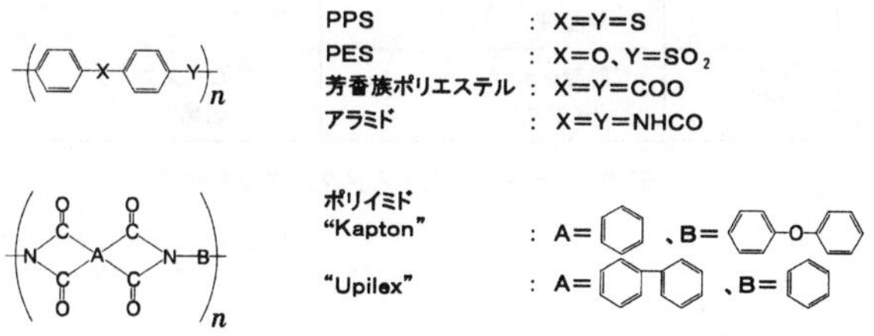

図1　スーパーエンプラの分類

この中でアラミドとは，$X=Y=NHCO$ となるものであり，特に，芳香環がパラ位で結合された場合，耐熱性，剛性に優れるであろうことが容易に予想される。

東レで開発したパラ系アラミドフィルム"ミクトロン"も，上市フィルム最高レベルの剛性，ポリイミドに次ぐ耐熱性を備えている。更に，2～25μmまでの薄膜フィルムとすることが可能である等際だった特徴を持つフィルムである。本稿ではこの"ミクトロン"を中心に紹介する。

2 アラミドについて

アラミド（Aramid）とは芳香族ポリアミドの総称である。アラミドにはパラ系とメタ系があ

---

* Akimitsu Tsukuda　東レ㈱　フィルム研究所　主任研究員

り，前者の代表的な製品としては Du Pont 社で開発された高剛性，高耐熱繊維 "Kevlar"，後者には高耐熱繊維 "Nomex" がある。同じアラミドではあるがポリマーの基本骨格の差から，パラ系の方が機械特性，耐熱性ともに優れている。これはパラ系はベンゼン環が直線上に並んだ結晶性のよい剛直な分子構造であるのに対し，メタ系は分子鎖が折れ曲がった構造をしているためである（図2）。

ポリマー構造		パラ系アラミド	メタ系アラミド
ポリマー構造		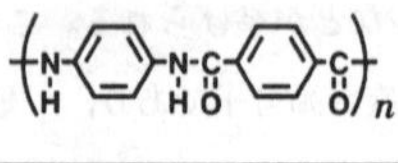 ［構造式］	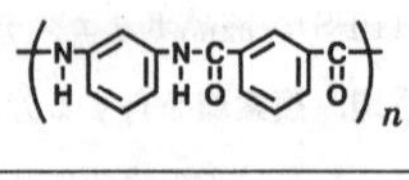 ［構造式］
特徴	長所	高弾性率 高耐熱性	高耐熱性
特徴	短所	有機溶媒に不溶 高吸湿性 液晶性	高吸湿性
用途		防弾チョッキ タイヤコード	レーススーツ 耐熱紙

図2　パラ系アラミドとメタ系アラミド

3　"ミクトロン" の分子設計

3.1　置換型パラ系アラミドフィルム

"Kevlar" 型のパラ系アラミド（ポリパラフェニレンテレフタルアミド：PPTA）は，いかなる有機溶剤にも溶解せず，繊維やフィルムへの成形には濃硫酸が使用される。また，PPTA の溶液は液晶性を示す。繊維においては，この性質を活用し高剛性繊維となるが，二次元形状であるフィルムにおいては，特性の異方性に繋がり品質上問題となりうる。また，工業的にフィルム化しようとした場合，装置の材料，構造に制約が発生することとなる。更に，主鎖中のアミド基が"水" と水素結合を形成するため吸湿性が大きく，湿度寸法安定性に懸念がある。

そこで，東レは，パラ系アラミドの基本特性を維持しつつ，アラミドの最大の欠点である湿度特性を大幅に改善し，また有機溶剤への溶解性を獲得させるべく，パラ系アラミドの分子設計を行った。

一般的に，有機溶媒に対する溶解性を向上させるためには，メタ結合性芳香核を導入したり，ビフェニルエーテルなどの可動性の高い構造を導入するなど，分子鎖を屈曲させることが有効で

第8章 アラミドフィルム

あることが知られているが，このような構造の導入は分子鎖の剛直性を阻害し，折角のパラ系アラミドの高い弾性率を喪失させることとなる。

　また，アミド基の強い水素結合性は，フィルムとして耐熱性，剛性を向上させる作用がある一方で，水分との親和性が強いことを意味し，フィルムとしても吸湿率が大きく，それによる寸法変動が懸念され，特に電子材料や磁気テープなど高い信頼性が要求される用途には適用が困難となる。

　これらの問題に対して，"ミクトロン"はPPTAの分子鎖の剛直性は保持したまま，その芳香核に置換基を導入することで分子鎖間の立体障害を大きくし（図3），更に，置換基の数や位置などを最適化し，高分子制御技術を駆使してアミド結合の水素結合力を弱くした。その結果分子の凝集力は大きく緩和され，有機溶媒に可溶となり，さらに溶液としては光学的に等方なものとすることができた。また，フィルムとしてもアラミド本来の機械特性を維持できたほか，水との親和性を弱め，低吸湿性，湿度による寸法変化を低減することが可能となった（吸湿率は1.5%で，アラミドとしては特異的に小さい。湿度膨張係数はPETフィルムと同等まで低下し，実用上問題ないレベルとなった）。更に，フィルムの伸度を高め適度な柔軟性をも併せ持つように設計し，種々の用途に対応できるようにした。このように置換基を導入したことにより，製造上のみならず，フイルムの特性に対しても非常に優れた効果を発現することが可能となった。

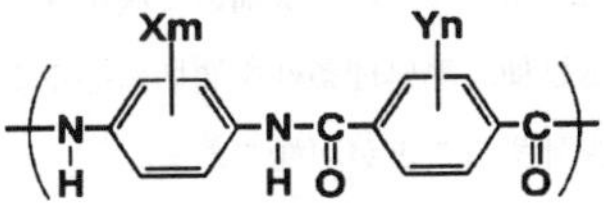

(1) 高剛性　　：　引張りヤング率　10～13GPa
　　　　　　　　　PETフィルムの2～3倍
(2) 耐熱性　　：　融点なし，ポリイミドに次ぐ耐熱性
(3) 低吸湿性　：　吸湿率1.5%，アラミドとしては驚異的に小さい
(4) 表面性　　：　極めて優れた平滑性を有する(Ra≦1nmも可能)
(5) ガスバリア性：　有機フィルム中で最高

図3　"ミクトロン"の構造と特徴

4　"ミクトロン"の製造方法

　"ミクトロン"は以下の方法で製造される。

4.1　重合

　ポリマーは，置換基を有するパラフェニレンジアミンと置換基を有するテレフタル酸クロリド

などから，DMAc（ジメチルアセトアミド）やNMP（N-メチル2-ピロリドン）などの非プロトン性極性溶媒中でショッテンバウマン反応などの方法で重合を行う（下式）。表面形成に必要な粒子は，重合の前あるいは重合後に添加，分散させる。

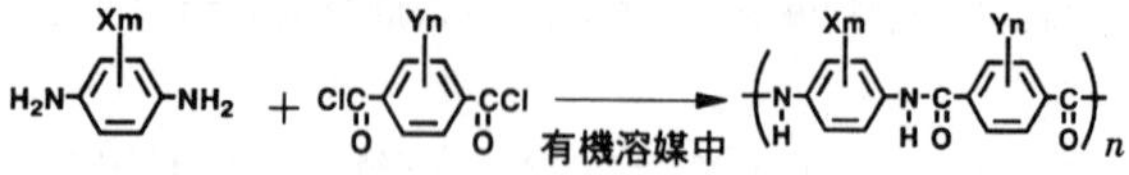

$$H_2N-\underset{X_m}{\bigcirc}-NH_2 + ClOC-\underset{Y_n}{\bigcirc}-COCl \xrightarrow{\text{有機溶媒中}} [-HN-\underset{X_m}{\bigcirc}-NH-CO-\underset{Y_n}{\bigcirc}-CO-]_n$$

4.2 製膜

上記のようにして得られたポリマー溶液は，溶液製膜法によりフィルム化される。

"ミクトロン"の製膜工程の概念図を図4に示す。

ポリマー溶液は，まず，フィルム欠点の原因となる異物を精密濾過により除去後，口金から支持体上にキャストされる。次いで，支持体上で乾燥により溶媒を除去し，自己支持性を得たフィルムを支持体から剥離する。

次いで，一軸または二軸に延伸を施し，熱固定を行って，ワインダーで巻き取ってフィルムロールとする。

フィルム物性は，第一義的には，ポリマーの一次構造で決定されるものではあるが，製膜工程における延伸，熱処理条件を適切に採ることにより，用途に応じたフィルムを設計することが可能である。

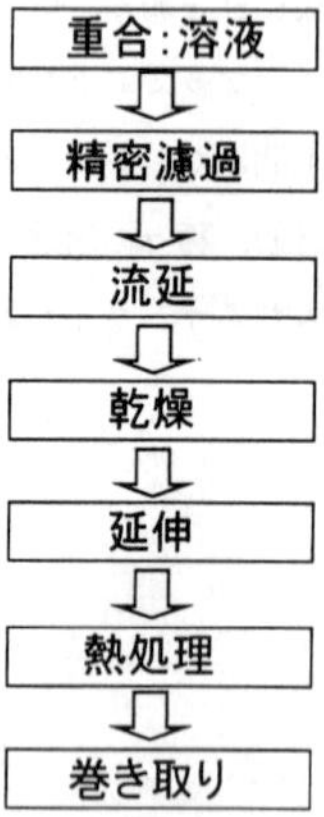

図4 "ミクトロン"の製膜工程

重合：溶液 ⇩ 精密濾過 ⇩ 流延 ⇩ 乾燥 ⇩ 延伸 ⇩ 熱処理 ⇩ 巻き取り

5 "ミクトロン"の特性

表1に"ミクトロン"と他のフィルムの特性を比較して示す。"ミクトロン"は，用途により最適なフィルム設計を行うことが可能であるが，代表的なタイプとして，熱収縮率を低減させた「一般品」と，剛性（ヤング率）を向上させた「強力化品」の特性を示す。

また，2〜25μmの薄膜フィルムとすることが可能である。

表1および図3にも記したように，"ミクトロン"の特徴として，以下の点が挙げられる。

①高剛性：上市フィルム中最高レベルのヤング率を有する
②耐熱性：融点なし，ポリイミドに次ぐ耐熱性
③低吸湿性：吸湿率1.5%，アラミドとしては驚異的に小さい

第8章 アラミドフィルム

表1 "ミクトロン"の特性

フィルム		"ミクトロン"一般品	"ミクトロン"強力化品	ポリイミド	PET
機械特性					
破断強度	(MPa)	480	600	300	250
破断伸度	(%)	80	50	90	130
引張り弾性率	(GPa)	10	13	3.5	4
熱的性質					
融点	(℃)	なし	なし	なし	263
ガラス転移点	(℃)	(270<)	(270<)	なし	69
熱膨張係数	(1/℃)	13×10^{-6}	3×10^{-6}	25×10^{-6}	15×10^{-6}
熱収縮率	(%)				
200℃, (10分)		0	0.5	0	4
250℃, (10分)		0.6	4	0.1	非常に大
長期耐熱温度	(℃)	180 (機械)	180 (機械)	200以上	105
燃焼性		自己消火性	自己消火性	自己消火性	徐々に燃焼
化学的性質					
吸湿率	(%, 75%RH)	1.5	1.8	2.2	0.4
湿度膨張係数	(1/%RH)	15×10^{-6}	5×10^{-6}	22×10^{-6}	12×10^{-6}
耐薬品性					
有機溶剤		優	優	優	優
酸, アルカリ		強酸に弱い	強酸に弱い	強アルカリに弱い	良
電気的性質					
誘電率	(1MHz)	3.7	3.7	3.1	3.2
誘電正接	(1MHz)	0.011	0.011	0.010	0.010
物理的性質					
水蒸気透過率	(g/m²・24hr/0.1mm)	0.15	0.25	21	6.9
酸素透過率	(cc/m²・24hr・atm/0.1mm)	0.15	0.15	98	19

④ガスバリア性：有機フィルム中で最高レベル

⑤表面性：極めて優れた平滑性を有する（中心線平均粗さ：Ra≦1nmも可能）

以下，これらの特性について，詳しく述べる。

5.1 機械的特性

"ミクトロン"の最大の特徴は機械特性であり，実用化されているフィルム中で最高レベルである。破断強度はPETの約2倍であり，弾性率は，一般品で10GPa，強力化品で13GPaを超えている（図5）。また伸度は40〜70%であり，しなやかさも兼ね備えている。この特徴は，薄膜化してもフィルムの腰が強く，ハンドリング性に優れると言うことを意味し，今後，薄膜化が求められる層間絶縁材料などに好適な性質である。

また，現在の"ミクトロン"は，主としてコンピューター用バックアップテープのベースフィルムとして用いられている。テープ1巻当たりの記録容量を上げるためには，面記録密度の増加と共にベースフィルムの薄膜化による長尺化が必須であるが，"ミクトロン"はその剛性故に薄膜化に有利であり，その優れた表面性と相まって，DDS（Digital Data Storage），AIT（Advanced Intelligent Tape）などに使用されている。

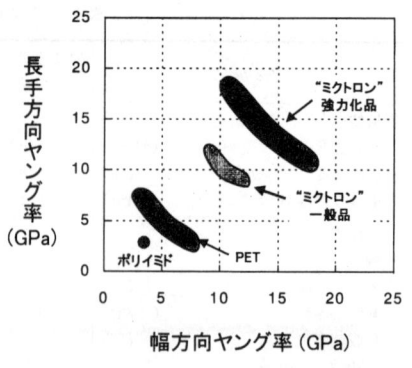

図5　"ミクトロン"のヤング率

5.2　熱的特性

ポリイミドに次ぐ耐熱性を有し，300℃以上でも比較的長時間使用できる。更に燃焼性は自己消火性であり，難燃材料（UL94，V-0取得）としての特性を有している。

また，図6に熱収縮率を示す。ポリイミドには及ばないが，低熱収フィルムである。

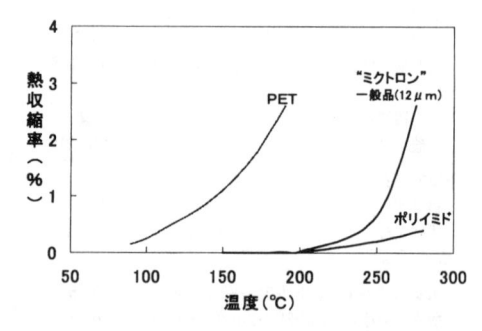

図6　"ミクトロン"の熱収縮率

5.3　湿度特性

アラミドの最大の欠点である湿度特性の悪さは完全に改善されている（表2）。湿度膨張係数は，一般品で15ppm/RH%であり（表1），強力化品では5ppm/RH%と，PETを凌ぐレベルにある。

また，図7に，"ミクトロン"の吸水速度を示すが，ポリイミドに較べて吸水速度が遅く，水洗工程などでの吸水量を抑制することが可能である。

表2　"ミクトロン"の湿度特性

	PET	ポリイミド	"ミクトロン"一般品
吸湿率（%）75RH%，23℃	0.4	2.2	1.5
湿度膨張係数（ppm/RH%）	10	25	15

5.4 ガスバリア性

ガスバリア性の高さも"ミクトロン"の際だった特徴の一つである。図8に，各種フィルムの酸素透過率，水蒸気透過率を示すが，"ミクトロン"のバリア性は最高レベルである。これはポリマー構造に由来するものであり，他のガスに対しても極めて低い透過率を示す。今後，ガスバリアが必要となる分野において，好適に使用されるものと思われる。

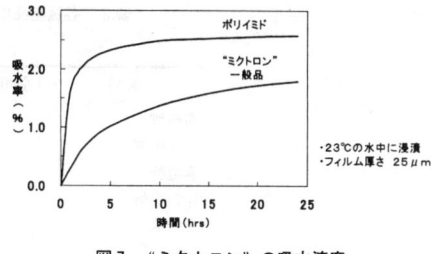

図7 "ミクトロン"の吸水速度

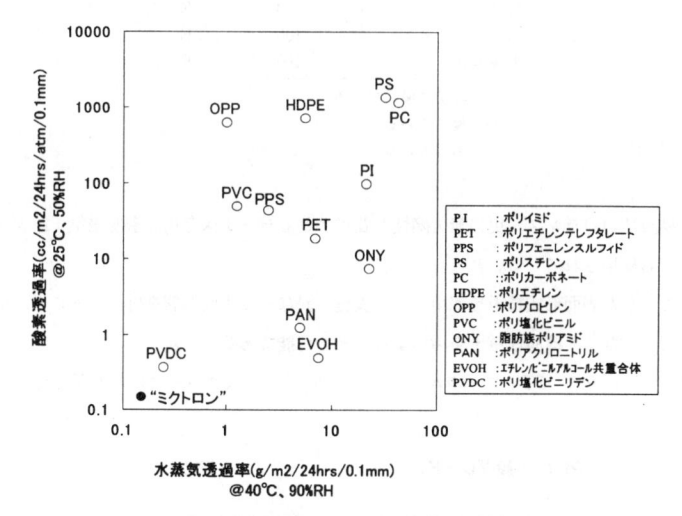

図8 酸素透過率，水蒸気透過率の比較

5.5 耐薬品性

表3に，各種薬品に対する耐性を示す。強酸，一部のアミド系有機溶媒以外には，容易におかされない。また，ポリイミドが耐性の低いアルカリにも優れた耐性を示す。

5.6 表面性

"ミクトロン"は，東レの培ってきた表面設計技術を駆使することにより，超平滑表面まで表面性を制御することが可能である。これにより磁気材料分野では，ナノメートル・オーダーの平

表3 各種薬品に対する耐性
(25℃, 5日間浸漬)

薬品	強度保持率 (%)	概評*
濃硫酸	0	P
10%硫酸	97	E
濃塩酸	98	E
10%塩酸	100	E
濃硝酸	53	P
10%硝酸	100	E
10%カ性ソーダ	89	G
メタノール	91	E
アセトン	100	E
メチルエチルケトン	95	E
酢酸エチル	100	E
塩化メチレン	100	E
トルエン	100	E

* E：非常に優れている
G：優れている
P：劣っている

滑性と, 易滑性のバランス, 更に無欠陥性が要求されるデータ保存用高密度磁気テープ用ベースフィルムにも採用されている。

また, こうした表面形成技術を応用して, 表裏で異なった表面形態を付与すること, 更に, 物理的形状だけでなく, 機能性粒子を活用することも可能である。

一例として, 図9に, PETフィルムと"ミクトロン"（一般グレード）の表面写真を示す。

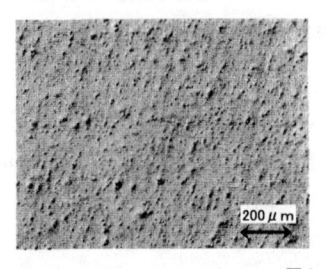

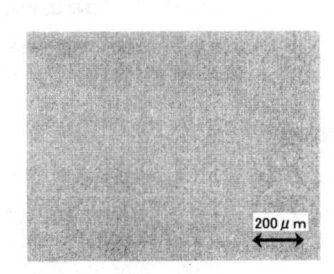

図9 表面写真

第8章　アラミドフィルム

5.7　加工性

(1) 接着性

ポリマー構造中にアミド基を有しているため他素材との接着性も良好である。また，コロナ処理などの表面処理を行うことにより，更に接着性を高めることができるので，応用範囲が広い。

表4　コロナ処理の効果

	表面張力（dyn/cm）
未処理品	45
コロナ処理品	72以上

また，この良好な接着性は炭素繊維同様に複合材料用補強材として用い，各種構造材料の軽量化に寄与できる可能性があることを示している。

表4にコロナ処理による表面張力の変化を示す。

(2) 成形性

"ミクトロン"は，絞り成形が可能である。

(3) 取り扱い性

"ミクトロン"は，剛性が高く，腰が強いため，薄膜フィルムでも作業性が良好である。また，平面性に優れ，低張力下でもあまり弛みが起きにくいという特長を有している。

更に，平滑表面でありながら，フィルム同士の摩擦係数が小さく，しわが入りにくいフィルムである。

6　"ミクトロン"の用途

"ミクトロン"は以上のような種々の優れた特性を有するフィルムである。フィルムの厚みが少しでも薄いことで付加価値が見いだせる用途，さらに耐熱性や難燃性，ガスバリアなどの要求される用途に使用することでその特徴が発揮できると考えられる（図10）。

以下に，現在の主用途である磁気材料について，また，今後展開が進むであろう電子機器用途の展望について記す。

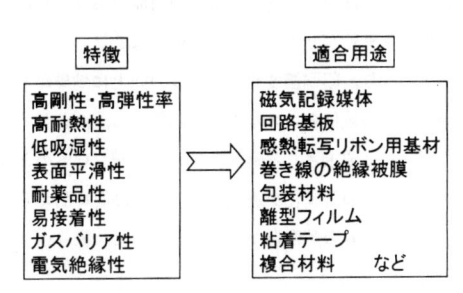

特徴	適合用途
高剛性・高弾性率 高耐熱性 低吸湿性 表面平滑性 耐薬品性 易接着性 ガスバリア性 電気絶縁性	磁気記録媒体 回路基板 感熱転写リボン用基材 巻き線の絶縁被膜 包装材料 離型フィルム 粘着テープ 複合材料　など

図10　"ミクトロン"の適合用途

6.1　磁気記録材料

1992年2月にソニー㈱より切手サイズのカセットテープを使用する超小型デジタルマイクロ

レコーダー"スクープマン"が発売されたが，このテープのベースフィルムとして"ミクトロン" 3.8μm が使用された。カセットは体積比で通常のコンパクトカセットの1/25まで小型化されており，"ミクトロン"の高剛性，表面平滑性，耐熱性などの特徴が発揮された一例である。

現在"ミクトロン"を使用した磁気記録媒体として中心となっているのは，コンピューター用バックアップテープである。具体的には，DDS（Digital Data Storage），AIT（Advanced Intelligent Tape）と呼ばれる小型，大容量，高信頼性の記録メディアである。DDSは，4 mm幅テープであり，現在，第4世代のDDS-4（記録容量：20GB）が上市されている。AITは，8 mm幅の蒸着テープであり，現在第3世代のAIT-3（記録容量：100GB）が上市されている。DDS，AIT ともに，大容量，高信頼性が要求されるデータテープであり，"ミクトロン"は，それらのベースフィルムとして要求される薄膜化（高剛性），長期保存信頼性（耐熱性，耐湿性），平滑性，走行性などの特性を充たすフィルムとして，好適に使用されている。今後も，更に大容量化が進む傾向にあり，"ミクトロン"の需要も増加していくものと考えられている。

6.2 電子機器用途

ポリイミドフィルムが多用されているFPC（フレキシブルプリント回路基板）用基材には，260℃前後の耐熱性，銅箔に近い熱膨張係数（$20 \times 10^{-6}℃^{-1}$）等の特性が要求されるが，"ミクトロン"はこれらの特性を満足している。また銅箔との接着性が良いこと，機械特性が優れているため薄膜化が可能で，電子機器の小型化，軽量化に適している。また，多層基板の層間絶縁材料として，薄膜化を進めることが可能であり，今後，採用が進むものと考えられている。

プリンタ転写リボンは，支持体となるフィルムが薄くなるほどヘッドからインク層への熱伝達がよくなり，印刷濃度や印刷速度の向上に効果がある。また昇華性インクを使用する場合には溶融インクの数倍のエネルギーを必要とし，その分ベースフィルムは高温にさらされることになり，フィルムに要求される耐熱性はかなり厳しいものとなる。"ミクトロン"を使うことにより，ベースフィルムの薄膜化が達成でき，かつ高温に耐えられるため高濃度化や高速化が達成できる。さらにフィルムの熱変形がほとんどないため繰り返し使用することも可能となるものと考えられている。

7 他のパラ系アラミドフィルム

パラ系アラミドフィルムとしては，他に旭化成が上市している"アラミカ"がある。"アラミカ"は，PPTAの濃硫酸溶液を液晶状態で口金から押出した後，加熱，加湿などにより等方性に転換する，同社独自の相転換技術を用いて製造される。

第8章 アラミドフィルム

"アラミカ"は，機械的性質，耐熱性に優れ，電気電子材料，磁気材料などへの応用が進められている[1,2]。

8 おわりに

以上，東レが開発した"ミクトロン"を中心にアラミドフィルムの紹介を行った。パラ系のアラミドフィルムは，他のフィルムに較べて上市されてからの日が浅いが，高剛性，高耐熱性，ガスバリア性と言った際だった特徴を持つ高機能フィルムであり，多くの分野で今後ニーズが高まっていくものと期待される。

文　献

1) 小松行成ほか, 工業材料, **45**, No.2, 84 (1997)
2) 今井淑夫ほか, 最新ポリイミド～基礎と応用～, エヌ・ティー・エス, p.576 (2002)

第9章　耐熱性粘着テープ

安藤雅彦[*1]，谷本正一[*2]，大浦正裕[*3]，天野恒行[*4]

1　はじめに

今日，粘着テープはその利便性のため，われわれの日常生活や各種産業分野で広範に用いられており，日本国内の市場規模はおよそ3000億円／年にもなっている[1]。

1920年代に開発された初期の粘着テープは，その構成材料として粘着剤に天然ゴム，基材に紙やセロハンなどの天然高分子材料を使用していたため，その耐久性，耐熱性は今日の観点からは不十分なものであった。しかし，その後，高分子化学工業から次々と生み出された合成高分子材料を素材として取り込むことによって粘着テープの耐久性，耐熱性は急速に向上し[2]，現在では250℃以上の耐熱性を有する粘着テープも開発されている。

ここでは，さまざまな機能を持った粘着テープの製品群の中から耐熱性粘着テープとして「電子部品及び半導体用耐熱粘着テープ」「耐熱性両面接着テープ」「耐熱バーコードラベル」について紹介する。

2　電子部品および半導体用耐熱粘着テープ

電子部品の内部絶縁や捲回体の巻止め用など，電子部品の構造材料として粘着テープが使用されている。電子部品の小型化，表面実装化に伴い電子部品に耐ハンダリフロー性が要求され，その中に組み込まれている粘着テープにもハンダリフローに耐える耐熱性が要求されている。また，電子部品や半導体の製造プロセスでマスキング材料，搬送材料としても粘着テープが使用されている。電子部品・半導体の製造プロセスの多様化により繰り返し熱履歴が掛かるプロセスがある。これら電子部品・半導体製造プロセス用粘着テープにもさらなる耐熱性が要求されている。このように，近年，電子部品や半導体の構造材やプロセス材には耐熱性が要求されている。

[*1]　Masahiko Ando　日東電工㈱　テープマテリアル事業部門　開発部　粘着剤技術グループ長
[*2]　Masakazu Tanimoto　日東電工㈱　電子プロセス材事業部　開発部　開発2課　課長
[*3]　Masahiro Ohura　日東電工㈱　接合材事業部　開発部　主任研究員
[*4]　Tsuneyuki Amano　日東電工㈱　工業材事業部　開発部　工業材グループ　主任研究員

第9章　耐熱性粘着テープ

　ところで，一般に耐熱性と言う言葉が良く聞かれるが，耐熱性とはどういうことを言うのであろうか。粘着テープが使用される用途・目的・機能により，その耐熱性の意味は異なる。例えば，電気絶縁を目的とした粘着テープの耐熱性は高温連続負荷後の電気絶縁特性や粘着特性の維持である。製造プロセスでのマスキングを目的とした粘着テープの耐熱性は高温下での粘着テープの形状維持（寸法安定性），さらに粘着テープ剥離後の貼り付け面への粘着剤の移行（糊残り）がないことである。このように粘着テープに求められる耐熱性は

- 電気絶縁性の維持
- 機械的物性の維持
- 寸法安定性
- 粘着特性の維持
- 粘着テープのズレ（粘着剤の変形）や剥離
- 糊残り

と言ったことが挙げられる。

　このような耐熱性は，掛かる温度，時間，外的応力および環境条件といったファクターに左右される。電子部品に組み込まれ長時間の信頼性を確保するためにはおよそ150℃までの高温で長時間（「日」単位）の耐熱性が要求されるもの，電子部品・半導体の製造プロセスのようにおよそ250℃までの高温で中時間（「時間」単位）の耐熱性が要求されるもの，さらに表面実装時のハンダリフローやハンダディップのように250℃以上の高温で短時間（「分」もしくは「秒」単位）の耐熱性が要求されるものなど，使用環境によりそのファクターは異なる。

　このような使用環境によりさまざまな耐熱性が要求される粘着テープは，プラスチックフィルムや繊維と樹脂との複合フィルムのような基材と粘着剤との複合材料である。粘着剤には主にアクリル系粘着剤，ゴム系粘着剤さらにシリコーン系粘着剤などが使用される。上記耐熱性を実現するためには粘着テープに用いた基材の種類や粘着剤種の各種組み合わせで選定することができる。

　表1に代表的なプラスチックフィルムの耐熱性を示した[3]。

　基材の耐熱性はその用途・目的により次に示したように選定される。高温環境下での形状維持が粘着テープに求められる耐熱性の場合はガラス転移点（Tg）や融点（Tm）から基材選定を行うことが望ましい。なお，ポリエーテルイミドのような非晶性のポリマーの場合は融点（Tm）を持たないため，軟化温度（Ts）を加味して選定することが望ましい。

　電子部品に組み込まれて使用され耐熱性が要求される場合には，連続使用温度や温度インデックスをもとに基材選定をすることが望ましい。

　また，耐熱性の指標として熱分解温度（Td）がある。これは熱重量分析法にて測定される重

耐熱性高分子電子材料

表1 各種プラスチックフィルムの耐熱性

プラスチックフィルムの種類	ガラス転移点 (Tg) (℃)	融点 (Tm) (℃)	連続使用温度 (℃)	温度インデックス	
				耐熱クラス	温度（℃）
ポリエチレンテレフタレート (PET)	69	264	105-120	E	120
ポリフェニレンサルファイド (PPS)	90	285	160	F	155
ポリテトラフロロエチレン (PTFE)	−113, 127	327	260	C	180℃を超えるもの
ポリエーテルエーテルケトン (PEEK)	143	334	240	C	180℃を超えるもの
ポリスルホン (PSF)	190	−	150	B	130
ポリエーテルイミド (PEI)	216	−	170	F	155
ポリエーテルスルホン (PES)	223	−	180	H	180
ポリイミド (PI)	−	−	230	C	180℃を超えるもの

技報堂出版［第二版］プラスチックフィルム［加工と応用］沖山聰明編著より引用

量減少開始温度として示される。この熱重量分析法では昇温プロセスで重量減少が観察される温度である。しかし、実際の電子部品や半導体に掛かる熱履歴は瞬間的な高温や、長時間の高温放置である。このことから、熱分解温度がその使用目的とした耐熱性を表しているものではない。

粘着テープに要求される耐熱性は、これら粘着テープに使用される基材の耐熱性に加え、粘着剤にもその用途・機能に適した粘着剤の選定が必要である。

粘着剤には主にアクリル系、ゴム系及びシリコーン系がある。基材と同様、粘着剤もそのガラス転移点や熱分解温度により耐熱性が表される。

表2には弊社の典型的な粘着剤のガラス転移点を、図1にはポリイミドフィルムを基材に用いた粘着テープの熱重量分析法の重量減少チャートを示した。

表2に示したように、粘着剤のガラス転移点はアクリル系で−25℃、ゴム系で−30℃、そしてシリコーン系で−120℃である。これは粘着テープが室温下で圧力により粘着剤が変形し貼り付くための必要条件であると共に、耐寒性の指標であり、シリコーン系が最も耐寒性に優れていること

表2 典型的な粘着剤のガラス転移点

粘着剤種	ガラス転移点（℃）
アクリル系	−25
ゴム系	−30
シリコーン系	−120

第9章 耐熱性粘着テープ

を示している。

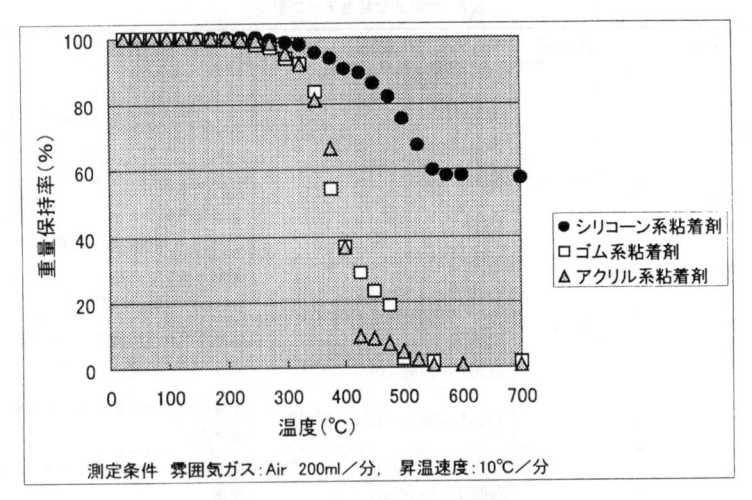

図1 典型的なポリイミド粘着テープの重量減少チャート
測定条件 雰囲気ガス：Air 200ml／分，昇温速度：10℃／分

　図1に示したように，アクリル系及びゴム系粘着剤を用いた粘着テープでは約200℃から重量減少が認められるのに対して，シリコーン系粘着剤を用いた粘着テープは約250℃から重量減少が認められ，シリコーン系粘着剤の耐熱性が最も優れていることがわかる。この現象は粘着剤の主成分であるポリマーの主骨格に関係し，アクリル系およびゴム系粘着剤の主骨格であるC-C結合に比べ，シリコーン系粘着剤の主骨格であるSi-O結合の結合エネルギーが大きいことに起因する。
　また，マスキング材のような再剥離用途では，粘着剤の分解が生じない熱履歴においても被着面に糊残りが生じることがある。これは被着面への粘着力，粘着剤自体の凝集力，さらに粘着剤と基材との密着力（投錨力）とのバランスにおいて，被着面への粘着力が最も大きくなった場合に発生する。加熱において粘着剤は軟化，被着面への接着面積が増大し，粘着力が上昇したために生じることが多い。このような用途では一般的にシリコーン系粘着剤が主に用いられるが，シリコーン粘着剤からは端子接点不良や密着性不良の原因となる低分子量シリコーン（PDMS：ポリジメチルシロキサン）が発生することから，電子部品および半導体関連では再剥離用に設計されたアクリル系粘着剤を用いることがある。
　このように，用途に適した耐熱性を有した粘着テープは，使用する基材及び粘着剤から選定さ

141

れる。表3には弊社の代表的な粘着テープとその用途を示した。

表3　代表的な粘着テープ製品

基材	粘着剤種	代表製品	代表用途
PET	アクリル系	No.31B, No.31C, No.31CT No.3161FT	トランス・コイルの層間・外層絶縁
	ゴム系	No.31D, No.31E, No.315	
	シリコーン系	No.336, No.337	基板端子部のマスキング
PPS	アクリル系	No.320A, No.320C	アルミ電解コンデンサ素子の巻止め Liイオン電池の電極絶縁
PI	アクリル系	No.360A	耐熱トランスの層間・外層絶縁 Liイオン電池の電極絶縁
	ゴム系	No.360R	耐熱トランスの層間・外層絶縁
	シリコーン系	No.360UL, No.360M	ハンダディップ時の端子部マスキング
		TRM-6250L, TRM-3650S	半導体パッケージのモールド時マスキング
PTFE	シリコーン系	No.903UL, No.923UL, No.923UT No.923S, No.923SL	電線/ケーブル絶縁, 熱ロール離型保護
アラミドペーパー	アクリル系	No.386UL	コイルの外層絶縁
	シリコーン系	No.403, No.403B	
ガラスクロス	シリコーン系	No.188UL	熱ロール離型保護

2.1　アルミ電解コンデンサ素子巻止め用PPS粘着テープ

　アルミ電解コンデンサは陽極陰極となる2枚のアルミ箔とそれら電極を絶縁し, かつ電解液を保持するためのセパレーターからなる4層を捲回した構造体で, その最外周を巻解れ防止用に粘着テープで止められている。この粘着テープには, 主にポリエステルフィルムを基材に用いたPET粘着テープやポリプロピレンフィルムを基材に用いたPP粘着テープが用いられ, 粘着剤としてはアクリル系が用いられている。しかし, 近年の電子部品の表面実装化に伴いアルミ電解コンデンサのチップ化が進み, 粘着テープにもハンダリフロー耐熱が要求されてきている。このような表面実装タイプのアルミ電解コンデンサの素子巻止め用として, ポリフェニレンサルファイドを基材に用いたPPS粘着テープが使用されつつある。

　近年のハンダの脱鉛化によりハンダリフローの最高温度が上昇, 260℃を超える場合がある。このことから, 耐熱性に優れたポリフェニレンサルファイド（ガラス転移点：90℃, 融点：285℃）が有用である。また, アルミ電解コンデンサに用いる電解液は, エチレングリコールやγ-

第9章 耐熱性粘着テープ

ブチルラクトンのような液体に電解質を加え，電気伝導性が付与されている。このため粘着テープには耐薬品性が求められ，耐薬品性に優れたポリフェニレンサルファイドが好適である。

図2に各種プラスチックフィルムを用いた粘着テープをステンレス板に貼り合わせた後の加熱条件による粘着テープの収縮挙動を示した。

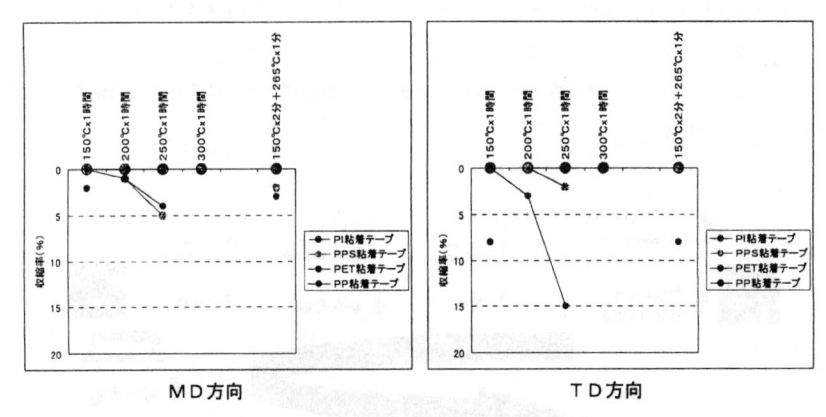

図2 各種粘着テープの加熱条件と熱収縮挙動

PP粘着テープは150℃×1時間の加熱でテープの流れ方向（MD方向）に2％，テープの幅方向（TD方向）に8％の収縮を示し，200℃以上の温度範囲では溶融する。また，PET粘着テープでは250℃×1時間の加熱でMD方向に4％，TD方向に15％の収縮を示すが，PPS粘着テープではそれぞれ5％と2％の収縮に収まる。

ハンダリフローのプロファイルを想定した150℃×2分+265℃×1分の加熱条件において，PPS粘着テープはMD方向に2％の収縮を示し，TD方向には収縮は認められず，耐ハンダリフロー性に優れていることがわかる。

2.2 半導体パッケージ樹脂バリ防止用PI粘着テープ

近年の携帯電話等の機器の小型軽量化に伴い，用いられる半導体パッケージの高機能化，高密度実装化および薄型軽量化が求められ，BGA，CSP，QFNと言ったパッケージ形状が提案，製造されている。この中で，QFNパッケージの製造プロセスにおいて個別樹脂封止方式から一括樹脂封止方式（MAP方式）へ進化し，本用途にポリイミド粘着テープが使用されている。本方式は図3に示したように，各プロセスで粘着テープは高温に曝され，そしてモールド樹脂で封止

された後，粘着テープは剥離される。粘着テープはリード端子面へのモールド樹脂の回り込みを防止することを目的に使用される。

この用途において，粘着テープは高温下での形状維持に加え，粘着テープ上でのリードフレームとシリコンチップとのワイヤーボンド性，モールド封止後のテープ剥離性，さらにリード端子及び封止樹脂面への耐糊残り性が要求される。弊社ではポリイミド基材を用い，ワイヤーボンド性，剥離コントロール，耐糊残り性を付与した設計のシリコーン粘着剤を塗布した TRM-6250L や TRM-3650S を開発，本用途にご使用頂いている。

現在，この MAP-QFN の製造プロセスは日々進化し，製造プロセスに適した耐熱粘着テープを提案し続けている。

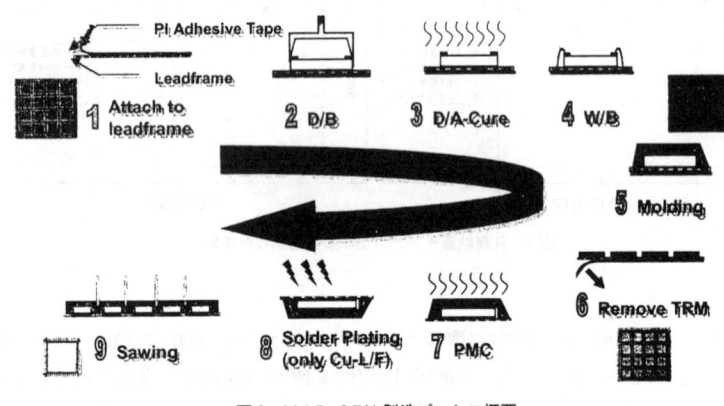

図3 MAP-QFN 製造プロセス概要

3 耐熱両面接着テープ

両面接着テープは貼り付け作業が簡便で，粘着剤の厚さが均一であり，糊はみ出しがないなど，接着剤にはない利点を有している。このため，産業上のさまざまな分野で接着剤の代替として使用されている。

エレクトロニクス分野では両面接着テープに対し，特に耐熱性，耐久性に対する要求が強く，その中でもフレキシブルプリント基板（FPC）への電子部品の実装においてはハンダリフローに耐える耐熱性が要求される。

近年，電子部品実装は環境問題に対応するため，鉛を含まないハンダ（鉛フリーハンダ）の使用が増加している。従来使用されているハンダは，スズと鉛の共晶（Sn-Pb）で融点は183℃で

第9章 耐熱性粘着テープ

ある。一方，鉛フリーハンダとしてはスズ—銀—銅（Sn-Ag-Cu）系のハンダを主流として，ハンダ特性から，Sn-3.0Ag-0.5Cuが広く採用されている[4]。この鉛フリーハンダは通常のハンダと比較して溶融温度が高い（融点217℃）ため，FPCの表面にかかる温度は230～250℃（通常ハンダは200～220℃）になる。

これまでの両面接着テープでは，部品等の実装前にFPCに貼付するとリフロー加熱によって粘着剤が劣化・発泡したり，剥離紙が焦げたり剥がせなくなったりする不具合が生じるため，部品等の実装工程後に両面接着テープをFPCに貼付していた。しかし，既にFPCに部品等が実装されているためテープを貼付しにくく，手作業により多くの工数がかかっていた。

このような問題を解決するため新たに開発されたのが，弊社耐熱両面接着テープ「No.5919M」である[5]。この製品は，特殊な耐熱粘着剤と耐熱剥離紙により高い耐熱性を有し，表面実装時の鉛フリーハンダ条件での高温にも耐えることができる。これにより，部品等の実装前にラミネーターやプレス機でFPCにテープを圧着できるため，大幅な工数削減が可能で，接着信頼性の向上にも寄与できる（図4）。

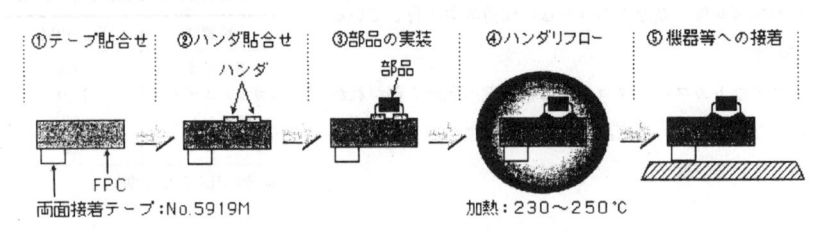

図4　表面実装におけるテープ先貼り工法

3.1　鉛フリーハンダ対応耐熱両面接着テープ

今後，電気・電子分野で鉛フリー化が促進されることに伴い，使用材料のさらなる耐熱化が求められている。両面接着テープに対しては，材料を固定するための粘着特性は維持しつつ，作業のしやすさや工数の面で損なうことがないものが望まれている。鉛フリーハンダ対応耐熱両面接着テープ「No.5919M」（図5）では，粘着特性と作業性を両立させるため，以下のような粘着剤と剥離紙の耐熱設計がなされている。

(1)　耐熱粘着剤設計

粘着テープは一般に温度の上昇に伴いその接着信頼性が低下する。これには以下の原因が考えられる。

耐熱性高分子電子材料

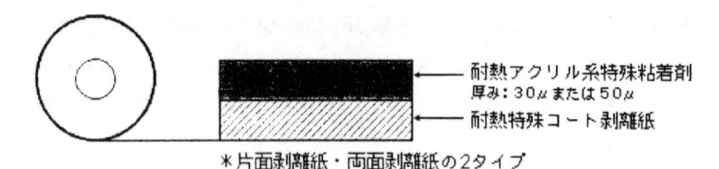

図5 製品の構造

- 温度上昇により、粘着剤の凝集力が低下する。
- 被着体と粘着剤の界面結合力が低下する。
- 被着体の線膨張係数の違いにより粘着テープにせん断力がかかる。
- 被着体や粘着テープから加熱により揮発性ガスが発生し、剥離力がかかる。

「No.5919M」ではこれらの点を鑑み以下の特性を持つように粘着剤設計がなされている。

① 強接着性…各種被着体に対し、高い接着性を有している（表4）。
② 耐熱ズレ性…高温でもズレない保持能力を有している（図6）。
③ 低アウトガス…リフロー時に粘着剤の発泡や剥がれが生じないように、従来品と比較し格段にアウトガスを低減している（図7）。

表4 被着体別の接着力
（180度引き剥がし法）[N/20mm]

被着体	No.5919M
ポリイミド	11.8
ガラスエポキシ	11.0
ステンレス	8.5
アルミ	8.0

備考）JIS Z 0237 準拠

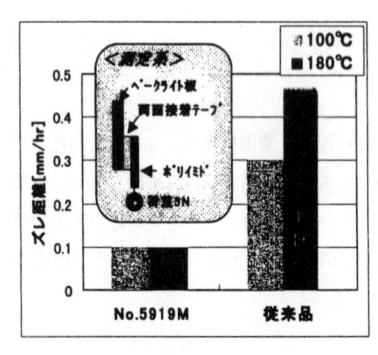

図6 耐熱ズレ性

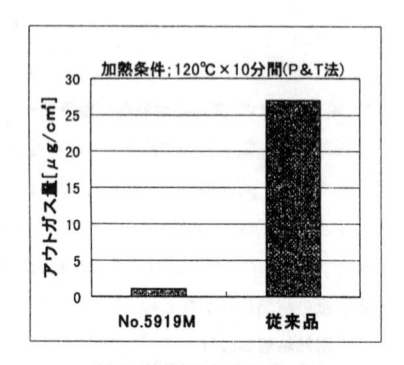

図7 粘着剤のアウトガス量

第9章　耐熱性粘着テープ

(2) 耐熱剥離紙設計

従来の両面テープではポリオレフィンラミネート剥離紙を使用しているため，リフロー炉を通すとラミネート層が溶融発泡し，接着力低下や発泡剥がれの発生などの問題が生じることがあった。また，通常の剥離紙では，鉛フリーハンダリフロー条件にて熱劣化による焦げや強度低下が大きく（図8），剥離紙がちぎれて剥がせない場合があった。

「No.5919M」では特殊な耐熱コート処理を施した剥離紙を採用している。これによりピーク温度250℃のリフロー後も焦げや強度低下が少なく（図8），剥離紙を良好に剥がすことができる。

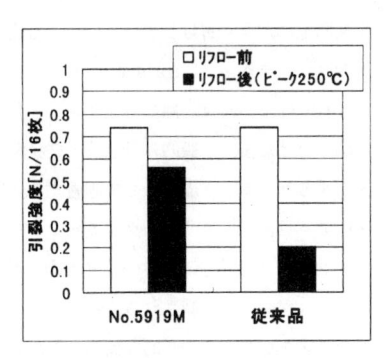

図8　剥離紙の引裂き強度（エレメンドルフ法）変化

4 耐熱バーコードラベル

多くの企業では，製品の製造工程において，ラベルを用いたバーコード管理により生産性向上が図られている。これらの製造工程には，高温環境下に曝されるいわゆる熱処理工程がある場合も多く，その工程管理用ラベルには処理温度に耐える耐熱性が要求される。使用温度が150℃まではPET（ポリエチレンテレフタレート）製のラベルが使用されている。またプリント基板製造工程のように300℃程度の熱処理のある工程ではポリイミド製のラベルが使用されている。実用的なプラスチック材料の耐熱性は，現状ではこのポリイミドが最高であるが，例えばブラウン管のようなガラス材料の製造工程や金属材料のアニール工程など400～700℃の熱処理工程では全く使用することができない。

ここでは，耐熱性高分子という概念とはいささか趣を異にするが，400℃以上の熱処理を有するブラウン管の製造工程管理用のラベルとして，有機バインダーと無機材料とからなるセラミックラベルおよびシリコーンラベルを紹介させていただくこととする。

4.1 ブラウン管製造工程管理用ラベル

例えば，テレビやコンピュータディスプレイに使用されるブラウン管は，400℃を超える高温処理や，水，強酸，強アルカリ等による洗浄工程を経て製造される。これらの製造工程ではバーコード管理の導入が進んでいるが，この過酷な製造条件下で使用され，ブラウン管メーカーの生

耐熱性高分子電子材料

産性向上に大きく寄与しているのが，当社のセラミックラベル（Duratack C40 series）およびシリコーンラベル（Duratack S40H）である。

これらのラベルは，熱転写プリンターを用いて可変情報を印刷し，ブラウン管のガラスパネルに貼り付けた後，一般的には水洗，薬品洗浄工程を経て，熱処理工程で完全に焼結し，印刷画像を有するセラミック皮膜として固着する。最終の検査工程でバーコード管理を行うほか，途中の工程で不具合によりリワークする際のトレース管理にも用いられる。

21世紀に入り電子ディスプレイを取り巻く環境は，急速に変化している。あらゆる情報端末にディスプレイが搭載されることにより，市場は拡大の一途を辿っている。一方，100年にもわたりディスプレイの中心的な役割を果たしてきたCRT（Cathode Ray Tube）は，PDP（Plasma Display Panel），LCD（Liquid Crystal Display）を始めとする新方式の攻勢の中，コストパフォーマンスに活路を見出そうとしている。そのためブラウン管メーカーでは，製造工程管管理の導入と生産速度向上を進めている。製造工程管理の導入に対して当社は，400℃を超える熱処理，強酸，強アルカリを用いた洗浄工程といった過酷なブラウン管の製造工程条件に耐え得るセラミックラベルを開発，商品化した。

一方，生産速度向上に対しては，常温から昇温させる従来の熱処理工程から，高温のオーブンに直接投入する方式が採用されつつある。この場合，ラベル焼成時の有機成分の焼失（＝ガス化）速度があまりにも速く，従来のセラミックラベルでは発泡により均一なセラミック皮膜が形成されない。またセラミックラベルの基材は，鉛ガラスを主成分とするグリーンシートであり，近年の環境重視から有害物質である鉛を含まない非鉛系素材のニーズが高まりつつあった。これらのユーザーの要望，"高速焼成可能かつ非鉛系素材"に応えるために開発，製品化したのがシリコーンラベルである。

4.2 セラミックラベル

セラミックラベルは，図9に示すように3層構造からなる。上層のインクは，一般的に使用されているカーボン顔料とは異なり，耐熱性のあるセラミック顔料を用いている。このインクは，熱転写プリンターにより，ユーザーが必要とする情報を適宜発行することを

図9 セラミックラベルの構成及び焼成メカニズム

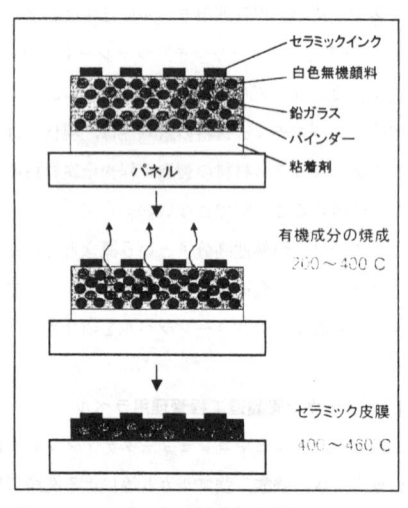

第9章 耐熱性粘着テープ

可能とする。中間層はセラミックグリーンシートからなり，白色の無機顔料と鉛ガラス（低融点ガラス）を均一分散し，低温分解性のバインダーでシート化したものである。下層部は粘着剤層で，低温分解性の粘着剤を使用している。

上記のラベルが，ブラウン管の熱処理工程を通過する際，まず200〜400℃の温度で，有機成分が焼失する。さらに400〜460℃の熱が加わると，鉛ガラスが溶融・結晶化して，ガラスパネル表面にセラミック皮膜として接着する。焼成後，均一なセラミック皮膜を形成するためには，有機成分の分解ガスをスムーズに放出させることが不可欠である。分解ガスの抜けが悪い場合には，焼成時にラベル内部のガス圧が上昇し，ラベル表面に破泡などの不具合が生じる。破泡が発生すれば，バーコードの読み取り信頼性が著しく低下する。セラミックラベルは，このガス抜け性を考慮した設計となっているが，300℃程度のオーブンに直接投入するような高速焼成には耐えられない。

4.3 シリコーンラベル

一方，非鉛系かつ高速焼成を実現したシリコーンラベルは，図10に示す構造である。前述のセラミックラベルとの相違点は，中間層にガラス成分を含まず，白色の無機顔料を有機シリコーン樹脂を主成分とするバインダーでシート化した点にある。

シリコーンラベルのバインダーは，図11に示すように低温分解性のバインダーとシリコーン樹脂とからなり，300〜400℃の段階で分解温度の低いバインダーが焼失する。続いて400〜460℃の温度において，残ったシリコーン樹脂分子中のメチル基（CH_3-）が焼失し，強固な無機シリカ（SiO_2）のセラミック皮膜を形成する。

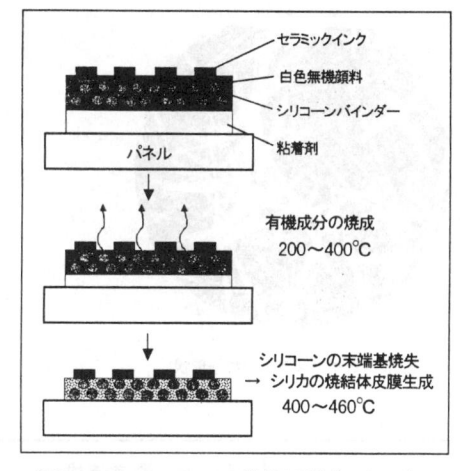

図10 シリコーンラベルの構成及び焼成メカニズム

白色顔料には，セラミックラベル同様スムーズなガス抜けを確保するため，図12に示すような針状フィラーを採用した。これにより有機成分の分解ガスが，針状フィラーに沿ってスムーズに放出される。また，シリコーンラベルでは，新たな技術として，2種のバインダーが海島構造を形成し，時間差をつけて消失させることにより，焼成の初期段階で多孔質を形成させている。

耐熱性高分子電子材料

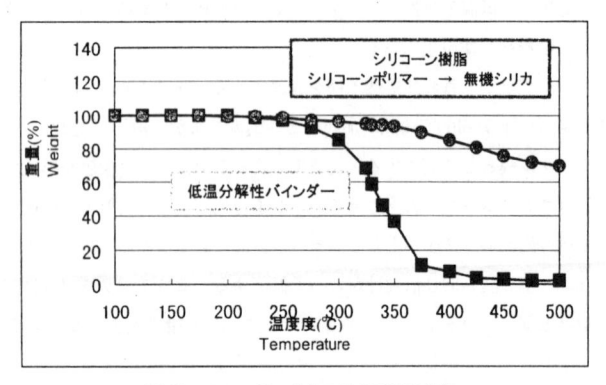

図11 バインダー成分の熱分解温度曲線

図12 針状フィラーの粒子形状

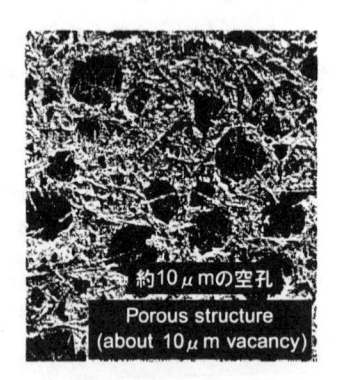

図13 焼成後のSEM像

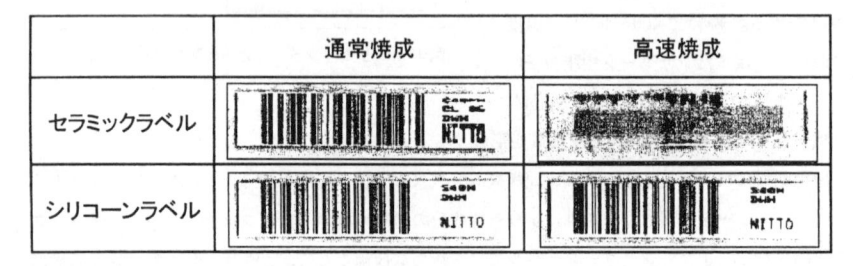

	通常焼成	高速焼成
セラミックラベル		
シリコーンラベル		

図14 焼成外観の比較

第9章 耐熱性粘着テープ

さらに高度なガス抜け性を確保することにより，高速焼成工程に耐え得る特性を達成した。なお，焼成後のセラミック皮膜は，図13に示すような均一かつ微細な多孔質形状となる。

このようにしてシリコーンラベルは，高速焼成を可能とした。図14に従来のセラミックラベルとシリコーンラベルの焼成速度と焼成外観を示す。セラミックラベルは高速焼成で全く機能しないが，シリコーンラベルは通常焼成と全く遜色ないセラミック皮膜が得られる。

5 おわりに

今まで現場発行の粘着ラベルでは半ばあきらめられてきた400℃以上の環境下での使用に関して，ガラスの製造工程管理を例に，セラミックラベル，及びシリコーンラベルという異なる2種類の製品・手法を紹介してきた。これらの製品のバインダーや粘着剤に用いた高分子材料は，決して耐熱性の高いものではないが，無機材料との組み合わせ，あるいは有機材料から無機材料への転移を利用することにより，高分子材料では得られない400℃以上の耐熱性を製品として得ることに成功した。特にシリコーンラベルは800℃程度までの耐熱性を有し，また金属への焼結も可能であることから，アニール工程のような熱処理工程がある金属製品の管理ラベルとしての展開も考えられ，既に一部では使われ始めている。

文　献

1) 日本粘着テープ工業会, 粘着ハンドブック, 1-18 (1995)
2) 日東電工, 粘着テープの文化史, 39-40 (1993)
3) 沖山總明, [第2版] プラスチックフィルム [加工と応用], 技報堂出版
4) 菅沼克昭, 実装技術, 18, 8, 22-27 (2002)
5) 田中和雄, 電子技術, 45, 2, 80-81 (2003)

第10章　半導体封止用成形材料

井上　修*

1　はじめに

近年のパソコンや携帯電話などの情報通信機器の急速な普及により，情報の伝送量が爆発的に増大している。それに伴い高機能化，小型化，軽量化，高速化への対応の要求が益々増大してきている。

また，デジタルTV，ETC（Electronic Toll Collection System／自動料金収受システム），ITS（Intelligent Transport Systems／高速道路交通システム）などの導入により膨大な情報量の伝送と処理が求められ伝送周波数の高周波化が急激に進んでいる[1]。

半導体封止用成形材料の目的は，半導体素子を衝撃や圧力などの機械的外力，異物，湿度，熱，紫外線等から保護し，電気絶縁性を保持すると共に，基板への実装に適したパッケージの形態を付与することである。

半導体のパッケージは，パソコン，携帯電話等の高機能，小型化に並行して薄型化，小型化，高密度対応，高速対応が求められQFP（Quad Flat Package），SOP（Small Outline Package）からより薄いTQFP（Thin Quad Flat Package），TSOP（Thin Small Outline Package）へ変遷。更にこれらリードフレームパッケージより実装面積を更に小さくし，高速化にも対応したバンプ接続のBGA（Ball Grid Array）やCSP（Chip Scale Package）などのエリア実装パッケージが開発された。この種のパッケージの生産量が拡大の一途をたどっている。半導体パッケージの動向を図1に示す。また，使用周波数帯域と情報機器を図2に示す。

2　半導体封止用成形材料について

半導体封止用エポキシ成形材料は，表1に示す構成物質よりなる。該当成形材料は，エポキシ系熱硬化樹脂と溶融シリカあるいは結晶シリカのような無機フィラーを主成分とし，これらの成分に硬化促進剤，離型剤，カップリング剤等の微量ではあるが，材料特性上重要な成分を添加。これらの原材料を予め混合した後，ロール，ニーダーなどにより加熱混練させる。加熱混練によ

---

*　Osamu Inoue　住友ベークライト㈱　電子デバイス材料第1研究所　研究部長

第10章 半導体封止用成形材料

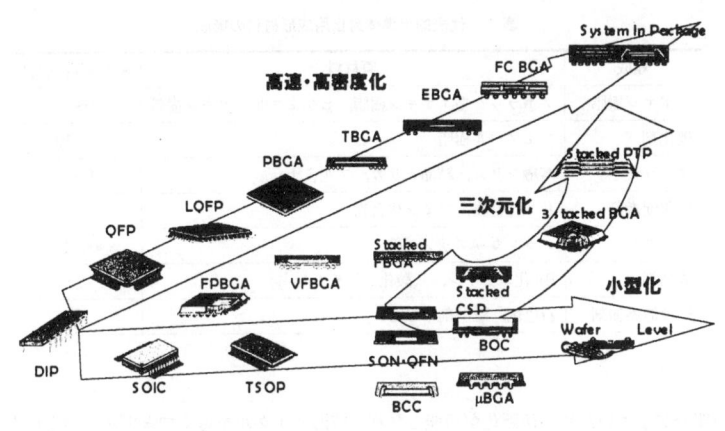

図1 半導体パッケージの動向

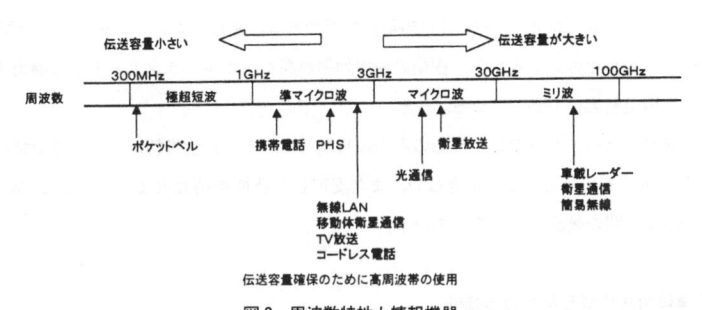

図2 周波数特性と情報機器

り，各構成成分を均一化させると共に一部反応を進め，流動性，硬化性をコントロールし成形に適した材料に仕上げる。因みに，ここで得られた成形材料の成形方式はトランスファー成形が一般的である。

2.1 半導体封止用成形材料の成形性

半導体封止成形で一般に行われているトランスファー成形は，金型に一つのポットを有し，大型タブレットを用いて多数のパッケージを一度に成形するタイプと，金型内に複数個のポットを持つマルチプランジャー成形するタイプの2つの方法がある。最近は，マルチプランジャー方式がメインである。

マルチ方式が主流になっているのは，一旦成形条件を設定すれば，人的な影響を受けずに安定した連続自動成形が可能な点にある。また，この方式は金型温度も若干高いことそして，ランナー，

耐熱性高分子電子材料

表1　代表的半導体封止用成形材料の構成

組成	原材料	配合割合（％）
エポキシ樹脂	ノボラック型エポキシ樹脂，ビフェニルエポキシ樹脂	4～20
硬化剤	フェノール樹脂	4～10
フィラー	溶融シリカ，結晶シリカ，アルミナ	70～90
硬化促進剤	リン化合物，アミン化合物	<1
カップリング剤	シランカップリング剤	<1
難燃剤	Br化エポキシ，三酸化アンチモン	<5
その他添加剤	着色剤，離型剤　など	<5

カルの部分が小さいため，速硬化が可能となり，成形サイクルを短くでき生産性向上に大きく寄与できている。通常のワンポット型のコンベンショナル金型では硬化時間が90～120秒必要なのに対し，マルチ方式では30秒～60秒に短縮が可能である。また，コンベンショナル金型に比べ，ランナー，カルが小さいことから，樹脂の使用効率が高く，カル，ランナーとして廃棄する部分も少なく，環境対応にも適している。

また，成形したパッケージは，成形のみの短時間では，十分に樹脂特性（特に電気特性，架橋に関するT_g等）を出せることができない。また安定した特性を持たせるために，通常は170～180℃で2～4時間の後硬化を実施している。

2.2　半導体封止用成形材料の信頼性

エポキシ樹脂成形材料が半導体用封止に使用され始めたのは1970年代であり，当時の信頼性は，まず耐湿性の向上が最重要課題であった。次に素子の大型化，細線化に伴い耐温度サイクル性が付与され，更にその後は表面実装，鉛フリー等の環境対応へと変遷してきている。

この項では，耐湿性，温度サイクル性，耐半田特性に関して簡単に説明する。

2.2.1　耐湿性

半導体パッケージ表面からの吸湿や，リードフレーム等の界面から水が浸入して素子表面のアルミ回路を腐食させて断線させる現象である。アルミ回路の腐食の原因は水分の存在により，成形材料中のエポキシ樹脂，フィラーなどに含まれている不純物がNaイオンやClイオンのようにイオン化しアルミと反応して回線を断線へと導いてしまう[2]。

これに対する対策は，エポキシ樹脂，フィラーを始めとする原材料の高純度化，詰まり低不純物化が第一。また，更なる耐湿性向上には，発生したイオンを捕捉するイオン捕捉剤の添加等が有効である。

第10章　半導体封止用成形材料

2.2.2　耐温度サイクル性

　半導体素子の大型化，配線の細線化が進むに連れ，半導体パッケージから受ける素子への応力等が信頼性への重要な要因となって来た。

　これは，半導体パッケージを−65℃〜150℃の温度サイクル試験あるいは，−196℃〜150℃のサーマルショックテストにおいて，パッケージへ掛る応力が原因で不良が発生する。不良モードは素子−封止材料との界面，リードフレーム−封止材，マウント材との界面等の剥離。パッケージの内部及び外部クラックの発生。そして素子内のアルミ配線の変形（アルミずれ），素子表面上の保護膜のクラック（パシベーションクラック）等である。図3にサーマルショックテストでの応力による素子へのダメージの例を示す。

　応力負荷への対策は，素子へ掛る応力を最小限に抑えることが有効である。応力の式は次式で示され，封止材の熱膨張係数と弾性率を下げる手法がポイントとなる。

$$\sigma\,(応力) = \int^E(T) \times (\alpha_M(T) - \alpha_c(T))dT$$
　　　　　　　　（弾性率）　　　（熱膨張係数）

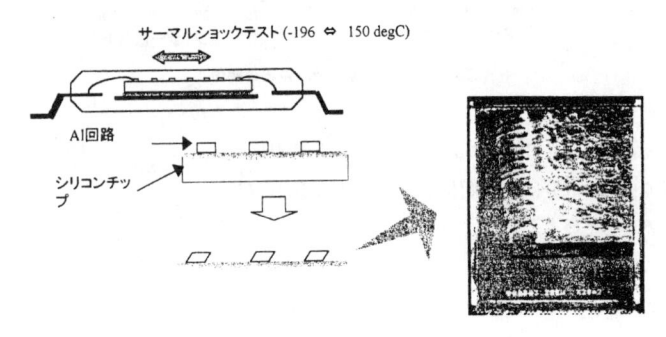

図3　熱応力による素子のダメージ

　まず，封止材の熱膨張率を下げる手法は，フィラーの充填量を増やすことが最も効果的である。図4に25℃と260℃でのフィラー充填量を変えた場合のα（熱膨張率）とE（弾性率）との関係を示した。ここに示されているように，フィラーの充填量を増やすに従いαを低下させることができる。しかしその反対にE（弾性率）の上昇を伴う。

　弾性率(E)を下げる手法としては，シリコーン成分のような低応力剤をエポキシ封止樹脂中に均一微分散させ海島構造を作ることが有効である[3]。

　図5に低応力成分としてシリコーンゴムを添加した場合の添加量と弾性率の関係を示した。図からも分かるようにシリコーンゴムの添加により，弾性率を15〜25%下げることができる。こ

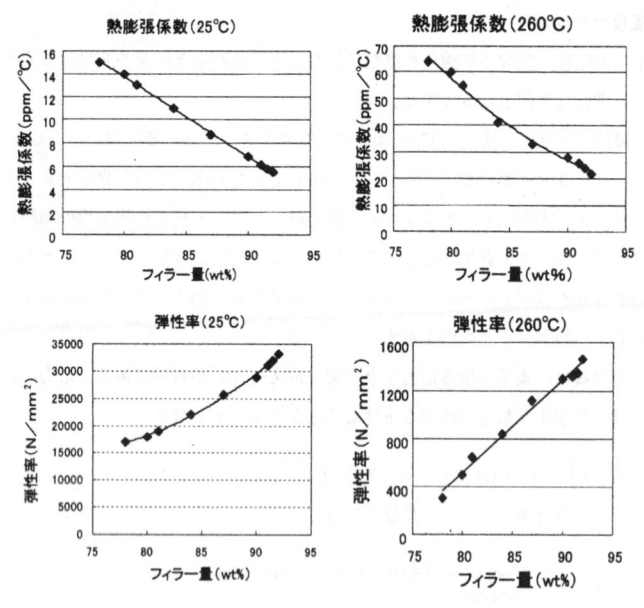

図4 フィラー量とα, Eとの関係

の場合，シリコーンゴムの添加によるT_g（ガラス転移温度）の変化はなく低応力成分は，半導体パッケージ内の応力の緩和に大いに寄与している。

2.2.3 耐ハンダ特性

QFPやSOPのような表面実装対応パッケージの登場により，耐ハンダリフロー性が重要なファクターとなった。これは，半導体パッケージを回路基板へ搭載・ハンダ付けする工程で赤外線リフロー処理があり，その工程でパッケージクラック，界面剥離等の不良が発生するという大きな技術課題がもちあがってきた[4]。ハンダリフローのメカニズムと不良モードを図6，図7に示す。この不良は，半導体パッケージの吸湿にある。吸湿したパッケージが赤外線リフロー処理工程で急激に高温に加熱され，その時パッケージ内の吸湿した水分が爆発的に膨張し，パッケージクラックや封止材界面との間で剥離を起こす。その不良観察の模様を図8に示す。

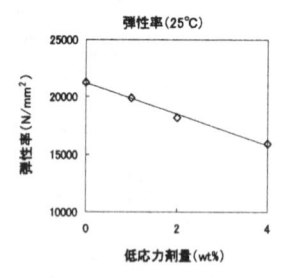

図5 低応力剤量と曲げ弾性率

この不良の原因は，半導体パッケージを封止している成形材料の吸湿にある。そのためパッケージの低吸湿化と界面の密着性向上が重要なポイントとなる。

第10章 半導体封止用成形材料

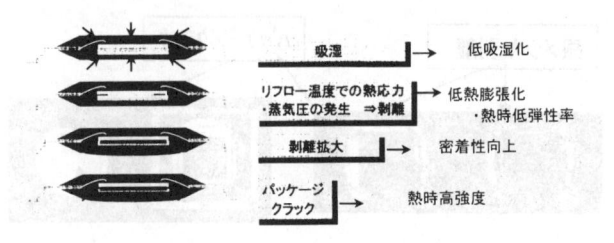

図6 リフロー不良のメカニズムと対策

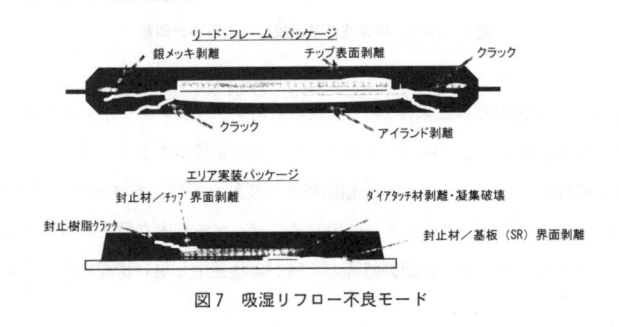

図7 吸湿リフロー不良モード

　パッケージの吸湿を低下するには，レジンを従来のレジンより低粘度化して，フィラーの充填率を上げてパッケージ吸水率を下げる手法が有効である。また，各部材との界面の密着性はカップリング剤の最適化及び濡れ性等が重要なポイントになる。

　また，表面実装対応パッケージは当初の QFP，TSOP 等から始まって BGA，CSP とエリア実装パッケージへと進展していった。BGA，CSP 等のエリア実装パッケージでは，従来の QFP 等のリードフレームパッケージに比べリフロー工程での不良が厳しくなってきており，封止材料の更なるリフロー性向上が求められてきた。

3　最近の課題とその対応／鉛フリーハンダ対応および環境対応封止材料の開発

3.1　鉛フリーハンダリフロー性の向上

　2000年に入ると，環境対応の取り組みが重要なポイントになり，リフロー工程では鉛フリー対応が最大課題と成ってきた。ハンダ構成は従来の Sn-Pb 系ハンダから Sn-Ag 系ハンダなどへの切り替えのように鉛フリーハンダへ移行している。鉛フリーハンダは，従来鉛ハンダよりも融

耐熱性高分子電子材料

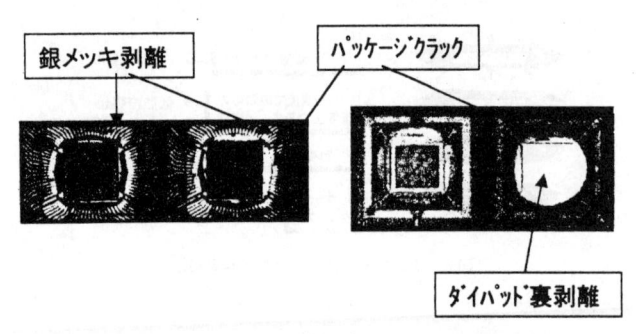

図8　SAT（超音波探傷装置）による不良観察

点が20℃以上高く，実装温度は従来の240℃前後から鉛フリーハンダを用いることにより260℃前後まで上昇させる必要があり，耐ハンダクラック性への影響は大きくなる。

　このリフロー処理時の20℃の上昇は封止樹脂特性の変動を相対比較すると，その影響は従来鉛ハンダを用いた場合の約2倍に達する。このため，パッケージ内で発生する蒸気圧による応力が増大し，パッケージクラック，界面剥離等の不良がより発生し易い状況になっている（表2，図9）。

　改良のポイントは，既に述べてあるように，密着性の向上，低吸水化，低熱膨張化，熱時低弾性率化などでありその開発のポイントをまとめたのが図10である。通常半導体封止用成形材料では一般的には，エポキシ樹脂はオルソクレゾールノボラックエポキシを使用し，硬化剤はフェノールノボラックを用いた組み合わせが普通であった。しかし，耐吸湿リフロー性向上の要求以降は，それに適した粘度が低く，密着性の高いエポキシ樹脂が開発され実用化されてきた。

　まず代表的に登場してきたのは，ビフェニル型エポキシ樹脂である。このエポキシ樹脂の特長は，非常に溶融粘度が低く，オルソクレゾールノボラックエポキシの10分の1程度の粘度の低さである。そのためにフィラーの充填量を飛躍的に上げることができ，耐吸湿リフロー性を大幅に向上させることができる。ただこのビフェニル型エポキシ樹脂でも未だ，鉛フリー対応はできておらず更なるレジンの検討が必要であった。

　このため，耐鉛フリー対応には更なるレジンシステムの変更，高流動フィラーシステム，各種添加剤の最適化などにより耐吸湿リフロー性向上がなされている。この中で新規レジンシステムとして用いた図11に示す多芳香族環レジンが効果的である。この新規レジンの採用により，これまでにない低吸水で低弾性な封止材料が得られ，鉛フリーリフロー実装の条件である260℃に対応できるようになった。またこのレジンは熱分解温度が高く，樹脂自体の難燃性も向上する特長を有している[5]。

第10章 半導体封止用成形材料

表2 鉛フリーハンダ対応技術(封止材)
実装温度アップによる特性変動への影響予測

	リフロー温度	単位	240℃	260℃	影響
応力増大	飽和蒸気圧	kg/cm²(相対)	100	139	−
	寸法変化	相対値	100	137	−
抗力変化	接着強度	相対値	100	90	−
	曲げ弾性率	相対値	100	90	＋
	曲げ強度	相対値	100	90	−

240℃から260℃へリフローが変化するときの影響度
＝応力増大／抗力変化

$$= \frac{蒸気圧 \times 寸法変化 \times 曲げ弾性率}{接着強度 \times 曲げ強度}$$

$= 1.39 \times 1.37 \times 0.9 / (0.9 \times 0.9) = 2.12$

260℃リフローの影響度は240℃リフローのおおよそ2倍である。

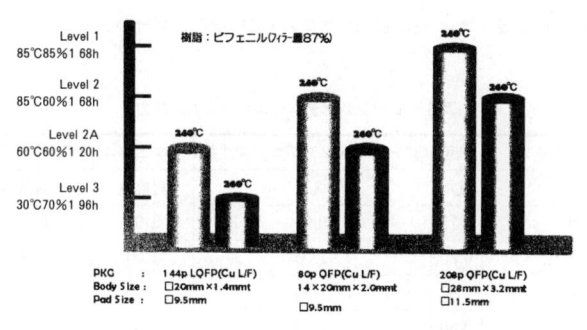

図9 20℃CUPによる耐リフロークラック性結果

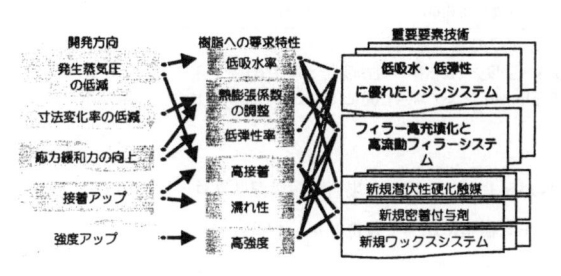

図10 260℃実装対応方法

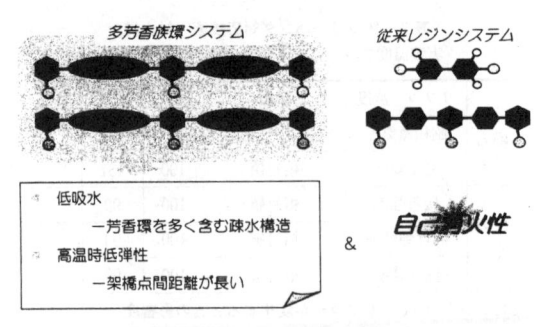

図11 鉛フリーハンダ対応レジン

ここで簡単にレジンシステムを変更した場合の比較をしてみる。耐吸湿リフロー向上に用いた上記骨格を有する多芳香族環システムは表3に示すように従来のビフェニルに比べると①吸水率、②弾性率、③接着性が優れていることが分かる。また、①～③の要素等から求められる抗力応力係数の値からも、耐吸湿リフロー特性に有利になっていることが分かる。

表3 レジンシステムの比較-応力／抗力

エポキシ	汎用	ジシクロペンタジエン変性系	ビフェニル	多芳香族環系
硬化剤	汎用	汎用	可撓性	多芳香族環系
吸水率	1.15	0.95	1.00	0.85
寸法変化	0.80	1.00	1.00	1.00
弾性率	1.85	1.30	1.00	0.85
接着	0.80	1.10	1.00	1.20
強度	1.40	1.05	1.00	0.95
抗力応力係数*	0.66	0.94	1.00	1.56

フィラー量86%

※抗力／応力係数
＝接着×強度／(吸水率×寸法変化×弾性率)
(Biphenylシステム＝1.00としたときの相対値)

また、多芳香族環系レジンを用いた場合の耐吸湿リフロー性を図12に示した。この図からもビフェニル型エポキシ樹脂に比べて優位性が分かる。

3.2 ハロゲン・アンチモンフリー化技術との両立

環境負荷物質のフリー化において、鉛フリーハンダ化と共に、半導体封止材料に難燃剤と使用

第10章 半導体封止用成形材料

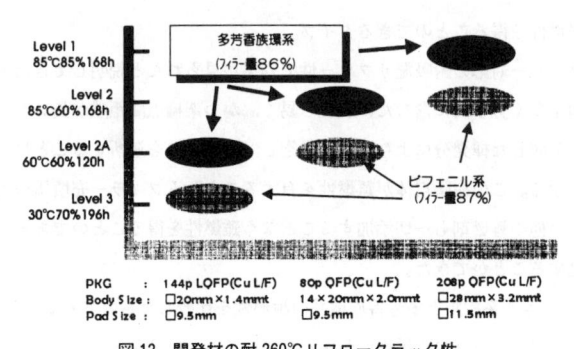

図12 開発材の耐260℃リフロークラック性

されているブロム・アンチモンフリー化が大きな流れとなっている。半導体用の封止材料の環境対応の取り組みは大別して3つの方法がある。

3.2.1 代替難燃剤の添加

難燃剤には色々なタイプがあるが，半導体用封止材に用いられるものは信頼性等の条件が厳しく，かなり制限される。現在，主に検討されているタイプは水和金属化合物，ホウ素系化合物である。ここで課題となるのは，従来のブロム・アンチモン系に対して，難燃性は勿論として，成形性，耐湿信頼性，耐湿バイアス試験，密着性などが同等以上であることが目標である。しかし，現状では未だ全てバランス良く特性が得られる迄に至っておらず，開発段階であり，新規の難燃剤の開発をも期待したい。

3.2.2 フィラー高充填による難燃化

これは，既存の樹脂系において難燃剤を添加せずに，シリカフィラーの充填量を高くすることにより可燃成分であるレジン分を低減し，難燃性を上げる手法である。特にビフェニル系エポキシ樹脂では，フィラー充填量を92重量％にすることで難燃性の規格であるUL94V-0を達成することができる。また，このフィラー高充填化は耐吸湿リフロー性の向上に非常に効果的である。フィラー充填量をUPさせることにより，熱膨張係数が小さくなり，パッケージに掛るトータルの熱応力が低減する。更に吸水率も低減し，リフロー時に発生する蒸気圧を大幅に下げることができる。しかし，流動性の確保あるいは基板や銅リードフレームとの熱膨張係数の乖離から，温度サイクル性等の信頼性低下の問題がある。また当手法はレジンやフィラー等の関係で低コストパッケージへの適応には向かないという問題点もあり，オールラウンドな対応材としては，更なる開発検討が必要である。

3.2.3 自己消火性を有するレジンの適用

特殊な構造を有する樹脂を適用することで，代替難燃剤を添加したり，フィラーの充填量を上

げることなく難燃性を得ることのできるタイプ。

既に鉛ハンダフリー対応の耐吸湿リフロー性で効果が見られたと説明してきた多芳香族環系樹脂は，芳香族環を多く分子内に含むため炭化し易く，かつ架橋点間距離が長いため高温で柔軟になり，燃焼時に分解した揮発分により容易に発泡し，酸素と熱を遮断することにより成形品表面に保護膜を形成する。この樹脂自体が難燃性を有することからフィラー充填量の制約にも気にすることなく，かつ他の難燃剤も一切添加することなく難燃性を得ることのできるパーフェクトグリーン材を開発することができた。

図13は，ビフェニル系樹脂と多芳香族環系の耐燃性を比較したものである。この図が示すようにフィラー充填量に係わりなく難燃性が保たれていることが分かる。

また図14では，多芳香族環系樹脂の難燃機構を従来タイプと比較して簡単に図示した。表4には現在のパーフェクトグリーン材として，弊社で開発，商品化したEME-G700シリーズの一般特性を示した。該当材料は鉛ハンダフリーとして260℃の耐リフロー性とパーフェクトグリーン化を達成した封止材としてお客様から高い評価を受けている[7]。

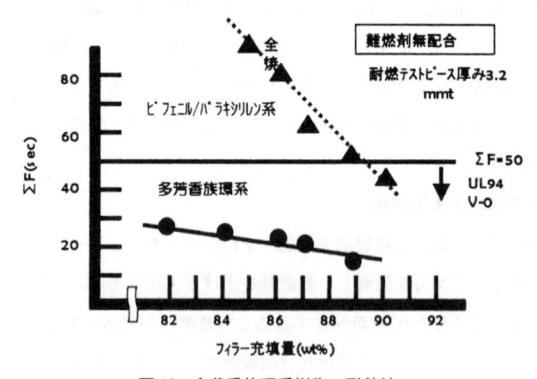

図13　多芳香族環系樹脂の耐熱性

3.3　エリア実装パッケージ

エリア実装パッケージはリードフレームパッケージと異なり片面封止材であるため，基材と封止材間の熱膨張係数の差により，成形後に冷却すると反りが発生しやすい（図15）。パッケージが反ると基板と接続用ハンダバンプとの接続信頼性が低下する。

反り低減のためには硬化収縮と熱収縮の両方を小さくする必要があり，高T_gかつ硬化収縮の少ないトリフェノールメタン型のエポキシ樹脂，硬化剤系が好適である[6]。ここでもフィラー高

第10章　半導体封止用成形材料

◆ 難燃機構
　◆ 芳香環を多く含むことから、炭化しやすい。
　◆ 架橋間が長い事から、燃焼時の温度では非常に軟らかく、かつ熱分解ガスによって簡単に泡を形成する。

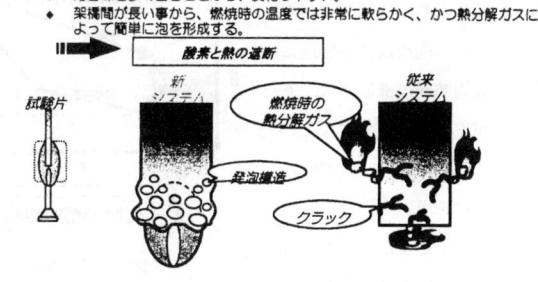

図14　多芳香族環系の難燃機構

表4　G700シリーズ

一般特性

項目		単位	G700	G700L
特長		−	低弾性	低吸水
スパイラルフロー		cm	114	100
ゲルタイム		sec	32	35
熱膨張係数 $\alpha 1$		$10^{-5}/℃$	1.2	0.8
熱膨張係数 $\alpha 2$		$10^{-5}/℃$	5.2	3.8
ガラス転移温度		℃	135	135
UL-94			V-0	V-0
吸水率		%	0.19	0.12
曲げ強度	RT	N/mm^2	180	190
	260℃	N/mm^2	18	28
曲げ弾性率	RT	$10^2 \times N/mm^2$	190	250
	260℃	$10^2 \times N/mm^2$	5.5	8

充填化による熱収縮の低減も重要な技術である。

　しかしエリア実装パッケージはリードフレームパッケージと比較すると耐吸湿リフロー性のレベルが低く、反りの低減と共に耐吸湿リフロー性の向上が求められている。吸湿率の高い高 T_g 樹脂系以外で反りと耐吸湿リフロー性の両立化が望まれている。

　反りの低減は成形収縮率だけでなく、低弾性率化も効果的であり図16に弾性率と反りとの関係を示している。低弾性率ほど反りが小さいことが分かる。

　また表5に代表品番であるEME-G760, G770の一般特性を示す。

3.4 高周波対応樹脂

情報通信機器の普及により伝送情報量が爆発的に増大し、そのために高周波化が急速に進んでいる。従来、高周波通信機器では、セラミックパッケージが主に使用されてきた。しかし機器を小型化するためには、賦形性に優れかつ軽量な高分子材を用いて、デバイスを小型化して行く必要が出てきた。この高周波化への対応で、封止樹脂等をはじめとする高分子材料に対する期待が大きくなっている。

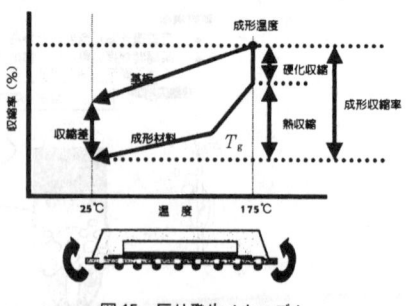

図15 反り発生メカニズム

高周波機器に使用される材料への要求特性は、高速化対応では、低誘電率で誘電正接（損失）が小さいこと。一方、小型化対応では、高誘電率で誘電正接の小さい材料が求められている。また、比誘電率は温度、湿度の変化に対し、一定で安定していることが重要なポイントである。当社でも、高周波対応の半導体封止樹脂の開発に取り組みを開始している。

4 おわりに

半導体の高密度実装化が益々進む中、半導体パッケージの形態も益々薄型、小型化が進展していくことが予想される。また、電子機器の中でも情報通信・情報処理分野は今後大きく伸張期待される分野でもある。高速伝送対応のための高周波化が急激に進み、高分子材料への期待も益々大きくなってくる。

今後は、半導体の設計段階から、パッケージ封止材を初めとするそれを構成する各部材の特性・

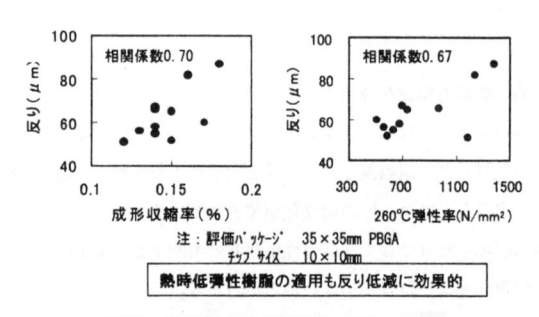

図16 成形収縮率及び弾性率の反りへの影響

第10章　半導体封止用成形材料

表5　EME-G760, G770

一般特性

項目		単位	G760	G770
フィラー（灰分）		%	87	88
スパイラルフロー		cm	150	120
熱膨張係数α1		10^{-5}/℃	0.9	0.8
熱膨張係数α2		10^{-5}/℃	4.0	3.6
ガラス転移温度		℃	130	130
UL-94			V-0	V-0
吸水率		%	0.16	0.15
曲げ強度	RT	N/mm²	170	170
	260℃	N/mm²	21	16
曲げ弾性率	RT	$10^2\times$N/mm²	260	260
	260℃	$10^2\times$N/mm²	8	6
成形収縮率（PMC）		%	0.08	0.07

　機能を最大限に生かすために，複合化の技術が益々必要になってくる。

　弊社では，そうした複合化に向け，封止用パッケージ材料は勿論，再配線用材料，バッファーコート材料，インターポーザー用基板及び材料，ダイアタッチ材料と半導体に関する全ての材料を最大限の効果で融合させ，最大の機能を出せる材料を市場へ提供できる体制で臨んでいる。

文　　献

1) 上西直太，"エレクトロニクスと高分子"，2001.3, P288 (2001)
2) T. C. May *et al.*, 16th Annual Proceedings Reliability Physics Symposium (1978)
3) 西　邦彦監修，"LSI樹脂封止材料・技術"，p.49, トリケップス (1990)
4) ㈱日立製作所半導体事業部編，"表面実装LSIパッケージの実装技術とその信頼性向上"，p.502, 応用技術出版 (1989)
5) 中山幸治，ポリファイル，2001.5, 26 (2001)
6) K. Oota, M. Saka, *J. Polym. Eng. Sci.*, 41, 1373 (2001)
7) 西原　一監修，"難燃性高分子材料の高性能化技術"，8章1項 (2002)

第11章　その他注目材料

1　ベンゾシクロブテン樹脂

大場　薫*

1.1　はじめに

　ベンゾシクロブテンの反応は水などの副生成物がなくシクロブテン環とビニル基の反応によって得られるハイドロナフタレン環は化学的にも安定で無極性である。ダウ・ケミカル社はこの反応機構に着目し，シロキサンセグメントを分子中に導入したジビニルテトラメチルシロキサン-ビス-ベンゾシクロブテン（DVS-bisBCB）樹脂をCYCLOTENE™の商標で工業化した。CYCLOTENE樹脂は優れた成膜性，卓越した誘電特性，低吸湿性，熱安定性，膜平坦化性，優れた光学特性，耐薬品性を特徴とする。さらに，優れた硬化膜特性に加え，硬化反応においても多くのメリットがある。即ち，200℃程度の比較的低い温度での硬化が可能であるため基板材料の選択枝が広く，また熱劣化を起こし易いデバイスにも使用できる。300℃程度で数十秒で速硬化可能であるためタクトタイムの短いホットプレート硬化が可能になる。硬化反応において副生成物がないため密閉系での硬化でもボイドができない，などが挙げられる。化合物半導体内層絶縁膜，半導体保護膜および再配線層，TFTパネル平坦化膜，光導波路，高周波用ビルドアップ基板および高周波用銅箔付き樹脂フィルム，マルチチップモジュール等の半導体パッケージ基板など種々のマイクロエレクトロニクス分野で層間絶縁材で用いられている[1〜3]。

　本稿では，低誘電率材としてのBCB樹脂の開発状況，反応性，特性，プロセスなどについて概要を解説する。

1.2　ベンゾシクロブテン環の反応性

　ベンゾシクロブテン環の反応を図1に示す。ベンゾシクロブテン環の開環反応は熱によって進み，o-キノジメタンを形成する。この分子種は非常に活性は高く，Diels-Alder反応においてジエンとし機能し，親ジエン性不飽和結合と反応し，炭素六員環を生成する。また，親ジエン基が存在しない場合は，オルト-キノジメタンどうしが反応し，ダイマーまたは，高分子量化しオルト-キシレン樹脂を生成する[4,5]。

---

*　Kaoru Ohba　ダウ・ケミカル日本㈱　電子材料事業本部　研究開発主幹

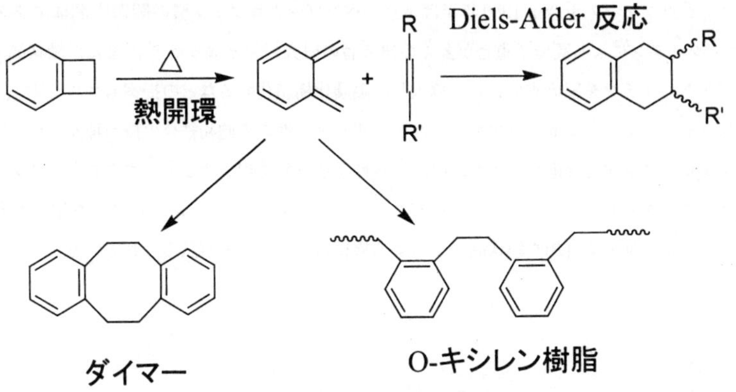

第11章 その他注目材料

図1 ベンゾシクロブテン環の反応

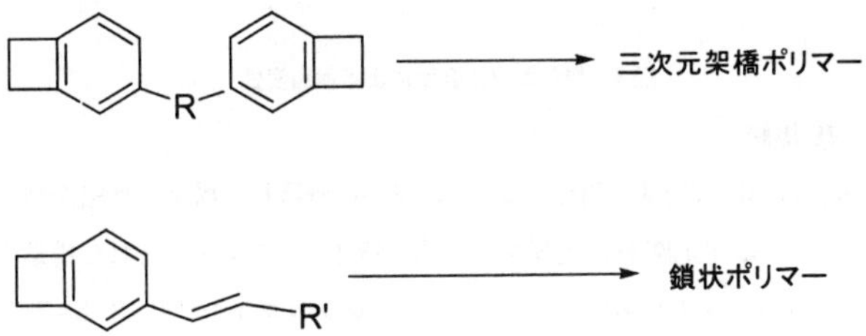

図2 ベンゾシクロブテン環を利用した高分子化

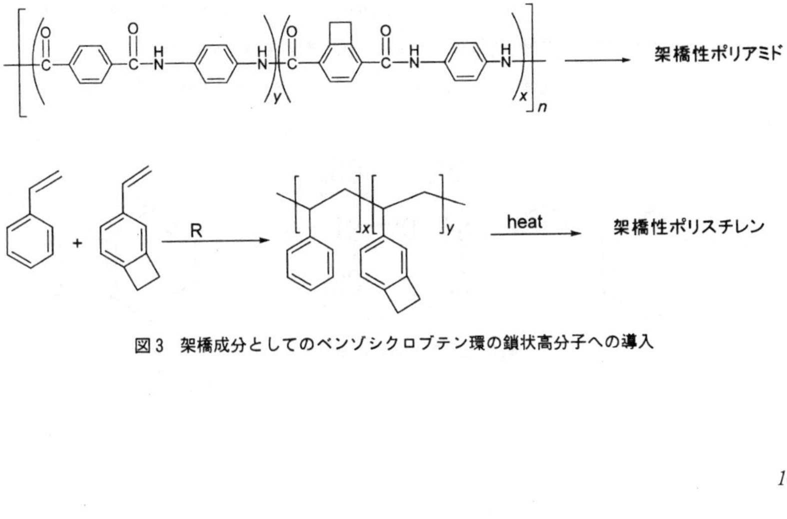

図3 架橋成分としてのベンゾシクロブテン環の鎖状高分子への導入

耐熱性高分子電子材料

　ベンゾシクロブテンの重合は1980年半ばより，ベンゾシクロブテン環の開環中間体であるオルト-キノジメタンによる高分子重合が多くの研究者の研究対象となった[6〜9]。また，鎖状高分子にベンゾシクロブテンを架橋成分として導入し，熱硬化樹脂化するなどの提案もされた[10, 11]。

　アクリレート，マレイミド，シアネートなどの親ジエン性の不飽和結合の持つ種々の化合物はベンゾシクロブテン環と反応するので，材料の変性手法として用いることができる[12]。ペンタブロモベンジルアクリレート，テトラブロモビスフェノールAジアクリレートなどを用いた難燃化変性，親ジエン基末端付加直鎖状高分子による機械特性改良などが試みられている。

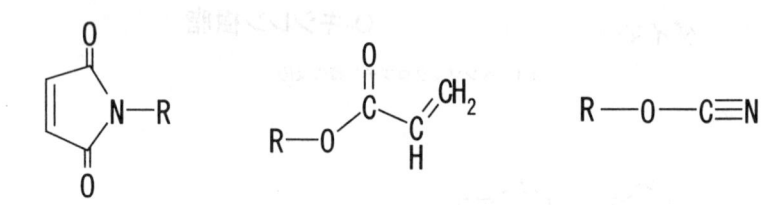

図4　親ジエン化合物による樹脂変性

1.3 CYCLOTENE 樹脂

　ダウ・ケミカル社は極性官能基が関与しないこの反応に着目し，種々の骨格を持ったベンゾシクロブテン樹脂の中から，物理特性，光学特性，電気特性にバランスのとれた構造として図5の構造をもつジビニルテトラメチルシロキサンビスベンゾシクロブテン（DVS-bisBCB）を選択，1992年に工業化した。ジビニルシロキサン骨格は可とう性を付与するとともに，表面張力を下げ基板への濡れ性を高める効果を持つと考えられる。現在では，感光性グレードCYCLOTENE4000シリーズ，ドライエッチンググレードCYCLOTENE3000シリーズ，種々の特定用途向けグレード，および副資材として現像液，密着性増強剤，リワーク液，希釈液が商業生産されている[1]。

　DVS-bisBCBモノマーの合成プロセスは図6に示される。ベンゾシクロブテンはα-クロロキ

図5　DVS-bisBCBモノマー

第11章 その他注目材料

シレンの熱分解により得られる。得られた炭化水素を臭素で処理すると高い収率で4-bブロモベンゾシクロブテンが得られる。さらに，パラジウム系の触媒下，4-ブロモベンゾシクロブテンとジビニルテトラメチルシロキサンをカップリング反応させ（Heck 反応），DVS-bisBCBモノマーを得る。必要ならば，このモノマーを分子蒸留することにより，イオン性不純物の濃度をppb レベルまで低減させることも可能である[13]。B-ステージ化（高分子量プレポリマー化）された DVS-bisBCB のメシチレン溶液は必要な添加剤を配合されて CYCLOTENE 樹脂として商業的に供給される。

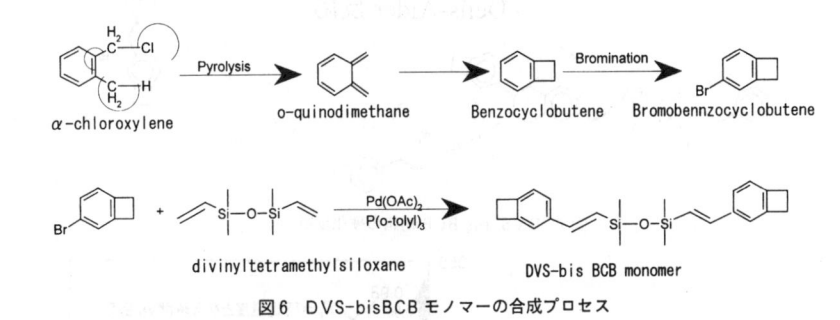

図6 DVS-bisBCB モノマーの合成プロセス

1.4 DVS-bisBCB（CYCLOTENE）樹脂の硬化反応

図7に DVS-bisBCB 樹脂の硬化反応，図8に硬化反応における赤外吸収スペクトルの変化を示す。

シクロブテン環は約160～170℃で開環反応が開始し，200℃以上になるとその反応が活発になる。赤外吸収スペクトルで1475cm^{-1}における吸収はシクロブテン環に帰属され，硬化反応が進行すると減少していく。1500cm^{-1}の吸収ピークは Deils-Alder 反応によって生成したテトラヒドロナフタレン環に帰属され，反応が進行するに従い吸収が強くなっていく。メチルシリコン基は硬化反応によって変化することなく，1255cm^{-1}に顕著な吸収を示すので転化率の測定において，基準ピークとして用いられる。転化率は1475cm^{-1}と1255cm^{-1}のピーク比より算出することができる[14, 15]。

図9は硬化時間と硬化温度によって DVS-bisBCB プレポリマー（転化率35%）がどのように転化率が上昇していくかということを示したものである。例えば320℃のホットプレート上では約1分で転化率95%以上に到達する。250℃では，T_g=250℃（転化率=約85～90%）に到達するのに5分程度である。ただし，転化率95%以上とするためにさらに約1時間必要となる。これは，架橋が進行し，T_gが硬化温度に到達すると，分子運動は鈍化するため，架橋反応速度が

169

図7 DVS-bis BCB 樹脂の硬化反応

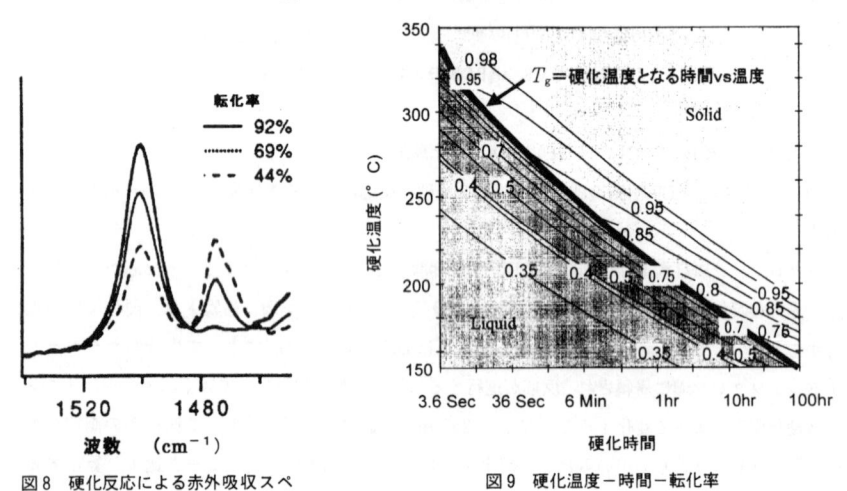

図8 硬化反応による赤外吸収スペクトルの変化

図9 硬化温度-時間-転化率

低下するためである。210℃でも，約1時間で転化率80％（T_g=200℃）に達し，実用上問題の無い硬化物特性を発現する。図10は転化率とT_gの関係を示したものである[16]。

CYCLOTENE樹脂は酸素濃度100ppm以下で硬化することが推奨される。BCBが酸化するとIRスペクトルで1700cm^{-1}付近にカルボニル，カルボキシルの吸収ピークが現れる。酸化された

第11章 その他注目材料

硬化物は，光学特性の劣下，誘電特性の劣化，吸湿量の増加，耐薬品性の低化などが見られ，樹脂特性を引き出すためには，酸素を遮断した条件で，硬化することが必須である[14]。

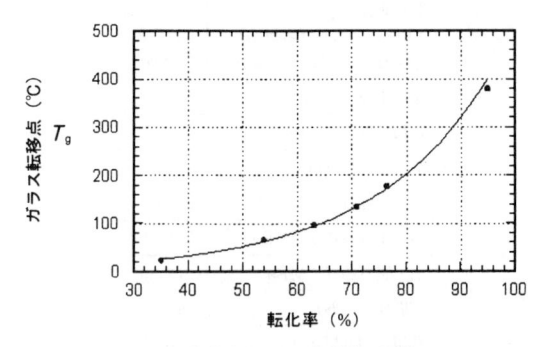

図10 転化率とガラス転移点の関係

1.4.1 標準硬化条件

回路が多層構造の場合，層間密着性に配慮しなければならない。ソフトキュア（転化率80%）とハードキュア（転化率＞95%）を標準硬化条件として提案している。最上層形成まではソフト硬化とし，最上層塗布後ハード硬化する。このプロセスにより，層間で化学結合を形成し高い層間密着性が得られる。転化率80%を得る硬化条件は目安としては，オーブン硬化で210℃，40分～60分，ホットプレート硬化では280℃，20～30秒である。転化率＞95%とするためには，オーブン硬化では，250℃，1時間，ホットプレート硬化では320～330℃，20～30秒程度である。窒素パージなどにより硬化雰囲気の酸素濃度を100ppm以下にした後，硬化を開始するので，硬化サイクルタイムとしては，オーブン硬化の場合3～5時間，ホットプレート硬化の場合，60～90秒となる。

1.5 硬化物の特性

電気，熱，機械特性を表1に示す[17]。

1.5.1 誘電特性

誘電率はClausius-Mosottiの式が予測手段と知られているが，この式によると，誘電率を低くするためには，モル分極率の小さな原子団，モル容積の大きな原子団，即ち，極性基濃度の低減，かさ高い骨格の導入が有効である。一般には，多くの低誘電率材料は誘電正接も低くなる[18, 19]。これは，双極子濃度が低いために電界変化により影響を受けにくいためであると考えられる。

171

耐熱性高分子電子材料

表1 CYCLOTENE 樹脂硬化物特性

特性	値
誘電率（1 kHz-20 GHz）	2.65-2.50
誘電正接 1 kHz-1 MHz（容量法） 1 GHz-10 GHz（共鳴法）	0.0008 <0.002
破壊電圧（V/cm）	3×10^6
体積抵抗率（Ohm-cm）	1×10^{19}
線膨張係数（ppm/℃）	52
ガラス転移点 T_g（℃）	>350
引っ張り弾性率（GPa）	2.9±0.2
引っ張り強度（MPa）	87±9
破断伸び（%）	8±2.5
残留応力（MPa） Si ウエファー，25℃	28±2
吸水率（%）at 84%, 23℃	0.14

　DVS-bisBCB 樹脂は，分極性が極めて低い分子構造となっており，電界変化の影響を受けにくく，優れた誘電特性，低吸湿性を発現している。一般にポリマーの誘電率，誘電正接は周波数依存性をもっており，その周波数依存性は材料によって変わる。誘電率は高周波になるほど低くなる傾向がある。これは，周波数が高くなると極性基の配向が不完全になり，分極が減少するためであると説明されている。誘電正接は MHz 帯から GHz 帯にかけて上昇傾向を示すことが有機材料では多い。この度合いは材料によってかなり違う。粘性抵抗のために電界変化と双極子配向に位相のずれが大きくなると理解される[18, 19]。表1に示すように，DVS-bisBCB は 10GHz の高周波帯域でも優れた誘電率，誘電正接を維持している。

　一般に高分子材料は，温度が高くなると分子の熱運動が盛んになるため，極性基の移動の自由度があがり誘電率は上昇する傾向がある。また分子の熱運動が盛んになるため，双極子配向が遅れ誘電正接は増加する。DVS-bisBCB 樹脂の誘電特性の温度依存性は他の材料に比べて小さい。図11に DVS-bisBCB 樹脂誘電率の温度依存性を示す。

1.5.2　低吸湿性

　水は約80という極めて高い誘電率をもつ。デバイスの動作信頼性より，吸湿時の誘電特性は重要な項目である。また，最近，回路形成金属として銅が多用されているが，吸湿により銅腐蝕やデントライト発生が起こる。DVS-bis BCB 樹脂は表2に示されるように，極めて低い吸湿量を示す。

第11章 その他注目材料

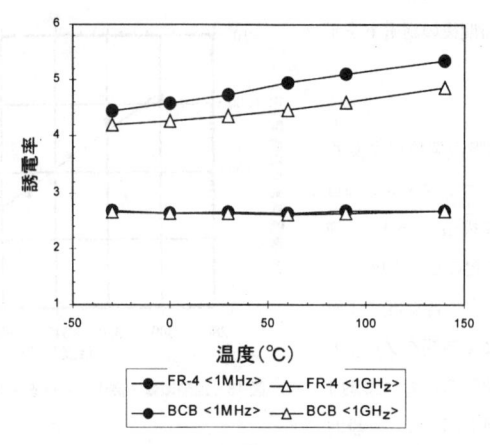

図11 DVS-bis BCB 樹脂誘電率温度依存性（容量法）

表2 飽和吸湿量（23℃）

厚み	相対湿度（%）		
	30	54	84
5 ミクロン	0.061	0.075	0.14
10 ミクロン	0.058	0.077	0.14
20 ミクロン	0.050	0.082	0.14

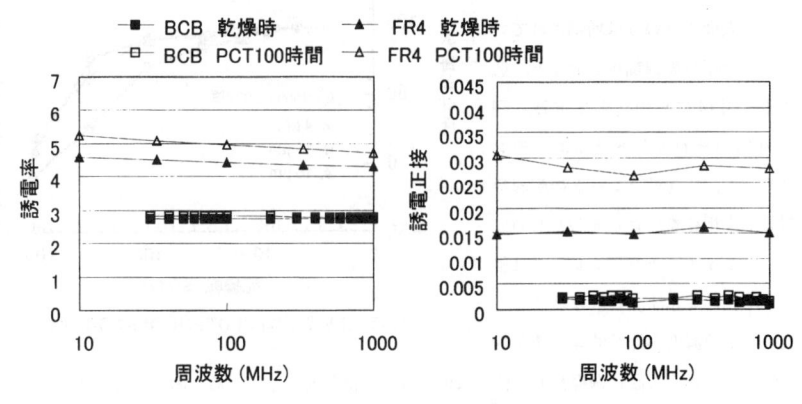

図12 吸湿試験による誘電特性の変化

図12はPCT24時間後の誘電率を示したものである。

1.5.3 耐熱性

DVS-bisBCB樹脂の架橋により得られるテトラハイドロナフタレン環は歪の小さな安定な構造であり，逆Diels-Alder反応を起こしにくい。

図13はヘリウム中で各温度で1％重量減を起こすまでの時間をプロットしたものである。350℃において約1時間で1％の重量減を起こし，一般的には350度以下のプロセス温度が推奨される。

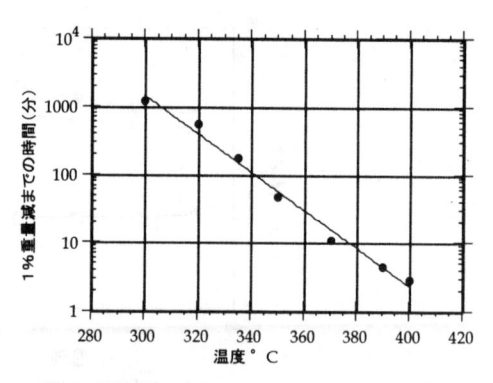

図13 加熱減量－高温における1％重量減までの時間

1.5.4 平坦化性

微細配線を形成するためのエッチングレジストを解像度良くパターニングする必要がある。レジスト露光の際，下地が平坦でないと，焦点深度を一定に保つことができなく良い解像度を得ることができない。配線の多層化が進むほど，表面のうねりは増幅されていく。平坦化率は配線幅が広いほど，低下する。図14に平坦化率の定義，図15，図16はそれぞれドライエッチンググレード，感光性グレードの配線幅に対して平坦化をプロットしたものである。ドライエッチンググレードは優れた平坦化性を示す。これはポリマー溶液の固形分濃度が比較的高く硬化収縮が少ない，さらに硬化過程初期に粘度は低くなり，流動を起こすためであると説明される。一方，感光性グレードは光架橋をしているので，流動を起こすことができず，ドライエッチンググレードの平坦化率には及ばない。

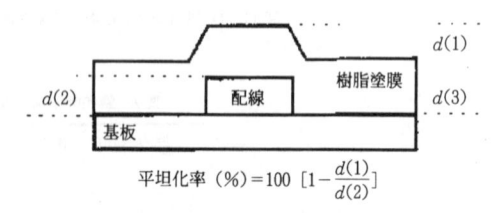

$$平坦化率（\%）=100\left[1-\frac{d(1)}{d(2)}\right]$$

図14 平坦化率の定義

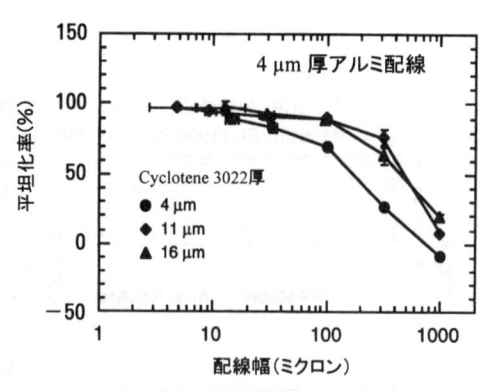

図15 非感光性CYCLOTENE樹脂の平坦化率

第11章　その他注目材料

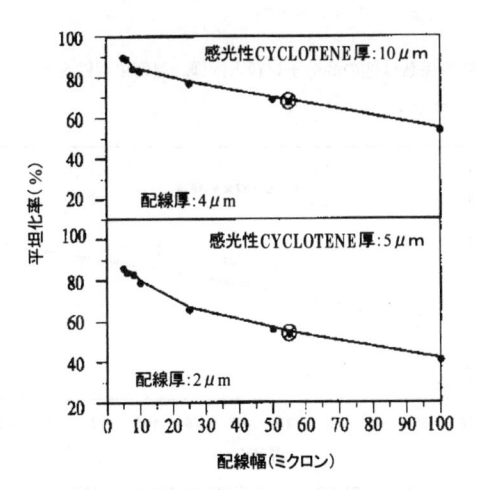

図16　感光性CYCLOTENE樹脂の平坦化率

1.5.5　光学特性

　液晶TFTパネルの平坦化膜はCYCLOTENE樹脂の主用な用途の一つである。この用途では可視光の透過性が要求される。図17は近紫外，可視光の透過性を示したものである。

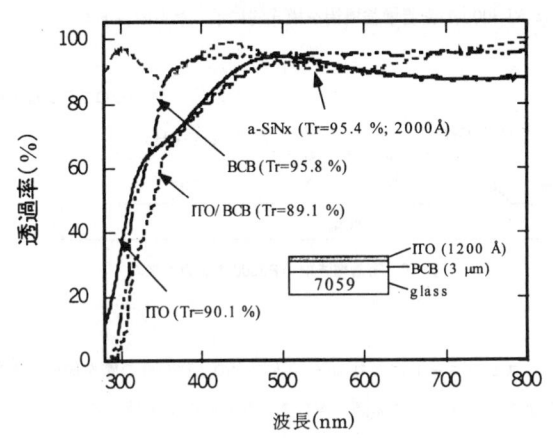

図17　3μm厚非感光性CYCLOTENE樹脂の近紫外－可視光域の光透過率

1.5.6 線膨張係数

図18に示すように膨張係数は他の高分子材料と同様，温度依存性を示し，温度が高くなるほど膨張係数が大きくなっていく。

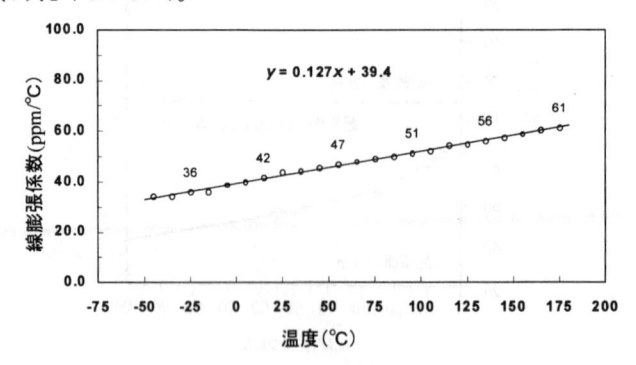

図18 CYCLOTENE樹脂線膨張係数の温度依存性

1.5.7 密着性[20]

信頼性向上のためには基板との密着性は重要である。専用の密着増強剤AP3000が用意されている。AP3000はシラン系カップリング剤 の加水分解，縮重合物をメトキシプロパノールで希釈したものである。AP3000は分子中にビニル基を有しており，シクロブテン環と反応，結合を形成する。図19はAP3000の密着増強機構を模式的に示したものである。

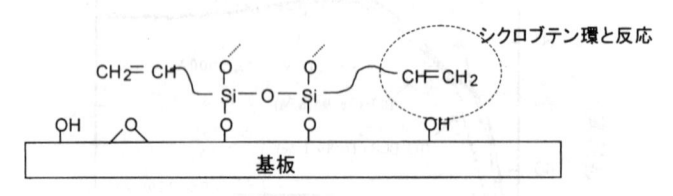

図19 密着増強剤AP3000のメカニズム

使用法としては，スピンコートにより20～50Å程度のAP3000の層を形成したのち，CYCLOTENE樹脂を塗布する。表3に各種表面に置けるAP3000の密着性改善効果を示す。

1.5.8 耐薬品性

表4は硬化膜の耐薬品試験（18時間浸漬）の結果である。転化率80％の硬化物では芳香族系溶剤で僅かな膨潤，25％フッ酸，濃硫酸浸漬後でクレージングが見られた。転化率95％になる

第11章　その他注目材料

表3　CYCLOTENE4024の接着エネルギー（J/m^2）評価

	基板表面			
	Si	SiN	Cu	Al
無処理	21	27	12	12
AP3000塗布	43	53	43	47

と，これらの薬品に対しても良好な耐性を示す。

表4　CYCLOTENE樹脂の耐薬品性（18時間浸漬）

薬品	ソフトキュア膜 (転化率＝80%)		ハードキュア膜 (転化率＞95%)	
	膨潤量	膜質	膨潤量	膜質
ブチルアセテート	0%	Excellent	0%	Excellent
イソプロピルアルコール	0%	Excellent	0%	Excellent
キシレン	10%	Good	0%	Excellent
10%硫酸	0%	Excellent	0%	Excellent
98%硫酸	NA	Very Poor	Slight	Good
15%塩酸	0%	Excellent	0%	Excellent
10%硝酸	0%	Excellent	0%	Excellent
25%フッ酸	NA	Very Poor	0%	Excellent
カ性ソーダ溶液（80℃，pH12）	0%	Excellent	0%	Excellent

1.6　感光性CYCLOTENE樹脂システム[21, 22]

　CYCLOTENE4000シリーズはビスアジド化合物が光架橋剤として配合されてるg-ライン（436 nm），i-ライン（365nm）で光架橋可能なネガタイプである。図20にアジド系光架橋剤の反応を示す。アジドの構造中のR基により，吸収される紫外線の波長が決定される。紫外線を吸収することにより，反応性に富んだナイトレンビラジカルが生成されDVS-bisBCB樹脂と光架橋反応を呈する[23]。

　光架橋剤の配合においては，塗布膜の底部でも光架橋が起こるよう，設計されなければならない。光架橋剤が過剰であると，紫外線透過率が低くなり，膜の底に到達できる光子量が少なくなり，光架橋が不充分となる。選択したアジドはDVS-bisBCB樹脂との光架橋により，紫外線の透過率が上昇する好都合な光架橋剤である。図21はCYCLOTENE4024（標準膜厚5ミクロンのグレード）とCYCLOTENE4026（標準膜厚10ミクロンのグレード）のUV吸収スペクトルである。i-ラインではブリーチングが起こり，一方h/g-ラインでは，着色していく。g-ラインでも，

図20 アジドと DVS-bis BCB との反応

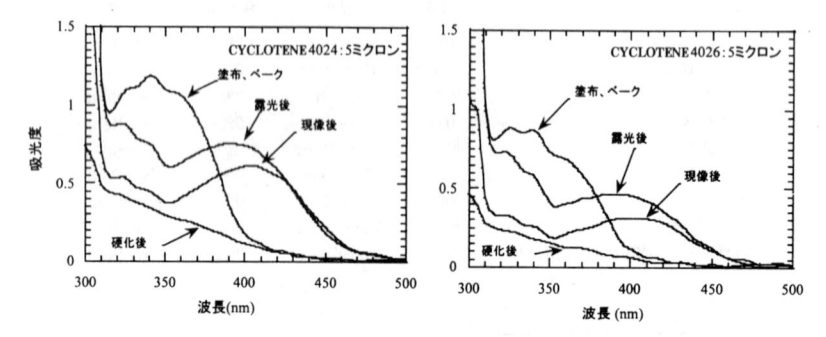

図21 5μm 厚 CYCLOTENE4024, CYCLOTENE4026 の UV 吸収スペクトル

i-ライン同様パターニングできることはすでに確認されている。これは,露光により着色がすすんでも,g-ラインの透過率は高いためであると説明される。

　CYCLOTENE4026 厚膜グレードでは,薄膜用である CYCLOTENE4024 とは異なったシステムを用いている。即ち,厚膜グレードでは,さらに紫外線透過性を高めるために紫外吸収活性のアジドと紫外線低吸収性のアジドを併用し,アジド間でのエネルギー授受を利用した架橋剤配合としている。

　紫外線照射によって形成された潜像は専用有機現像液(パドル現像液 DS2100,浸漬現像液 DS3000)で現像される。現像液は光架橋部分と未露光部分との選択比が高くなるように設計されており,現像による膜減り量は約 15〜20% である。図22 は現像工程でのビア形状変化を模式化したものである。

第11章　その他注目材料

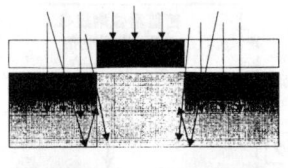

露光
潜像形成

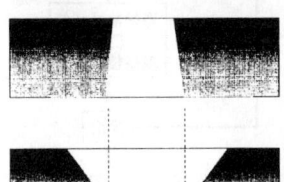

現像
現像中はやや膨潤。
現像の選択比は、露光前ベーク、露光量等のプロセス条件によって変わる。

露光後ベーク
現像液の蒸発により、塗膜収縮するため、ビアトップが開く。

図22　現像工程でのビア形状の変化

1.7　CYCLOTENE樹脂薄膜形成プロセス

1.7.1　ドライエッチング用CYCLOTENE成膜プロセス

　コーティングは通常スピンコーターで行われ、まず密着増強剤AP3000をスピン塗布した後、続いてCYCLOTENE樹脂をスピン塗布し、酸素濃度を100ppm以下にコントロールした雰囲気で硬化する。

　回路基板上の薄膜は電子回路を形成するため、ビアホールなどのパターンが形成されるが、ドライエッチンググレードは塗膜硬化後、プラズマドライエッチングによりパターン形成される。DVS-bisBCB樹脂は分子骨格中にシリコン原子を含むため、酸素プラズマではSiO_2が生成されドライエッチングができない。Si原子をSiF_4として気化させるためにCF_4などのフッ素系ガスと酸素との混合ガスが一般に用いられている[24]。また、フォーミングガス（窒素／水素混合ガス）でもドライエッチングが可能であるという報告もある[25]。

　高解像度のパターン（例えば、アスペクト比＞1）が要求される場合はハードマスクを用いた異方性ドライエッチングが行われる。即ち、1）硬化CYCLOTENE層上にCVDまたはPVDによるハードマスク層形成、2）フォトレジスト塗布、3）フォトレジスト露光、4）フォトレジスト現像、5）ハードマスクパターン形成、6）フォトレジスト除去、7）プラズマドライエッチング、8）マスク除去というプロセスとなる。

　フォトレジストをマスクとした場合ではフォトレジスト：CYCLOTENE樹脂のエッチング選択比は約1〜1.5：1であり[26]、Si_3N_4マスクでは、条件を選択することにより1：10以上となる[27]。アルミなどの金属を利用すれば、実質的に選択比を懸念する必要はない。

1.7.2 感光性CYCLOTENE成膜プロセス

感光性CYCLOTENE樹脂の成膜，パターニングプロセスフローを図23に示す。

現像方法としては，パドル現像（現像液：DS2100)[28]と浸漬現像（現像液：DS3000)[29]が可能である。

パドル現像は枚葉処理に適した手法である。60〜80℃程度のホットプレート上で20〜30秒現像前ベークする。即座にスピンコーターに基板をセットし，DS2100を滴下し基板全面が覆われるようにパドルを形成した後，あらかじめ決定された現像時間，静置する。目安としての現像時間は30〜60秒である。その後，DS2100を降りかけながら低速（例えば500rpm）スピンリンスを行い，続けて3000〜5000rpmで高速スピン乾燥する。さらに，この工程が完了したら，即座に現像後ベークを行う。

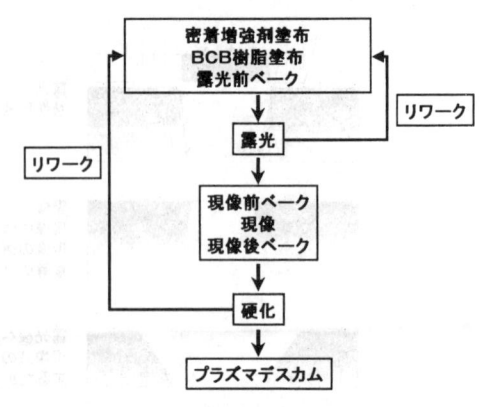

図23 感光性CYCLOTENEプロセス

浸漬現像はバッチ処理に適した方法である。露光済み基板を基板カセットごと約35℃に加温されたDS3000浴にし浸漬し，あらかじめ決めた現像時間浸漬する。目安としての現像時間は，5〜10ミクロン厚の膜厚の感光性BCBで5〜10分程度になる。現像が終了した基板は加温されていないDS3000浴（クリーンルーム室温）でリンスされる。DS3000の現像速度は温度依存性が高く，室温では露光部分の溶解速度は極めて遅いため，リンス中での膜べりはほとんどない。

1.7.3 露光，現像条件の解像度への影響[30]

(1) 露光前ベーク温度

図24は露光前ベーク温度と解像度の関係を示したものである。形成したビアの底の実寸法を露光前ベーク温度に対してプロットした。

ベーク温度が低いと塗膜の乾燥が不充分になるため，残留溶剤により光架橋が阻害され，露光部分も現像液耐性が不足し，塗膜の剥がれなどの問題が起こる。

ベーク温度が高すぎると現像中にクラックを生ずることがある。現像液の浸透により塗膜は膨潤するが，塗膜の厚み方向での膨潤量の違いによる歪が生ずる。ベーク温度が高いと，塗膜弾性率が高くなり，膨潤時の内部ストレスが大きくなりクラックを生じやすくなる。

(2) 露光量

図25は露光量と解像度の関係を示したものである。形成したビア底の実寸法を露光量に対し

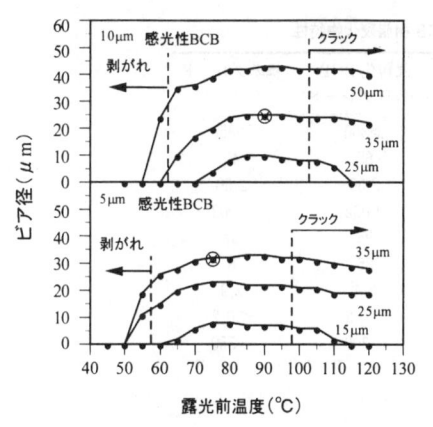

第11章　その他注目材料

図24　ビア解像度とプリベーク温度の関係
上：CYCLOTENE4026　10μm厚
下：CYCLOTENE4024　5μm厚
プリベーク時間：ホットプレートで90秒

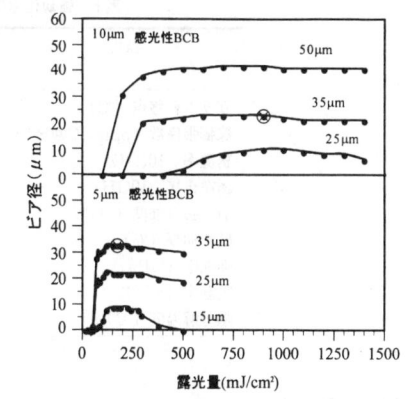

図25　ビア解像度と露光量の関係
カールズース社MA-150プロキシミティーマスクアライナー、10μm露光ギャップ
上：CYCLOTENE4026　10μm厚
下：CYCLOTENE4024　5μm厚

てプロットした。

　露光量が不足すると、現像中の塗膜剥がれや皺の問題を起こす。

　露光量過剰の場合は、露光機光学系にも依存するが、解像度が低下する傾向がある。

1.8　DVS-bisBCB樹脂の強靭化[31, 32]

　Siウエファー上にDVS-bis BCB樹脂層を形成する場合、総膜厚50ミクロンが冷熱サイクル試験信頼性の観点からの限界である。加えて、基板サイズの大型化に伴い絶縁層からの応力による基板の反りがプロセス上の問題になっている。低応力、強靭化のため、エラストマーセグメントをポリマー骨格中に導入することは、様々な材料で行われている。表5に示すような延性を持つ変性DVS-bisBCB樹脂技術が開発された。開発された強靭化変性樹脂は均一系であり、エラストマー成分のミクロ相分離が見られない。表に示したグレードは高延性タイプであるが、エラストマー成分の導入により、膨張係数が大きくなる傾向は避けられない。エラストマー導入量が少なければ、延性は少なくなるが、膨張係数を低くすることはできる。用途および必要とされる特性に応じて、エラストマー導入量を調整する必要がある。開発された強靭化樹脂にさらにフィラーや溶融粘度調整剤等を加え、高周波ビルドアップ基板用銅箔付き樹脂フィルム用途の樹脂システムが開発された[33]。

表5 強靱化BCB樹脂硬化物特性

特性	強靱化BCB (PWBグレード)	標準グレード
ガラス転移点（℃）	>300	>350
線膨張係数（ppm/℃@RT）	85	45
誘電率 10GHz	2.50	2.50
誘電正接 10GHz	0.002	0.002
引っ張り強度（MPa）	95	87
破断伸び（%）	35	8
弾性率（GPa）	2.4	2.9
吸湿率（w%）	<0.2	<0.2
熱分解温度（℃）	>300	>350

1.9 おわりに

　LSIの演算速度の高速化，通信分野における情報量の増大に対応するための半導体パッケージ技術や高周波用配線板技術が開発されている。このトレンドはとどまるところ無く，今後，ますます低誘電率材，低損失材が市場から求められていくと予想される。また，LSIにおいても，配線の微細化が進み配線間電気容量を低減するために低誘電率材が求められている。ダウ・ケミカルは，パッケージ，配線基板用途についてはCYCLOTENE樹脂，また，半導体の内層絶縁用としては，半導体プロセス温度（400℃～450℃）での耐熱性をSiLK樹脂を市場展開している。当社は，さらに市場のニーズを的確に反映した開発を行い，製品化していく所存である。

文　　献

1) www.CYCLOTENE.com
2) Garrou, P. *et al.*, Microelectronic Packaging Handbook (Chapter 11), Chapman Hall, New York, 1997
3) Garrou, P. *et al.*, Multichip Module Technology Handbook, MaGraw-Hill, New York, 1998
4) Tan, L.-S., Arnold, F. E., *J. Poly. Sci.* : *Part A* : *Poly. Chem.*, **26**, 1819-1834 (1988).
5) Kirchhoff, R. A., Bruza, K. J., *Prog. Polym. Sci.*, **18**, 85-185 (1993).
6) Kirchhoff, R. A., Bruza, K. J., *Prog. Polym. Sci.*, **18**, 85-185 (1993).
7) Kirchhoff, R. A., Bruza, K. J., *Chemtech*, **1993**, 22-25.
8) Kirchhoff, R. A., Bruza, K. J., *Adv. Polym. Sciences*, **117**, 1-66 (1993).
9) Farona, M. F., *Prog. Polym. Sci.*, **21**, 505-555 (1996).

第11章　その他注目材料

10) Walker, K. A. *et al.*, Crosslinking Chemistry for High-Performance Polymer Networks. *Polymer*, **35** (23), 5012-5017 (1994).
11) Hawker, C. J. *et al.*, Approaches to Nanostructures for Advanced Microelectronics Using Well-defined Polymeric Materials. *Abstracts of Papers, 222nd ACS National Meeting*, Chicago, IL, August 26-30, 2001.
12) 北村直也, ベンゾシクロブテン系新規高分子,「熱硬化性樹脂」, Vol.15, No.2 (1994).
13) For references of the Synthetic Steps, see So, Y. H. *et al.*, *Chemical Innovation*, **31**, 40-47 (2001).
14) "Cure and Oxidation Measurements for CYCLOTENE Advance Electronics Reisns" www.CYCLOTENE.com
15) Stokich, T. *et al.*, Real Time FT-IR Stubies of the Reaction Kinetics for the Polymerization of Divinylsiloxane bis-Benzocyclobutene Monomers, *Mat. Res. Soc. Symp. Proc.* **227**, 103-114 (1991).
16) R. H. Heistand *et al.*, Advance in MCM Fablicaiton with Benzocyclobutene Dielectric, *ISHM Proceeding*, October 1991.
17) J. Im *et al.*, Mechanical Properties Determination of Photo-BCB-Based Thin Films, *Proc. Int. Soc. Hybrid Microelectronics*, Minneapolis, 1996.
18) 岩本著, "エレクトロニクス用樹脂", 東レリサーチセンター (1999).
19) 馬場監修, "高周波用高分子材料", シーエムシー出版 (1999).
20) J. Im *et al.*, "On Mechnical Relibility of Photo-BCB-Based Thin Film Dielectric Polymer Electronic Packaging Applications", *Symp. Plastics in Packaging Reliability*, Paris, Dec. 1998.
21) K. Ohba, "Overview of Photo-definable Benzocyclobutene Polymer", *Journal of Photopolymer Science and Technology*, **15** (2), 177-182 (2002).
22) E. Moyer *et al.*, "Photo-definable Benzocyclobutene Formulations for Thin Film Microelectronic Applications. Ⅲ. 1 To 20 Micron Patterned Films" *MRS Symposium, Proceedings*, Boston, Mass., Vol.323, 267 (1993).
23) 赤松清, "感光性樹脂の基礎と実用", シーエムシー出版, May 10. 2001.
24) Processing Procudure for Dry-Etch CYCLOTENE Advanced Electronics Resin (Dry-Etch BCB) (www.CYCLOTENE.com)
25) J. Yang *et al.*, "Oxygen-Free Plasma Descum Process For Photosensitive CYCLOTENE™ Polymer For Wafer-Level Chip Packaging", *SEMICON Chaina proceeding*, 2002.
26) B. Rogers, "Soft Mask for Via Patterning in Benzocyclobutene", *The International Journal of Microcircuits and Electronic Packaging*, Vol.17, Nov. 3, 1994.
27) M. Schier, "Reactive Ion Etching of Benzocyclobutene Using a Silicon Nitride Dielectric Etch Mask", *J. Electrochem. Soc.*, Vol.142, No. 9, Sept. 1995.
28) "CYCLOTENE™ 4000 Series Advanced Electronic Resins (PhotoBCB)-Processing Procedure for CYCLOTENE 4000 Series PhotoBCB Resins, DS2100 Puddle Develop Process", May. 3, 1999 (www.CYCLOTENE.com)
29) "CYCLOTENE™ 4000 Series Advanced Electronic Resins (PhotoBCB)-Processing Procedure for CYCLOTENE 4000 Series PhotoBCB Resins, Immersion Develop Process", Apr. 2. 2001 (www.CYCLOTENE.com).

30) Strandjord, A. *et al.*, "MCM-D Fabrication with Photosensitive Benzocyclobutene : (Processing, Solder Bumping, System Assembly, and Testing)", *Int. J. Microcircuits and Electronic Packaging,* **19** (3), pp260 (1996).
31) So, Y. H. *et al.*, "Benzocyclobutene (BCB) Based Polymer with Enhanced Toughness", *IMAPS 2000 Proceeding.*
32) United State Patent 6,420,093 B1, Jul.16, 2002.
33) Ohba, K. *et al.*, Development of CYCLOTENE Polymer Coated Cu Foil for Build-up Board Application. *2000 IEMT/IMC Symposium Proceeding*, Tokyo, Japan, April 19-21, 41-46 (2000).

2 熱硬化型 PPE 樹脂

片寄照雄*

2.1 市場動向

高度情報化社会の進展とともに，情報処理の高速化および情報処理量の増加が顕著になりつつある。コンピュータの分野においては，パソコンなどの小型システムにも従来の大型機並の処理能力が要求されており CPU (Central Processing Unit) クロック周波数は高速演算のために 1 GHz を越えて数 GHz に達しようとしている。信号の伝搬速度 V は式(1)で表されるので，誘電率が小さいほど高速演算に有利である。

$$V \propto C/\sqrt{\varepsilon} \quad (\text{cm/nsec}) \tag{1}$$

ここで，C：光速 (cm/nsec)，ε：誘電率

通信分野においては，携帯電話，自動車電話などの移動体通信機器の増大に伴い，使用する周波数は極超短波帯（300MHz～1 GHz）から準マイクロ波帯（1～3 GHz）に移行しつつあり，さらに高周波数化の傾向にある（図1）。絶縁材料における信号の伝送損失は式(2)で表される。

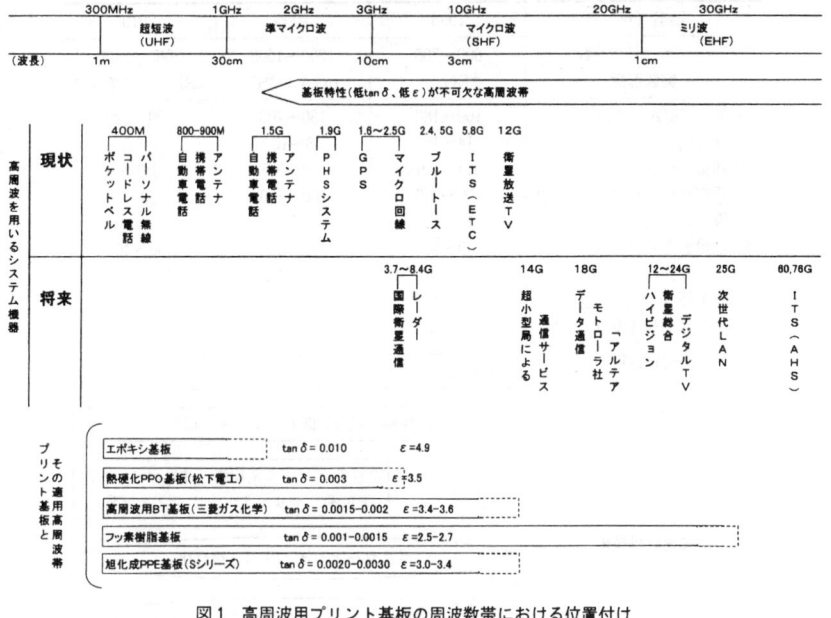

図1 高周波用プリント基板の周波数帯における位置付け

---

* Teruo Katayose　旭化成㈱　電子材料事業部　技術部長

耐熱性高分子電子材料

$$\alpha = \alpha 1 + \alpha 2 \ (\text{dB/cm}) \tag{2}$$

ここで，$\alpha 1$ は導体損失，$\alpha 2$ は誘電損失であり，それぞれ式(3)および式(4)で表される。

$$\alpha 1 \propto R\ (f) \cdot \sqrt{\varepsilon} \ (\text{dB/cm}) \tag{3}$$

ここで $R\ (f)$ は導体表皮抵抗，ε は誘電率を表す。

$$\alpha 2 \propto \sqrt{\varepsilon} \cdot \tan \delta \cdot f \ (\text{dB/cm}) \tag{4}$$

ここで，$\tan \delta$ は誘電正接，f は周波数を表す。

式(2)～(4)から，低伝送損失の絶縁材料としては，低誘電特性が必要である。特に誘電正接が重要であることが理解される。

また，最近の電子機器の小型化，薄形化，軽量化の進展につれプリント配線板に高密度実装が要求されている。この高密度実装を達成するために半導体の実装形態は従来の QFP から BGA，CSP，ベアチップ実装に移行しつつある。表1には2010年までの基板材料特性に求められる特性値を SIA 公表のロードマップに示した。

表1 実装材料技術ロードマップ

西暦（年）	1998	2005	2010
パッケージピン数	600～700	1200～1500	2000～2500
実装形態	BGA	BGA, CSP	CSP，ベアチップ
(1) T_g (TMA)（℃）	160～180	180～200	200～220
(2) α (ppm/℃)	14～15	8～10	6～8
(3) 誘電率（1MHz）	4.4～4.6	3.0～3.5	3.0>
(4) 誘電正接×10^{-4} (1 MHz)	200～250	100～130	50>
(5) 導体厚み（μm）	12, 18	9	5
(6) 絶縁層厚み（μm）	50～60	40～50	30～40
(7) ピール強度（kN/m）	1.0～1.2	1.0～1.2	1.0～1.2
(8) ビア径（$\phi \mu$m）	100～150	60～80	25～50
(9) レジスト解像度（μm）	16～65	6～35	5～30
樹脂材料	BT 樹脂		
	高性能（高 T_g,低 ε）エポキシ樹脂		
	高性能エンプラ系樹脂（液晶ポリマー，PPE系，ポリイミド，オレフィン系）		
関連材料技術	ポリマーアロイ；IPN；複合化		
	分子配向技術　　分子設計技術　　超分子化		
	高次構造解析技術		

第11章 その他注目材料

　一方，環境調和型材料は市場から強く求められ難燃剤はハロゲン系材料から非ハロゲン系材料へ移行しつつあり，ハンダについても鉛フリーハンダへ移行しつつある。特に鉛フリーハンダへの移行ははんだリフロー時の温度が従来の220〜230℃から260℃に達するために使用する材料の高耐熱化は必須である。このような状況下にあって電子材料としての高分子は耐熱性のみならず低誘電特性も求められている。また，電子材料は携帯電話に代表されるように使用される環境が厳しいことが多いので吸水率が小さく，温度，湿度に対して誘電特性をはじめとして電気特性が安定していることも大きな要求項目である。

2.2　電子材料としての高分子

　図2に高分子材料のガラス転移温度（電子材料として使用するときの耐熱性の指標として最も重要）と誘電率を示した。この図から明らかなように耐熱性と低誘電率（1 MHz）を兼備する材料として熱硬化型PPE［Poly(2,6-Dimethyl-1,4-Phenylene Ether)］があげられる。高分子材料の誘電率は分子構造から次のように推算できる。樹脂の誘電率は下記のClausius-Mossottiの式から推測できる[1]。

$$\varepsilon r = (1+2a)/(1-a)$$

ここで $a = \Sigma P_i / \Sigma V_i$

P_i：各原子団のモル分極
V_i：各原子団のモル比容

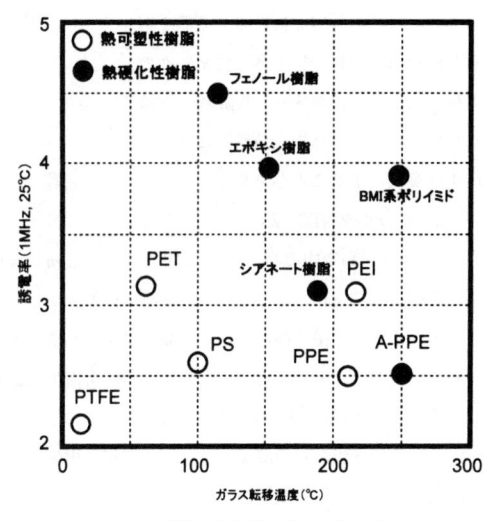

図2　各種樹脂の誘電率とガラス転移温度

モル分極とモル比容の実測値および，誘電率の計算値と実測値は良く一致する。
　樹脂の誘電正接は高周波用機器の特性決定に重要であるが現在のところ理論的に予測することは困難である。経験的には図3に示されるように誘電率が低ければ誘電正接も低いことが分かっている。実際に使用される複合系においてはガラスクロス基材と樹脂界面のカップリング処理剤，水分，樹脂に含まれる不純分等により変動するので注意が必要である。特に高周波領域において変動は顕著である。
　次に，実際使用する領域である高周波領域の誘電特性の評価方法を紹介する[2]。

試料の誘電率は，被測定積層板により図4に示すトリプレートストリップライン共振器を構成し，共振周波数f_oと縁端効果を補正した実効的なストリップ長Lから式(5)を用いて求められる。縁端効果の補正量は，相違なるストリップ長の2組の共振器の共振周波数f_oの比較から求めた。誘電正接は同じ共振器を用い，損失分離法に従って共振器のQ値から求めた。寸法の異なる複数の共振器を用意し，それぞれについて各共振ピークの共振周波数f_o，減衰率α，共振の反復値$\Delta f/f_o$を測定すれば損失分離法により誘電正接を決定することができる。

図3 樹脂の誘電率と誘電正接

$$\varepsilon r = m2c2/4L2f_o2 \tag{5}$$

c；真空中の高速 3.0×10^8 m/s　　m；共振次数 1, 2, 3, ・・・

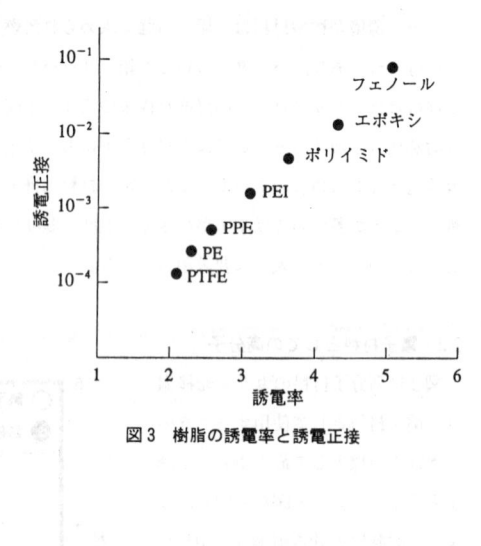

伝送損失の測定は，トリプレート構造の特性インピーダンス50Ωの伝送路を作成ネットワークアナライザで直接に高周波信号の減衰量を調べることにより行った。試料単位長さ当たりの減衰率を決定するにあたっては，コネクタの結合損失の影響を除くために伝送路長として10cmおよび5cmの2種類の試料を用意し，式(6)に従って求めた。

$$\text{単位長さ当たりの減衰率} = (10\text{cm 試料の損失} - 5\text{cm 試料の損失})/(10\text{cm}-5\text{cm}) \tag{6}$$

代表的な高分子銅張積層板の高周波領域における誘電率，誘電正接，伝送損失を図5，図6に示した。図中の記号"S"はすべて熱硬化型PPE樹脂銅張積層板である。

2.3 熱硬化型PPE樹脂

PPE樹脂の長所を損なうことなく，耐薬品性を付与するために，当社独自の技術により，二重結合を含有する熱硬化型PPE樹脂（APPE™）を開発した。

硬化後の熱硬化型PPE樹脂の特性は，PPE樹脂の特徴である低誘電特性，高耐熱性，低吸水性などを損なわずに，耐薬品性が大幅に向上している（表2）。そして，熱硬化型PPE樹脂は，ビスマレイミド系ポリイミドに匹敵する耐熱性と，PTFE並みの低誘電特性，低吸水性を兼備し，かつ，電子材料としては重要な銅箔との接着性に優れた材料であることが理解できる。熱硬化型PPE樹脂の硬化体の特徴をまとめると，以下のとおりである。

第11章　その他注目材料

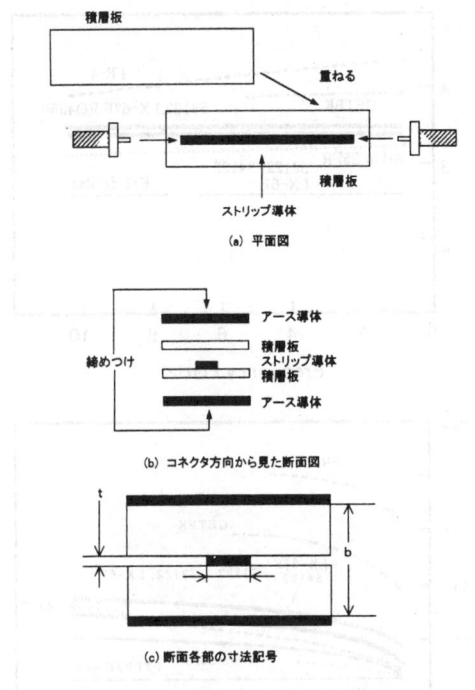

```
             ┌─────────────┐
             │   積層板     │
             └─────────────┘
                       ＼ 重ねる
             ┌─────────────┐
         ━━━│    ストリップ導体    │━━━
             │   積層板     │
             └─────────────┘
                    ↑
               ストリップ導体
             (a) 平面図
```

```
                    アース導体
          締めつけ   積層板
                    ストリップ導体
                    積層板
                    アース導体
             (b) コネクタ方向から見た断面図
```

```
       t ↕  ━━━━━━━━━━━
            ━━━━━━━━━━━  b
            ━━━━━━━━━━━
          (c) 断面各部の寸法記号
```

ストリップの両端解放；共振器；共振器→ ε, $\tan\delta$

ストリップの両端接続；伝送路→伝送損失

図4　高周波特性測定法

1) 誘電率2.5，誘電正接0.001…PTFEに次いで低い。
2) ガラス転移温度250℃…ビスマレイミドと同等である。
3) 吸水率0.05％以下…電気特性の変化が小さく高信頼性。
4) 耐薬品性に優れる…ハロゲン系溶剤，酸，アルカリに対して安定。
5) 銅箔との接着強度が1.7kg/cmと優れる…接着剤なしで銅箔と接着する。
6) 通常のエンジニアリングプラスチックと同レベルの機械的強度。
7) 比重が1.06と小さい…エポキシ樹脂は1.4，フッ素樹脂は2.2であるから，部品の軽量化に適する。

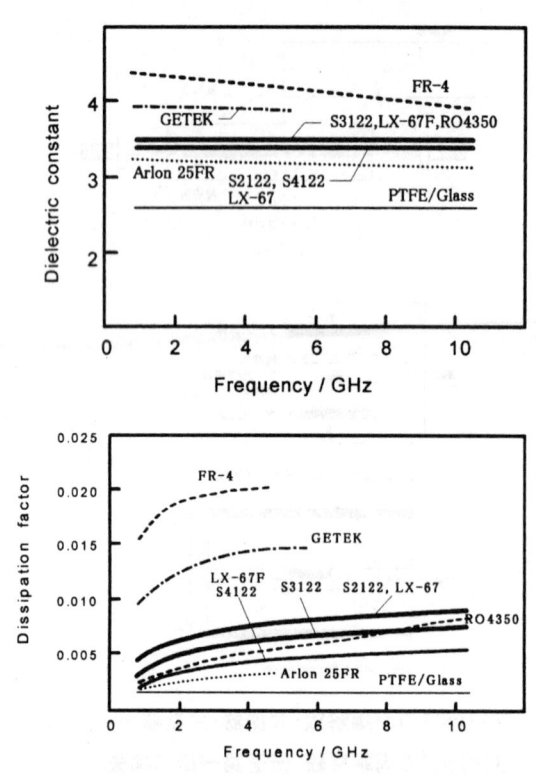

図5 Dielectric Constants and Dissipation Factors of CCL's in High Frequency Region

2.4 熱硬化型PPE樹脂銅張積層板

熱硬化型PPE樹脂をベースとして，各種銅張積層板用樹脂組成物である多層板用S2100，両面板用S4100の特性を紹介する。

2.4.1 プリプレグ

プリプレグの外観はなめらかなフィルム状であり，汎用品であるエポキシプリプレグに見られる樹脂粉末の発生はない。これは熱硬化型PPEプリプレグを用いることにより，プリント配線板製造工程における銅箔表面の粉末による汚染が避けられることを示している。このプリプレグの保存安定性は23℃の室内で1年以上であり，極めて良好である。

プリプレグの溶融粘度の測定結果を図7に示す。熱硬化型PPEプリプレグの溶融粘度は，汎用材料であるFR-4（エポキシ樹脂）よりも1～2桁大きいので，銅張積層板としての板厚み精

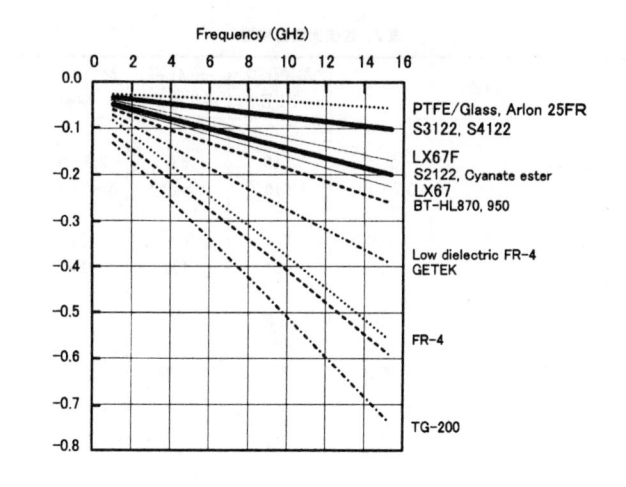

第11章　その他注目材料

Frequency (GHz)

(Graph showing transmission loss vs frequency for various materials:)
- PTFE/Glass, Arlon 25FR
- S3122, S4122
- LX67F
- S2122, Cyanate ester
- LX67
- BT-HL870, 950
- Low dielectric FR-4
- GETEK
- FR-4
- TG-200

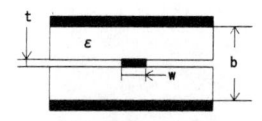

Cross section of stripline

Transmission loss was obtained for the stripline which has characteristic impedance of 50Ω. Dimensional parameters of strip-lines are listed below.

	ε	b/mm	t/mm	w/mm
PTFE/Glass	2.60	1.635	0.035	1.00
S2122	3.30	1.635	0.035	0.88
S3122	3.40	1.635	0.035	0.86
S4122	3.30	1.635	0.035	0.88
FR-4	4.30	1.635	0.035	0.66

図6　Signal Transmission Loss for Striplines

度制御は容易で10％未満であり，FR-4よりも優れている。特に両面板用S4100は溶融粘度が高いので，プリプレグ間でのスリップを起こすことなく，1回のプレスで5mm程度の厚みの積層板が容易に作成できる。

　このように積層板の厚み精度が良好であるので，インピーダンス制御が容易である。また，溶融粘度が高いためにローフロープリプレグとしても有望である。このような溶融粘度挙動は，熱硬化型PPE樹脂が高分子量のPPE樹脂を原料としているために発現する本質的な特性である。エポキシ樹脂に代表される熱硬化性樹脂のように，低分子化合物を原料とし，次いでオリゴマー化する，いわゆるBステージ化することにより溶融粘度も制御する方法よりも，熱硬化型PPE樹脂を用いるほうが安定した溶融粘度のプリプレグを得られると推測される。

　一方，高溶融粘度に起因する多層配線板の内層回路の埋込み性が懸念されるので，導体厚さ

表2　各種樹脂の物性

項目	単位	PPE	熱硬化型PPE	BMI系ポリイミド	シアネート樹脂	PTFE
誘電特性						
誘電率	—	2.45	2.50	3.8	2.9〜3.1	2.1
誘電正接	—	0.7×10^{-3}	1×10^{-3}	8×10^{-3}	$3〜5 \times 10^{-3}$	$<1 \times 10^{-4}$
熱的性質						
ガラス転移温度	℃	210	250	250〜300	250	25
10%重量損失温度	℃	436	420	400	400	—
耐薬品性						
トリクロロエチレン	—	可溶	不溶	不溶	—	不溶
酸	—	不溶	不溶	不溶	—	不溶
アルカリ	—	不溶	不溶	可溶	—	不溶
機械的性質						
引張り強さ	kgf/cm²	730	700	—	—	140
引張り弾性率	kgf/cm²	240	240	—	—	41
吸水率	%	<0.05	<0.05	1.5〜2	—	—
銅箔とのピール強度	kgf/cm	1.7	1.7	—	—	—

測定条件：3℃/分定速昇温

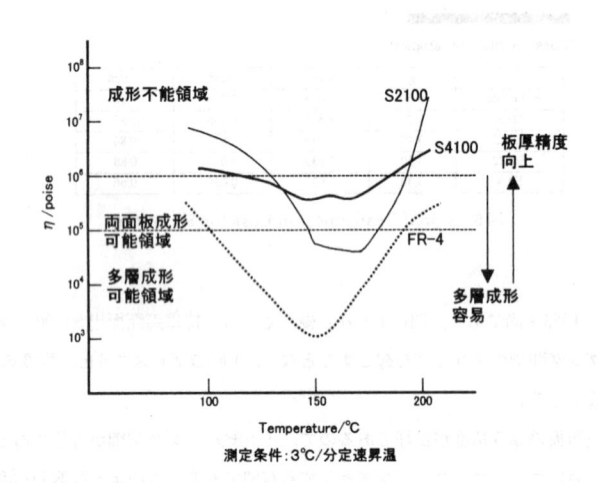

S4100プリプレグは溶融粘度が高い
　→　板厚精度を高くできる
　→　厚板を一括プレス成形できる

図7　プリプレグの溶融粘度

第11章 その他注目材料

105μm，導体幅100μm，導体間隔200μmの回路パターンで回路の埋込み性を検討したが，埋込み不良は全く見いだされず，埋込み性は良好であった。

2.4.2 銅張積層板

(1) 基本特性

各種熱硬化型PPEプリプレグと銅箔を，真空プレスでエポキシ銅張積層板の条件である180℃で1hr，積層圧力30kgf/cm^{2}で成形して銅張積層板を作成した。ポストキュアは特に必要とせずに目標とするガラス転移温度を達成できた。この特性を表3に示した。エポキシ樹脂基板と比較すれば，熱硬化PPE基板は誘電特性と耐熱性において優れている。また，ビスマレイミド系ポリイミド基板よりも誘電特性が優れ，耐熱性は同等である。一方，PTFE基板は誘電特性は優れているものの，ガラス転移温度が25℃と低く，Z-方向線膨張率が大きい。図8にガラス転移温度と誘電率の関係を示した。

熱硬化型PPE基板Sシリーズの誘電率と誘電正接が，誘電率の高いEガラスを用いているにもかかわらず良好な値であることは，熱硬化型PPE樹脂が低誘電率樹脂として，世界トップレベルであることを示している。

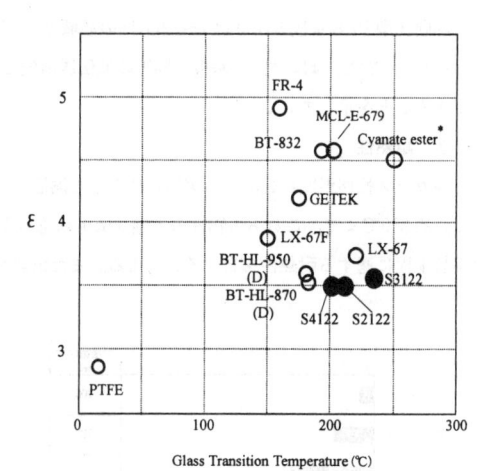

＊Cyanate ester(Arlon 63N)：Resin content=30%(av.)

図8 Dielectric Constant and Glass Transition Temperature of Various Commercial CCL

表3 各種銅張積層板の特性例

項目	熱硬化型PPE樹脂			BMI系ポリイミド	シアネート樹脂	PTFE	エポキシ樹脂
	S2100	S3100	S4100				
ガラスクロス種類	E	E	E	E	E	E	E
誘電率（1MHz）	3.4〜3.6	3.5〜3.6	3.4〜3.6	4.6〜4.7	3.8	2.5〜2.8	4.7〜5.0
誘電正接（1MHz）	0.0025	0.0020	0.0017〜0.0020	0.008〜0.01	0.006	0.001〜0.0015	0.015〜0.019
ガラス転移温度（DMA）	200〜220	230〜250	200	230	247	25	160
Z方向線膨張率（30〜150℃）	80	65	90〜100	40〜60	―	240	145
難燃性（UL94）	V-0	V-0	V-0	V-1	V-0	V-0	V-0

耐熱性高分子電子材料

(2) 誘電特性

信号の伝播速度は式(1)で計算し，その結果を図9に示した。伝播速度はエポキシ基板よりも20〜30%向上している。誘電率と誘電正接の高周波領域における周波数依存性（図5）は低くかなり安定している。高周波領域におけるストリップラインの伝送損失を測定した結果（図6）から1GHzを越える領域においては，エポキシ基板は伝送損失が大きいので使いにくいことを示している。例えば，1GHzを越えるデジタル携帯電話（1.5GHz），パーソナルハンディフォン（PHS；1.9GHz）では，従来からの携帯電話（800〜900MHz）に使用されているエポキシ基板に代わって熱硬化型PPE基板S2100が採用された。

熱硬化型PPE基板S4100は1〜12GHzの領域で，PTFE基板に迫る低伝送損失である。特に1〜4GHzでは，ほぼPTFE基板と同等の低伝送損失であるので，PTFE代替基板としても使用できることを示している。

(3) 耐熱性

高ガラス転移温度に起因する実用物性として銅箔とのピール強度の温度依存性を図10に示した。約200℃まで，これらの物性の大幅な低下は認められないので，SMTやCOBを実装などの実装工程に適する耐熱性を有すると言える。また耐熱が高いので鉛フリーハンダを用いる実装方

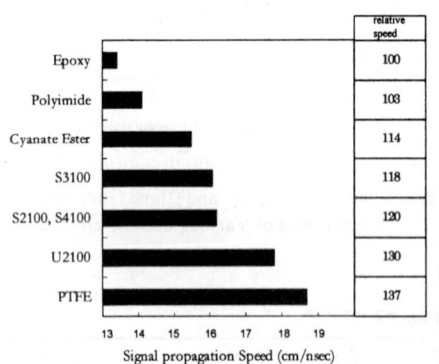

This figure was obtained by the calculation according to the following equation.

$$V = k \cdot \frac{c}{\sqrt{\varepsilon}}$$

V : Signal propagation speed
c : Speed of light in vacuum
k : Dielectric constant

図9 Signal Propagation Speed in Various Copper Clad Laminates

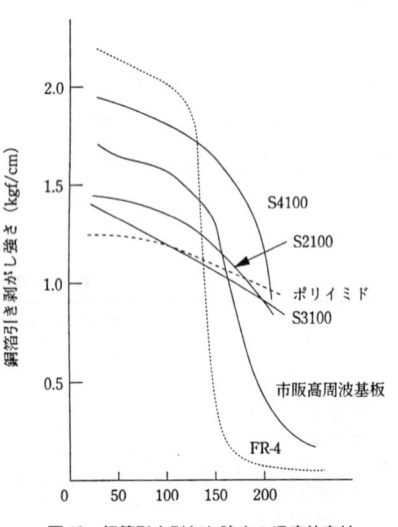

図10 銅箔引き剥がし強さの温度依存性
（35μm 銅箔，板厚 0.8mm）

第11章　その他注目材料

式には有利であることを示唆している。

(4) 耐湿性

両面銅張清掃板の121℃, RH100％におけるプレッシャークッカー試験 (PCT) 結果を図11に示した。熱硬化型PPE基板Sシリーズは，1,000hr後においても吸水率は0.3％と低く，ハンダ浸漬 (260℃, 2min) しても異常は認められない，一方，FR-4 (エポキシ基板) やビスマレイミド系市販耐熱基板は，数時間で吸水率は0.4％を越え，ハンダ浸漬でブリスターが発生する。誘電率と誘電正接もSシリーズは安定でほとんど変化しないが，FR-4やビスマレイミド系市販耐熱基板は時間とともに大きく変化する。

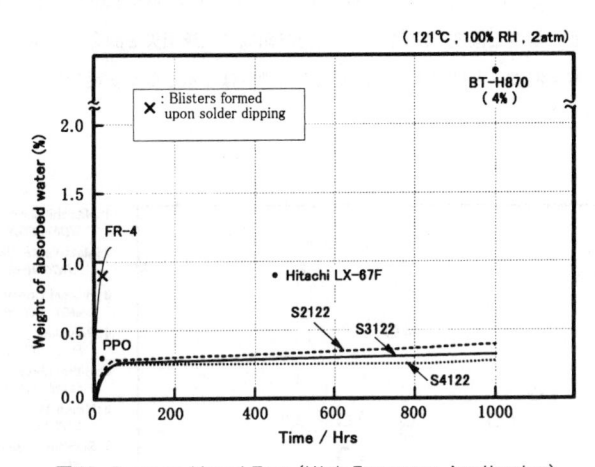

図11　Pressure Vessel Test (High Frequency Application)

熱硬化型PPE基板Sシリーズがこのように安定であるのは，PPEの化学構造中に吸湿性の分子や官能基を含まないためである。これらの特性のために，
・ワークステーション，サーバー，大型コンピュータ，ICテスタなどの高速演算機器
・BGA，PGA，CSPなどの耐熱性，耐湿性が要求される半導体実装分野
が考えられる。

2.5　ビルドアップ用熱硬化型PPE樹脂
2.5.1　APPE樹脂付き銅箔の特徴

この熱硬化型PPE樹脂をベースとしたAPPE樹脂付き銅箔は熱硬化型PPE樹脂の特性を示し，レーザー加工可能なビルドアップ用材料として注目されている。

2.5.2 絶縁材料としての特性－電気特性／耐熱性／吸水率－

①誘電率2.8～3.0（at 1 MHz），誘電正接0.002～0.003（1 MHz）は，従来の代表的なビルドアップ材料である感光性エポキシ系材料がそれぞれ約3.6～4.0，0.02であるので，格段に低く高速演算，高周波化対応に有利である。

②耐熱性はガラス転移温度210～240℃でありエポキシ系材料の150℃と比べてBGAなどの表面実装に有利である。ビルドアップ配線板用各種絶縁材料のガラス転移温度と誘電率を比較した（図12）。

③吸水率0.34％（プレッシャークッカー試験121℃，RH100％，24hr）でありエポキシ系材料の0.9％と比べてかなり小さい。特に低吸収水率が求められる半導体実装の分野において好ましい特性である。また温度と湿度を変化させて高周波領域の伝送損失を測定した結果では伝送損失が小さいだけでなく温度，湿度による伝送損失の変動がほとんどなく安定していることが確認された。

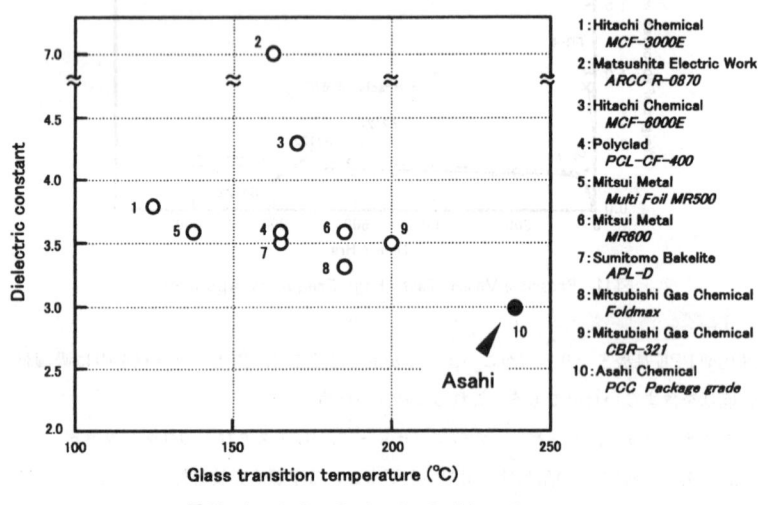

図12 Insulating Resins for Build-up Process

1: Hitachi Chemical MCF-3000E
2: Matsushita Electric Work ARCC R-0870
3: Hitachi Chemical MCF-6000E
4: Polyclad PCL-CF-400
5: Mitsui Metal Multi Foil MR500
6: Mitsui Metal MR600
7: Sumitomo Bakelite APL-D
8: Mitsubishi Gas Chemical Foldmax
9: Mitsubishi Gas Chemical CBR-321
10: Asahi Chemical PCC Package grade

2.5.3 加工特性

①ビルドアップ多層配線板は通常のFR-4多層配線板製造ラインで製造できる優れたプロセス性を有する。すなわち，

・通常の真空プレスでビルドアップできる。プレス条件は180～200℃，60～90分，20～50kg/

第11章 その他注目材料

cm² で成形できる。
- 下層回路の段差が積層時に毎回平坦化されるために高多層配線が可能である。
- 通常の無電解めっき／電気めっきプロセスが適用できる。また，必要に応じてドリル加工も可能である。

②マイクロ・ビアは各種レーザー加工法（炭酸ガス，エキシマー，YAG）およびプラズマエッチング法が適用できる。

③多層化時に，フォトリソグラフィー法のように有機溶媒を用いることはないので環境への負荷が低いプロセスである。

④樹脂層はしなやかで，割れにくいので樹脂粉末の粉落ちがない。プリント配線板収率の向上が期待される。

⑤室温で安定であるために長時間保存が可能である。

2.5.4 ビルドアップ多層配線板の信頼性

(1) 銅イオンマイグレーション試験

ライン／スペイス＝100/100 ミクロンの櫛形状パターンの6層板を用いて試験を行った。試験条件は85℃，85%RH，30VDC および121℃，2atm，100%RH の2条件で行った。それぞれ1000 時間後においても絶縁抵抗は 5×10^8 以上であり特に問題はなく優れた耐マイグレーション性を示した。

(2) プレッシャークッカー試験（PCT）

コア層に APPE 積層板 S2100 を使用したビルドアップ層が片面2層で計4層のビルドアップ層を有する6層多層配線板を試作した。ビア径は炭酸ガスレーザーにより100ミクロンとした。試験条件は121℃，2atm，100%RHで1000 時間後の接続抵抗変化は4%以内であり（通常の規格値は10%以内）極めて良好であった。

(3) 冷熱衝撃試験

上記②で用いた6層多層配線板を用いて冷熱衝撃試験を行った。試験条件は－65℃30 分ついで125℃30 分を1サイクルとする試験法で1000 サイクル後の接続抵抗変化を測定した。変化は3%以内（規格値は10%以内）で極めて良好であった。

2.6 今後の展望

低誘電率積層板材料としては，移動体通信時代の本格的な幕開けに伴う応用製品の拡大，コンピュータのより一層の高速化，コンピュータ，通信システム及び AV 機器の複合化によるマルチメディア時代を創出する基幹材料の一つとして，大きな役割を果たすものと期待される。

更に熱硬化型 PPE 樹脂の大きな魅力は，その基本特性に加えて，汎用エンジニアリング樹脂

を原料にしていることである。汎用電子材料であるエポキシ樹脂は，日本で年間15万トン生産されているので，生産量の少ない特殊な樹脂とは異なり，将来性の大きな材料と言える。

熱硬化型PPE樹脂の銅張積層板以外の用途として，次世代ビルドアップ配線板用樹脂付き銅箔としても開発され，その将来性が期待されている。

文　献

1) 金丸競，"高分子電気物性"，共立出版 (1981).
2) 新井，片寄，"熱硬化型PPE樹脂積層板の高周波領域の誘電特性の安定性"，回路実装学会誌，Vol.10, 113 (1995).

3 液晶ポリマー

吉川淳夫*

3.1 はじめに

液晶化合物は剛直性の高い棒状分子からなり,結晶の光学的異方性と液体の流動性をあわせもつことが特徴である。ディスプレーに多用される低分子液晶が常温で流体であるのに対して,高分子液晶は常温で固体であり,溶液中で液晶性を示す「ライオトロピック液晶ポリマー」と熱で溶融する「サーモトロピック液晶ポリマー(TLCP)」に大別される。

TLCP は,1984年にダートコ社が「ザイダー」(日本では日本石油化学社が販売)を,1985年にはヘキスト・セラニーズ社が「ベクトラ」(日本ではポリプラスチックス社が販売)を上市して以来,国内外の複数メーカーが相次いで参入しており,高性能なエンジニアリングプラスチックとしての地位を固めている(2002年の推定販売量は15,000トン/年)。

現在,TLCP の主な用途は射出成形品であり,優れた機械的性質,耐熱性,寸法安定性,高流動性,低バリ性を活かした電子・電気関係の精密コネクタや精密ソケットに多用されているが,他にも,高強度・高弾性率を実現した溶融紡糸繊維(クラレ商品名「ベクトラン」[1])や物性の異方性を解消した溶融押出フィルム(クラレ商品名「ベクスター」)が実用に供されている。

従来,耐熱性高分子電子材料としてフィルム形態で用いられているのはポリエステルフィルムとポリイミドフィルムであるが,携帯電話をはじめとする情報通信機器分野においては一層の大容量・高速通信と短小軽薄を求める傾向が強まっており,低吸湿性や高周波特性に優れる TLCP フィルムはこれらの高性能な要求に応え得る好適な材料である。

本稿では,TLCP の概要と特徴を紹介するとともに,フィルム成形品としての物性ならびに電子材料としての代表的な用途について解説を加える。

3.2 LCP の分類と特徴

3.2.1 化学構造と合成方法

液晶ポリマーは,その化学構造から主鎖型,側鎖型および複合型に分類され,メソゲン基(剛直部分)の種類や屈曲鎖などの組合せにより多くの配列をとることができる(図1[2])。このなかで主鎖型 TCLP には,ポリエステル系,ポリエステルアミド系,ポリエーテル系,ポリアゾメチン系,ポリチオール系,ポリウレタン系などがあるが,現在の主体は全芳香族(図1(a))および半芳香族(図1(b))のポリエステル系である。

全芳香族 TLCP は,表1[3] に示す芳香族モノマーの組合せによる共重合体であり,剛直で直線

---

* Tadao Yoshikawa ㈱クラレ 機能材料事業部 開発部 開発主管

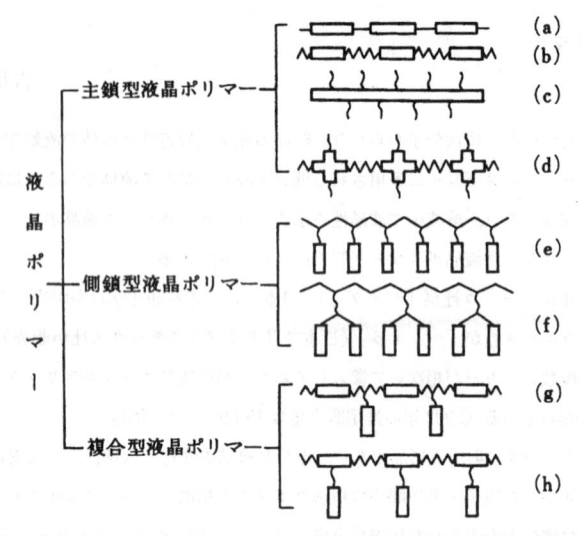

```
                        ┌─ (a)
          ┌ 主鎖型液晶ポリマー ─┼─ (b)
          │             ├─ (c)
          │             └─ (d)
液晶       │             ┌─ (e)
ポリマー ───┼ 側鎖型液晶ポリマー ─┤
          │             └─ (f)
          │             ┌─ (g)
          └ 複合型液晶ポリマー ─┤
                        └─ (h)
```

▭ ：棒状あるいはディスコチック， ⋀⋀ ：屈曲鎖（含まれない場合もある）

図1　液晶ポリマーの配列模式図[2]

性の高い芳香族モノマーを組合せた TLCP ほど強度，弾性率および耐熱性（融点）が高くなる反面，成形温度も高くなるので汎用の成形機での加工が困難になる。一例として，p-ヒドロキシ安息香酸（HBA）のホモポリマー（分子量 12,000）は軟化点が 440℃であり，射出成形温度として 450℃が必要になる[4]。しかし，TLCP の機械的性質を低下させることなくその成形温度を低下させるために，(1)クランクシャフト型モノマーの導入，(2)非直線性モノマーの導入，(3)芳香環への置換基の導入，(4)屈曲鎖の導入，(5)共重合，(6)低分子 TLCP とのブレンド，などの方法が採られており，目的とする電子材料に適した耐熱性の TLCP を選択することができる。また，詳細は後述するが，TLCP の成形品は熱処理によってその耐熱性を高めることもできるので，選択肢はさらに拡がる。

　一方，半芳香族 TLCP は上記(4)の屈曲鎖を導入したものであり，屈曲鎖としてはポリメチレン，ポリオキシエチレンおよびポリシロキサンなどが主に用いられている。

　一般に反応溶媒に対する溶解度が低く，高融点であるために高分子量化が困難である TLCP の重合方法は必ずしも明らかになっていないが，直鎖型芳香族ポリエステルの重縮合反応には，溶融重縮合法，界面重縮合法，溶液重縮合法などが適用できる。

　溶融重縮合法は一般に，フェノール性の水酸基を無水酢酸で活性なアセテートに変え，カルボキシル基との間で酸交換反応を行わせるものであり，高真空下での加熱により重合度を高める。

第11章 その他注目材料

表1 TLCPに使われる芳香族モノマー例[3]

芳香族ジオール	芳香族ジカルボン酸	ヒドロキシカルボン酸
(構造式群)	(構造式群)	(構造式群)

一般反応式は次のようになる。ここで，ArおよびAr′はそれぞれ芳香族環あるいは脂肪族である。

$$AcO-Ar-OAc + HOC-Ar'-COH \xrightarrow{-AcOH} \left(-O-Ar-OC-Ar'-C- \right)_n$$
$$\qquad\qquad\qquad \parallel \qquad\quad \parallel \qquad\qquad\qquad\qquad\qquad \parallel \qquad\quad \parallel$$
$$\qquad\qquad\qquad O \qquad\quad O \qquad\qquad\qquad\qquad\qquad O \qquad\quad O$$

$$AcO-Ar-COH + AcO-Ar'-COH \xrightarrow{-AcOH} \left(-O-Ar-CO-Ar'-C- \right)_n$$
$$\qquad\qquad\qquad \parallel \qquad\qquad\quad \parallel \qquad\qquad\qquad\qquad\qquad \parallel \qquad\quad \parallel$$
$$\qquad\qquad\qquad O \qquad\qquad\quad O \qquad\qquad\qquad\qquad\qquad O \qquad\quad O$$

一方，界面重縮合法は，ジオールとジカルボン酸クロリドを，次の一般反応式に従って重合反応させるものであり，(1)低温溶液重縮合法と(2)相間移動触媒を用いる二相系重縮合法が主流である。(1)，(2)のいずれの重縮合法も比較的低温で反応が進行することが特徴である。

$$\text{HO-Ar-OH} + \text{ClC-Ar}'\text{-CCl} \xrightarrow{-\text{HCl}} \left(\text{-O-Ar-OC-Ar}'\text{-C-} \right)_n$$
$$\qquad\qquad\quad \overset{\|}{\text{O}}\quad\overset{\|}{\text{O}} \qquad\qquad\qquad\qquad \overset{\|}{\text{O}}\quad\overset{\|}{\text{O}}$$

3.2.2 耐熱性

　芳香族TLCPは一般に，その耐熱性および分子構造から，Ⅰ型，Ⅱ型およびⅢ型に分類される（表2）。剛直な分子鎖の分子間力が大きく，成形時に高度に配向して結晶化するⅠ型の熱変形温度は250～350℃であり，ポリイミド並みに優れた耐熱性を有する。クランクシャフト型モノマーの導入などにより融点を低下させたⅡ型の熱変形温度は，通常のエンジニアリングプラスチック並みの180～250℃であり，Ⅰ型よりも成型加工性が改良されている。また，剛直な芳香族環の間へ屈曲鎖の導入などによりさらに融点を低下させたⅢ型の熱変形温度は60～180℃であるが，流動性に優れることが特徴である。

　電子材料として求められる耐熱性をリフローハンダ用および一般ハンダ用に大別すると，前者には耐熱性を重視したⅠ型TLCPが，後者には精密加工性および力学物性を重視したⅡ型TLCPが適していると言える。

　なお，結晶化度の高いTLCPは，微結晶部分が液晶部分の流動を抑えるので耐熱性は高いが，同時に微結晶部分が液晶部分の配向を妨げるので引張強度が低くなる傾向がある。この微結晶部分は，TLCPの原料である芳香族モノマー単位（p-ヒドロキシ安息香酸やハイドロキノンテレ

表2　TLCPの型分類

分類	熱変形温度 （目安）	分子構造例
Ⅰ型	250～350℃	[―O―⟨⟩―C(=O)―O―⟨⟩―O―C(=O)―⟨⟩―C(=O)―]
Ⅱ型	180～250℃	[―O―⟨⟩―C(=O)―O―⟨⟩―O―C(=O)―]
Ⅲ型	60～180℃	[―O―⟨⟩―C(=O)―O―(CH$_2$)$_2$―O―C(=O)―⟨⟩―O―]

フタレート）の繰返しからなるホモポリマーであり，結晶化度は溶融状態からの冷却速度に依存しないので，TLCP の成形品は寸法の2次変化が少ない[5]。

3.2.3 流動特性と成形加工性

TLCP の見かけの溶融粘度は，他の耐熱性で高強度なエンジニアリングプラスチックに比べて低く，剪断速度依存性が著しく大きい。この特徴は，TLCP のドメイン（局所的に配向方向が揃った微細構造）が剪断応力によって崩れ，剛直な分子が絡み合うことなく流動することによる[6]。

また，融点以上の温度で溶融した TLCP を降温させた場合，動的貯蔵弾性率 G' および動的粘性率 η' の増加は極めて緩やかであり，融点より 50℃程度低い温度まで変形が可能であるとともに，応力緩和時間が長い[7, 8]。

さらに，通常の結晶性ポリマーの場合は融点（示差熱分析）を指標に加工温度を設定するが，TLCP の融点は目安であって，その温度以下でも加工できる。

TLCP のこれらの特徴は，原料樹脂の一次加工ならびに製品の二次加工において温度や圧力などに敏感に影響されることを意味するので，長所にも短所にもなり得る。

3.3 射出成形品

流動性，耐熱性，寸法安定性，強度などに優れる TLCP の現在の最大用途は，精密コネクタとしての射出成形品である。以下に電子材料関連の実用化例[5]を列記する。

1) 長尺コネクタ（SIMM ソケット）
2) 薄物・微細コネクタ（IC メモリーカードコネクタ，FPC コネクタ，耐熱コネクタ，表面実装用コネクタ）
3) スイッチ（表面実装用タクトスイッチ，表面実装用リレーケース，表面実装用 DIP スイッチノブ）
4) ボビン（表面実装用ボビン，リレー用ボビン，センサー用ボビン，プリンタヘッドボビン）
5) FDD，HDD 周り（FDD キャリッジ，HDD アクチュエータ）
6) 衛星放送機器（BS チューナー端子）
7) 回路成形品（MID 製品）
8) 音響部品（スピーカー振動板）
9) 精密部品（シャッターフレーム，CD ピックアップベース，光電センサーケース，レンズホルダー）

3.4 フィルム成形品
3.4.1 製法

　従来TLCPは，その優れた諸物性からフィルムやシートの押出成形加工品の用途に大きな期待が寄せられていたが，成形加工時の樹脂流れ方向（MD）に垂直な方向（TD）の強度が極端に低いなど，機械的性質や熱的性質の著しい異方性がその応用展開を阻害していた側面がある。これら物性の異方性は既に述べたように，TLCPが剛直性の高い棒状分子からなり，溶融時に分子の絡み合いが少なく，わずかな剪断応力を受けるだけで一方向に配向する特性に起因している。一例として，Tダイ成形法で得られたTLCPフィルムの広角X線回折写真（写真1(A)[9]）には，小角領域に異方性の回折パターンが観察され，大きな構造単位が高度に配向していることがわかる。また，薬品でエッチング処理したフィルム表面のSEM写真（写真2(A)）には，ほぼMD方向に秩序よく配列したドメイン構造が確認できる。

　当社では，独自に開発した分子配向度の精密制御技術をインフレーション成形法に適用することにより，物性の異方性を解消したTLCPフィルム（商品名「ベクスター」）を実用化している（写真3）。ベクスターの広角X線回折パターン（写真1(B)）には，非晶性ポリマーと同様のハローしか見られず，分子の配列に方向性のないことがわかる。また，薬品でエッチング処理したフィ

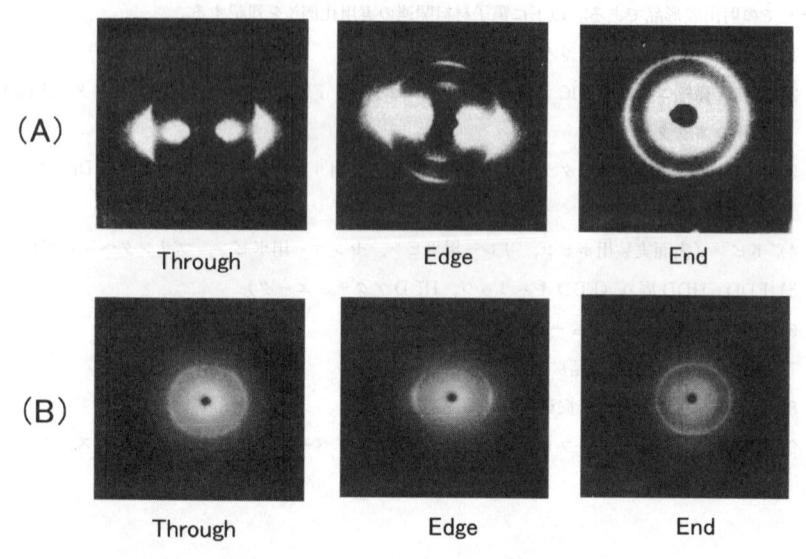

写真1　TLCPフィルムの広角X線回折写真
(A) Tダイフィルム（195μm厚，引落し比：3.9）[9]，(B)ベクスター（50μm厚）

第11章 その他注目材料

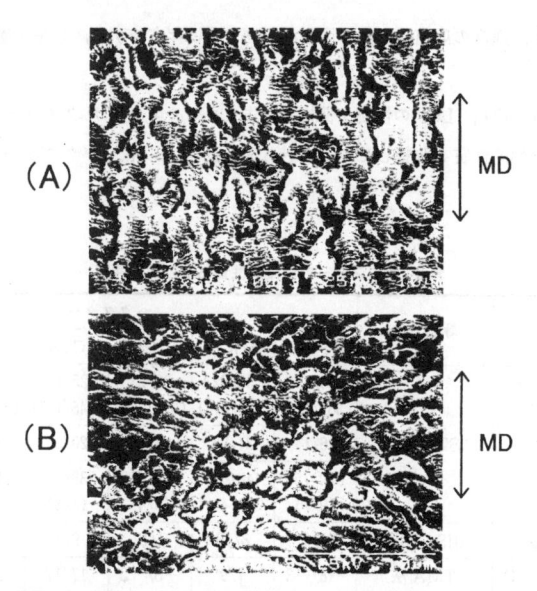

写真2 TLCPフィルム表面のSEM写真（モノエチルアミン処理後）
(A) Tダイフィルム，(B)ベクスター

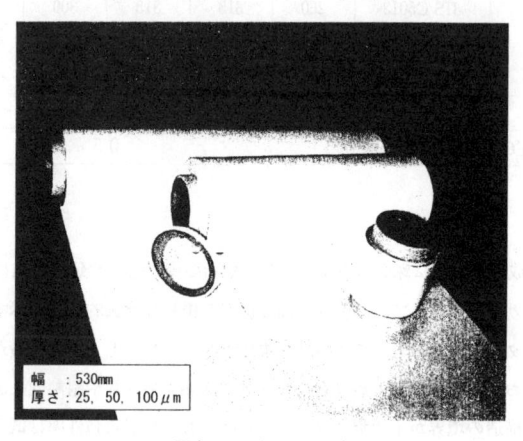

写真3 ベクスターの例

ルム表面のSEM写真（写真2(B)）には，ランダムに存在するドメイン構造が観察される。なお，ベクスターを透過型電子顕微鏡（TEM）で観察した結果，表層部と中心層部の層構造に明確な

205

差異は認められず，通常の射出成形品に見られるコア層は存在せずに，スキン層のみの存在が示唆されている。

ベクスターには，原料TLCPの性質を保持したままフィルム化したタイプと，熱処理技術により機械的性質と熱的性質を改質したタイプがある（表3）。以下，ベクスターの特性について述べる。

表3 ベクスターの機械的性質および熱的性質

項目	単位	評価方法	ベクスター					
			FA	OC	OCL	CTS	CT	CTV
引張強度	kg/mm² (MPa)	ASTM D882	39/30 (382/294)	33/22 (323/215)	32/23 (313/225)	25/15 (245/147)	30/18 (294/176)	29/18 (284/176)
破断伸度	%	ASTM D882	16/14	24/26	34/32	20/20	40/37	30/29
引張弾性率	kg/mm² (GPa)	ASTM D882	920/750 (9/7)	448/412 (4/4)	480/430 (5/4)	338/321 (3/3)	340/337 (3/3)	369/354 (4/3)
端裂強度	kgf	JIS C2318	4/4	8/16	9/12	9/7	15/13	18/16
熱膨張係数	ppm/℃	TMA法	−8/−3	7/9	−6/−2	17/17	17/17	17/18
融点	℃	DSC法	280	315	310	295	310	327
熱変形温度	℃	TMA法	275/270	295/301	299/300	293/290	297/297	325/323
ハンダ耐熱	℃	JIS C5013	260	315	315	300	315	335
加熱寸法変化率	%	150℃, 30分	<0.05	<0.05	<0.05	<0.05	<0.05	<0.05
		200℃, 30分	−	<0.05	<0.05	<0.05	<0.05	<0.05
難燃性		UL94	VTM-0					
熱伝導率	W/m℃	熱線プローブ法	0.5					

3.4.2 機械的性質

TLCP分子は，成形加工時に剛直な棒状分子鎖が樹脂の流れ方向や延伸方向に配向するため，いわゆる自己補強効果を発現して，高強度・高弾性率の優れた機械的性質を示す。物性の異方性を解消したベクスターにおいても，この特性は維持されており，ドメイン構造が緻密であるFAタイプは引張強度および引張弾性率が最も高い。一方，熱膨張係数や耐熱性を調整した他のタイプでは，ドメイン構造の境界が不明瞭になり，引張強度および引張弾性率は低下するが，伸度および端裂強度はFAタイプよりも増大する。なお，ベクスターのラインナップは，一般的なポリイミドフィルムの引張強度および引張弾性率の領域をカバーするが，伸度および端裂強度は低い。

3.4.3 熱的性質と寸法安定性

ベクスターの各タイプは，TLCP分子の配向とその集合体であるドメイン構造を制御すること

第11章 その他注目材料

により耐熱性が調整されており，フィルムの二次加工性や使用環境に応じた選択が可能である。例えば，FAタイプのハンダ耐熱は原料TLCPと同等の260℃であるが，他のタイプでは300℃以上にまで高められており，高温のリフローハンダを使用する製品に適している。

連続使用温度はUL温度インデックス（RTI）が一応の目安になるが，ベクスターでは確定できていない。これは，一例として280℃の高温に長時間暴露した場合，TLCPのドメイン構造がより強固になり，引張強度および引張弾性率が低下しない（わずかに増加する）ためである（図2）。

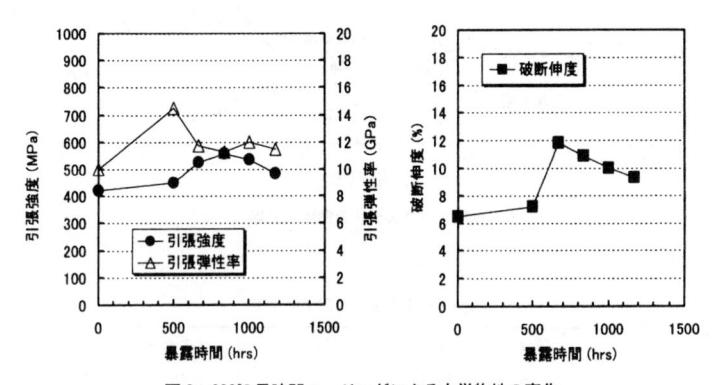

図2　280℃長時間エージングによる力学物性の変化

熱機械分析装置（TMA）で測定したベクスターの熱膨張曲線を図3に示す。FAタイプは，室温から260℃付近まで緩やかに収縮し，わずかにマイナスの熱膨張係数（CTE）であるのに対して，他のタイプは緩やかな伸びを示し，CTEはわずかにプラスの値である。したがって，FAタイプは，エポキシ系接着剤など比較的大きなプラスのCTEをもつ材料との複合化により見かけのCTEを低減する効果を有する。一方，OCタイプおよびCTタイプのCTEはそれぞれシリコンおよび銅箔のCTE近傍に設定されているので，積層体は寸法安定性に優れ，熱収縮による応力歪が発生し難い。なお，ベクスターの分子配向とドメイン構造を熱エネルギーにより変化させると，図3にFAタイプの例（FA-50積層後）で示すようにCTEがプラスに転じる。この性質を応用すれば，ベクスターのCTEを積層する金属などのCTEとマッチングさせることができ，寸法安定性が向上する。ただし，低いCTEを高めることは容易でも，高いCTEを低くすることは困難である[10]。

3.4.4　電気的性質

ベクスターを構成するTLCP分子は，双極子性が小さいことに加えて，分子が剛直であるの

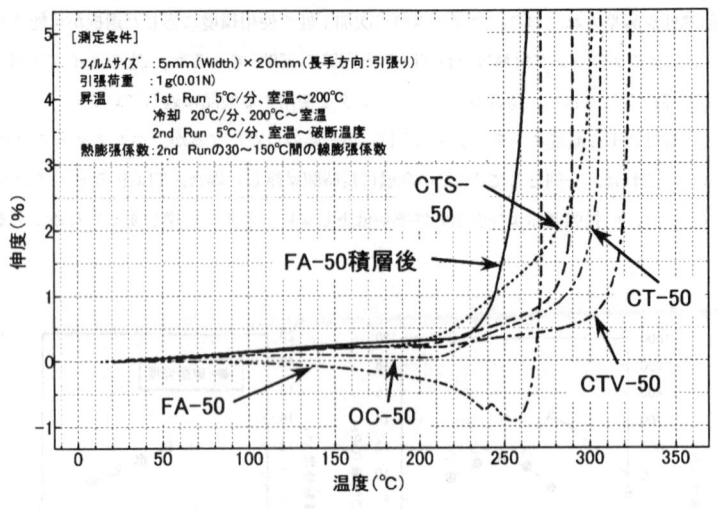

[測定条件]
フィルムサイズ：5mm(Width)×20mm(長手方向：引張り)
引張荷重　：1g(0.01N)
昇温　　　：1st Run 5℃/分，室温～200℃
冷却 20℃/分，200℃～室温
2nd Run 5℃/分，室温～破断温度
熱膨張係数：2nd Runの30～150℃間の線膨張係数

図3　ベクスターの熱膨張曲線

表4　ベクスターの電気的性質

項目	単位	評価方法	ベクスター
比誘電率	1kHz	JIS C6481	3.45
	1MHz		3.01
	1GHz	トリプレート線路共振器法	2.85
	5GHz		2.86
	25GHz		2.86
誘電正接	1kHz	JIS C6481	0.0279
	1MHz		0.0220
	1GHz	トリプレート線路共振器法	0.0025
	5GHz		0.0022
	25GHz		0.0022
表面抵抗	$10^{13}\,\Omega$	JIS C6481	13.9
体積抵抗	$10^{15}\,\Omega m$		7.7
絶縁破壊電圧	kV/mm	ASTM D149	167

で，電場を加えても動きが鈍く，緩和時間が長いことから，特に高周波電気特性に優れる（表4）。
図4(A)に誘電特性の周波数依存性を示す。測定周波数の増大に伴い，双極子の大きさを示すパラ

第11章 その他注目材料

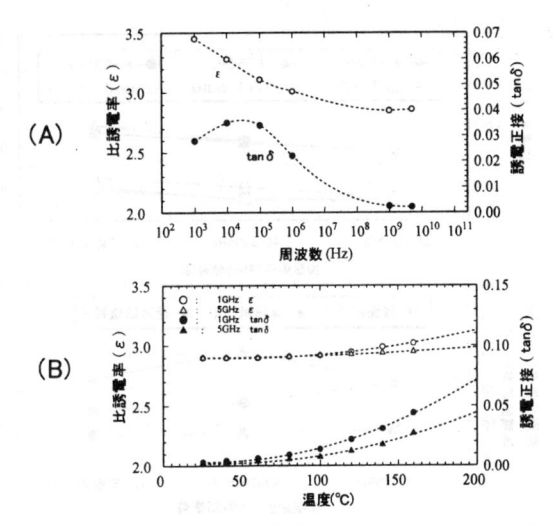

図4 誘電特性の周波数及び温度依存性（トリプレート線路共振器法）

メータである誘電率が単調に減少するのに対して，誘電正接には10k〜100kHz付近で大きな誘電緩和域が存在する。これは配向分極の双極子による分子軸まわりの回転運動に対応する緩和である。マイクロ波（3GHz以上）を越えるともはや分子の運動は電界の変化に追従しにくくなり，ミリ波領域（30GHz以上）に至るまで誘電特性の変化はほとんどなく良好な特性を示す。代表的な低誘電率材料であるフッ素樹脂（PTFE）に比較しても，10GHz以上の高周波領域ではほぼ匹敵する特性を持っている。さらにTLCPは，ミリ波を越えて誘電緩和域が現れるのは赤外線領域（数万THz）であると考えられるので，この誘電特性は周波数がテラヘルツ付近までほとんど一定であると推定される。

図4(B)に誘電特性の温度依存性を示す。高温になるほどTLCP分子の軸方向の回転運動は激しくなり，誘電正接の誘電緩和領域は高周波数側へシフトするが，25GHz程度の高周波領域ではもはやTLCP分子の回転運動は追従せず，温度の影響を受けない。一方，誘電率は分子運動の激しさには無関係であり，温度変化の影響を受けにくく1GHz以上の周波数に対して一定である。

3.4.5 吸湿性

ベクスターは，親水性が低い化学構造のTLCPからなることに加えて，緻密なドメイン構造を有するため，吸湿性が極めて低く，水分をほとんど透過しないことを特長とする。したがって，加湿雰囲気下において，誘電率，誘電正接，表面抵抗率，体積抵抗率および絶縁破壊電圧のいず

耐熱性高分子電子材料

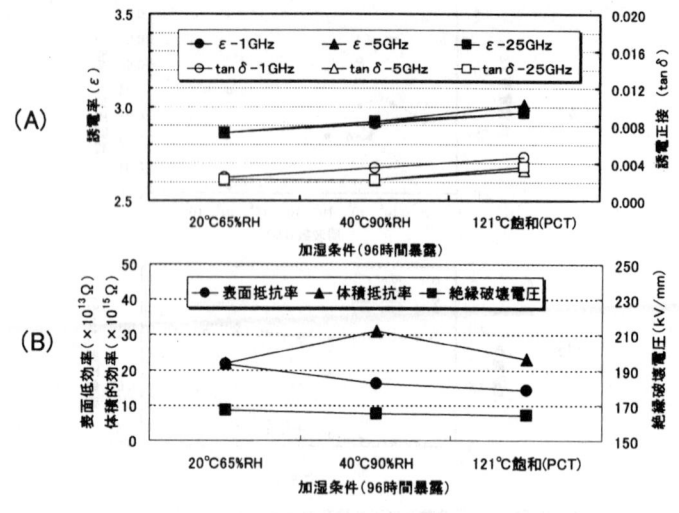

図5 電気的性質の湿度依存性

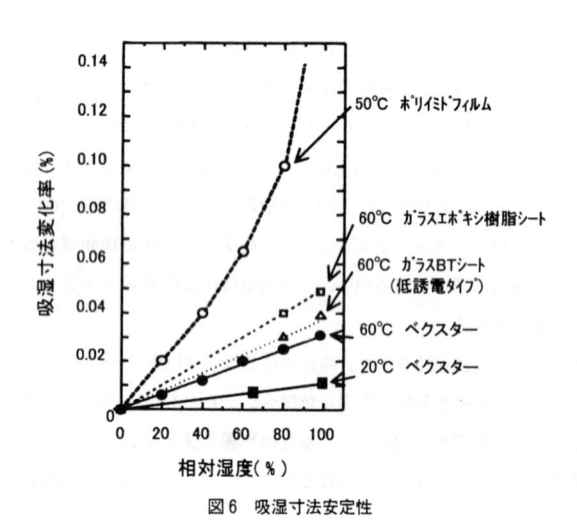

図6 吸湿寸法安定性

れの特性値もほとんど増加することなく安定である（図5）。さらに，ベクスターは，加湿時の寸法安定性に優れることも大きな特長であり，ポリイミドフィルムはもちろんのこと，ガラスクロスで強化された樹脂シートよりも良好である（図6）。

第11章 その他注目材料

3.4.6 耐薬品性

ベクスターは，前項で述べた理由により，ほとんどの化学薬品に対して十分な耐性を備えているので，加工時のプロセス環境や製品の使用環境に対する耐性が高い（表5）。ただし，高温のアルカリやグリコールなどの化学薬品には一部可溶であるので，目的に応じてフィルム表面の粗化や改質を行うこともできる。

表5 耐薬品性試験後の力学物性保持率

化学薬品	評価方法	力学物性の保持率（％）		
		引張強度	破断伸度	引張弾性率
30％-H_2SO_4	室温浸漬 1カ月	88	91	94
10％-H_2SO_4		100	100	98
10％-HCl		100	100	100
10％-NaOH		95	100	97
10％-NH_4OH		84	80	96
トルエン		83	76	99
アセトン		89	92	95
DMF[1]	IPC-FC-231 2.3.2 Method B	100	85	100
IPA[2]		100	100	100
MEK[3]		100	100	100
塩素系溶剤[4]		100	100	100
Sequential Solvent[5]		100	100	100

1) Dimethyl Formamide, 2) iso-Propyl Alcohol, 3) Methyl Ethyl Ketone
4) Methylene Chloride-Trichloroethylene Mixture (50/50 vol.％),
5) Methylene Chloride, 2N-NaOH, 2N-H_2SO_4

3.4.7 環境適合性

ベクスターを構成するTLCP分子は全芳香族であり，原子間の結合エネルギーが大きい分子構造であるため，限界酸素指数（燃焼が継続する雰囲気中の最低酸素濃度）が高い。したがって，ハロゲン系やリン系の難燃剤を添加しなくても，UL94 VTM-0の認定を得ている。

また，ベクスターは高耐熱性フィルムではあるが，あくまでも熱可塑性樹脂であるので，回路基板に搭載された電子部品の取り外しや樹脂のリサイクルが可能になるなど，環境適合性に優れた素材である。

3.4.8 ガスバリア性

ベクスターは，上記の理由により，数ある有機材料の中でも最高レベルのガスバリア性を有す

る（表6）。酸素透過係数は，ガスバリア材として既に実績のあるエチレン-ビニルアルコール共重合体（クラレ商品名「エバール」）と同等であるが，水蒸気透過係数は他の素材より明らかに低い。これらの優れたガスバリア性を有するベクスターは，回路基板のみならず，封止材などの電子材料としても活用できる。

表6　各種ポリマーフィルムのガスバリア性

フィルム種	酸素透過係数 [20℃, 65%RH] ($cc \cdot 20\mu/m^2 \cdot day \cdot atm$)	水蒸気透過係数 [40℃, 90%RH] ($g \cdot 20\mu/m^2 \cdot day$)
ベクスター（FAタイプ）	0.3	0.13
ポリイミド（PI）	490	105
ポリフェニレンスルフィド（PPS）	250	13
ポリエチレンテレフタレート（PET）	54	30
ポリ（エチレン/ビニルアルコール）（EVOH）	0.5	75
ポリビニリデンクロライド（PVDC）	3.2	5
ポリプロピレン（PP）	2000	14

3.4.9　耐放射線性

全芳香族のTLCP分子から成るベクスターは，耐放射線性にも優れた素材であるので，原子力関連設備や航空・宇宙関連設備での応用も期待できる。一例として，電子線照射量50MGy（ポリイミドやPEEKの伸度が初期値の20%程度にまで劣化する照射量）においても，絶縁破壊電圧は初期値と同等である（表7）。

表7　放射線照射後の絶縁破壊電圧
($1MGy=10^6Gy$, $1Gy=10^2 rad$)

ベクスター	絶縁破壊電圧		
	放射線照射量 0 MGy（未照射）	放射線照射量 20MGy	放射線照射量 50MGy
FAタイプ	5.9kV	6.1kV	6.5kV
OCタイプ	7.0kV	7.1kV	7.5kV

3.4.10　アウトガス

6×10^{-6}Torr以下の高真空下，125℃の温度雰囲気でベクスターから発生するアウトガス量は極微量であり，その大半はわずかに吸湿した水分である（表8[11]）。この特長は，宇宙用電子素

第11章 その他注目材料

表8 アウトガス評価[11]（ASTM E595-93準拠）

ベクスター	TML（%）	CVCM（%）	WVR（%）
FAタイプ	0.044	0.014	0.030
OCLタイプ	0.044	0.002	0.037
CTタイプ	0.044	0.001	0.033

1. TML：Total Mass Loss（質量損失）
   CVCM：Collected Volatile Condensable Materials（再凝縮物質量比）
   WVR：Water Vapor Regained（再吸水量比）
2. NASA（アメリカ宇宙航空局）推奨値：TML≦1%，CVCM≦0.1%

材として活用できるほか，腐食性ガスを嫌う用途，例えば密閉系で使用されるハードディスクドライブ周りにも適している。

3.4.11 レーザー穴あけ加工性とめっき性

写真4に，炭酸ガスレーザーならびにUV-YAGレーザーで加工した小径ビア（穴径：50μm，100μm）のSEM写真を示す。ビアのリム部および内壁部にスミアの付着が見られるが，汎用の薬剤でデスミア処理できる。なお，スルーホールおよびブラインドビアへのメッキ加工は，ポリ

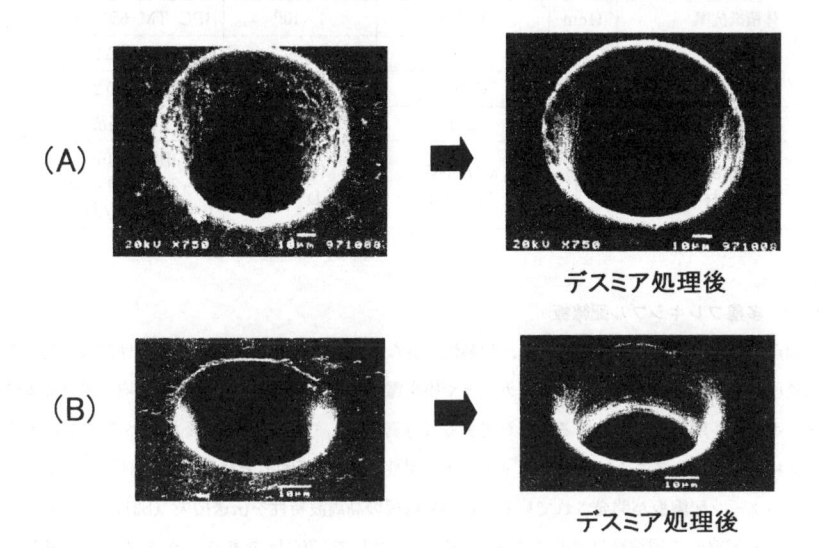

写真4　レーザー穴あけ加工性
(A)炭酸ガスレーザー（穴径：100μm），(B)UV-YAGレーザー（穴径：50μm）

イミドとほぼ同条件で行える。

3.5 用途
3.5.1 銅張積層板

ベクスターは高耐熱性ではあるが，あくまでも熱可塑性樹脂フィルムであるので，短時間の加熱圧着により，接着剤レスの銅張積層板を製造することができる（表9[12]）。ベクスター本来の優れた高周波電気特性を保持したまま，エッチング後および加熱後の寸法安定性に優れたフレキシブルな両面銅張積層板が実用化されており，携帯電話や携帯情報端末の液晶ドライバICをフリップチップ実装するCOF方式のフレキシブル配線板などへの応用展開が図られている。

表9 エスパネックス®L 両面銅張積層板特性[12]

特性	単位	エスパネックス® Lシリーズ（50μm）	ポリイミド2層品 （従来品）	測定法
銅箔引き剥がし強さ	kN/m	1.1	1.1	JIS C-5016
エッチング後の寸法 変化率	%	MD −0.02 TD −0.01	MD −0.02 TD −0.02	IPC-TM-650 2.5.9
加熱後寸法変化率	%	MD −0.05 TD −0.07	MD −0.05 TD −0.05	250℃，30分
体積抵抗率	Ωcm	3×10^{16}	1×10^{15}	IPC-TM-650 2.5.17
誘電率　　1GHz		2.8	3.8	IPC-TM-650 2.5.5A
誘電正接　1GHz		0.0025	0.009	IPC-TM-650 2.5.5A
ハンダ耐熱温度	℃	260	380	1分間浸漬
MIT耐折性 （カバー材なし）	回	MD 585 TD 344	MD 394 TD 332	JIS C-5016 R=2.0 荷重0.5kgf L/S=150μm/250μm

3.5.2 多層フレキシブル配線板

融点，熱変形温度などを指標とし，耐熱性の異なる複数枚のベクスターあるいは銅張積層板を加熱圧着することにより，デジタルカメラや携帯電話など携帯機器への需要が急増している多層フレキシブル配線板を製造することができる（写真5[13]）。寸法安定性に優れたベクスターを絶縁基材として用いることにより，ホットオイル耐性や熱衝撃耐性などに優れた，信頼性の高いファインパターン配線板が開発されている。この配線板の高周波特性を伝送損失（S21）で評価すると，3dB減衰時の周波数はポリイミドの16GHzに対して27GHzであり，ベクスターの優れた特性を発現していることが確認されている。

第11章　その他注目材料

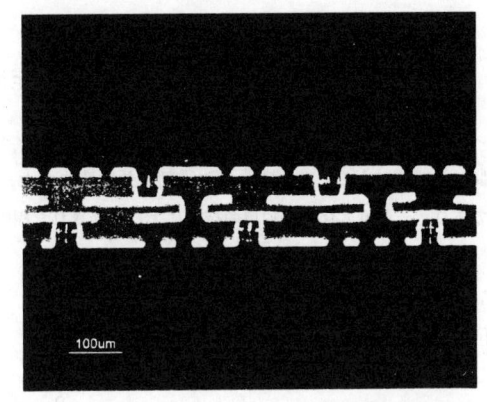

コアLCP　　　25μm
ランドピッチ　350μm
ランド間配線数　2本
配線ピッチ　　70μm

写真5　4層配線板[13]

3.6　おわりに

　精密コネクタや精密ソケットなどの射出成形品において優れた諸特性を認知された TLCP は，その溶融押出フィルムによって高性能な配線板・パッケージなどの用途を開拓しつつある。現時点の高性能が汎用性能となる将来においても，TLCP が時代の要求に応え得る電子材料として，さらに数多くの新たな技術や製品に応用展開されることを期待したい。

文　　　献

1) 小出直之ほか, 液晶ポリマー─合成・成形・応用, シーエムシー (1987)
2) 小出直之ほか, 高分子新素材 One Point-10 液晶ポリマー, 共立出版 (1988)
3) J. I. Jin, et al., Br. Polym. J., **12**, 132 (1980)
4) J. Economy, et al., 194th ACS National Meeting, New Orleans, No.190 (1987)
5) 末永純一, 成形・設計のための液晶ポリマー, シグマ出版 (1995)
6) 神谷武ほか, 液晶ポリマー新時代, 工業調査会 (1991)
7) D. Done, et al., Polym. Eng. Sci., **27**, 11, 816 (1987)
8) D. Done, et al., Polym. Eng. Sci., **30**, 16, 989 (1990)
9) K. G. Blizard, et al., Intern. Polymer Processing, **5**, 1, 53 (1990)
10) 田中善喜ほか, エレクトロニクス実装学術学会誌, **2**, 5, 394 (1999)
11) 宇宙科学研究所, 技術資料
12) 新日鐵化学㈱, エスパネックスL技術資料
13) 日本メクトロン㈱, 技術資料

4 BTレジン

近藤至徳*

4.1 BTレジンとは

ビスマレイミド・トリアジンレジン（以後BTレジンと略す）とは、B成分（ビスマレイミド化合物）とT成分（トリアジン樹脂）を主成分とし、さらに他の改質剤より構成された、高耐熱付加重合型熱硬化性樹脂の総称であり、三菱ガス化学㈱独自の技術により開発された樹脂である。

BTレジンの主成分であるトリアジン樹脂は、シアネート基（R-OCN）という不飽和三重結合を持つ化合物が、加熱により反応してトリアジン環（図1）を形成し、さらに重合したものである。トリアジン環はベンゼン環より熱エネルギーや放射線に対して安定であり、しかも他の極性基を副生しないため、耐熱性や電気特性の優れた樹脂となる。

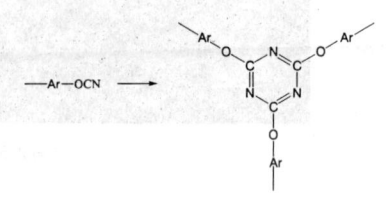

図1 シアネート基によるトリアジン環形成

ここで用いるシアネート化合物は、バイエル社の発明したものであり、1970年代に三菱ガス化学㈱はバイエル社からシアネート化合物を入手し、実用化のために各種化合物との反応を検討した。その結果ビスマレイミドとの間で付加重合体を形成することによって、優れた特性を持つBTレジンを得ることができた。

4.2 シアネート化合物

シアネートは、1960年代にフェノール類とハロゲン化シアンの反応により合成されている。その後、バイエル社により工業的な連続合成法が確立された。

反応はフェノール類を有機溶剤に溶解し、低温下で塩基触媒の存在下で塩化シアンを混合することにより短時間に起こる（図2）。

三菱ガス化学㈱ではバイエル社から実施権を取得した後、1982年から新潟工業所において商業生産を開始した。生産を開始したシアネートは、BTレジンに用いられている、ビスフェノールAを原料とした、2,2′-ビス（4-シアナトフェニル）プロパンである[1]。

このシアネートが現在最も多く使用されており、融点が79℃の白色物質であり、単独硬化物

---

* Yoshinori Kondo　三菱ガス化学㈱　東京工場　電子材料部　研究技術グループ
　　　　　　マネージャー

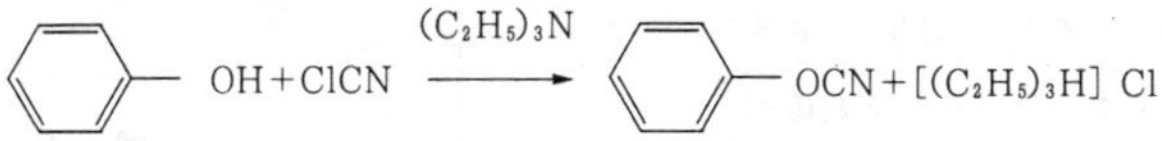

第11章 その他注目材料

$$\text{C}_6\text{H}_5\text{-OH} + \text{ClCN} \xrightarrow{(\text{C}_2\text{H}_5)_3\text{N}} \text{C}_6\text{H}_5\text{-OCN} + [(\text{C}_2\text{H}_5)_3\text{H}]\text{Cl}$$

図2 シアネートの合成

No.	化合物名	融点 °C	T_g °C DMA	誘電率 1GHz	誘電正接 1GHz
1	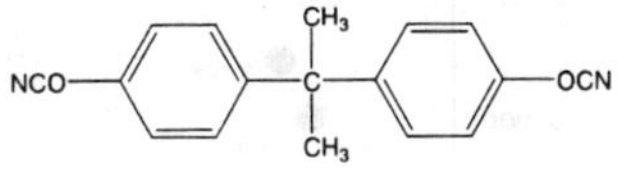 2,2′-ビス(4-シアナトフェニル)プロパン	79	289	2.8	0.006
2	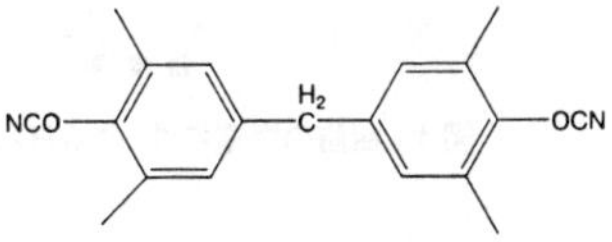 ビス(4-シアナト-3,5-ジメチルフェニル)メタン	106	252	2.7	0.005
3	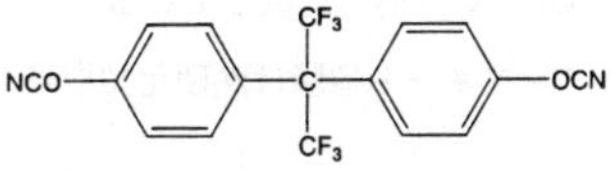 2,2′-ビス(4-シアナトフェニル)-ヘキサフルオロプロパン	87	273	2.5	0.005
4	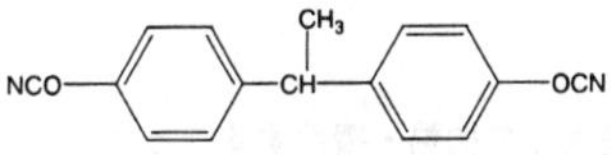 1,1′-ビス(4-シアナトフェニル)エタン	29	258	2.9	0.006
5	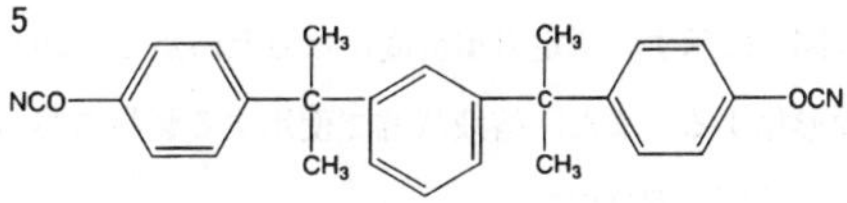 1,3-ビス(2-(4-シアナトフェニル)イソプロピル)ベンゼン	68	—	2.5	0.002

1 スカイレックス CA200（三菱ガス化学）
　BADCY（ロンザ）
　AROCY B-10（チバガイギー）
2 AROCY M-10（チバガイギー）
3 AROCY F-10（チバガイギー）
4 AROCY L-10（チバガイギー）
5 RTX-366（チバガイギー）

図3 主なシアネート化合物

は T_g 289℃（DMA法），誘電率2.8（1 GHz），誘電正接0.006（1 GHz）の特性を持つ．
　使用するフェノール類により，各種のシアネート化合物がこれまでに得られており，その一例を示す（図3)[2]．

2のビス (4-シアナト-3,5-ジメチルフェニル) メタンは，それぞれのベンゼン環にメチル基を2個ずつ導入し嵩高い構造により，3の2,2′-ビス (4-シアナトフェニル) ヘキサフルオロプロパンはフッ素原子の導入により低誘電率，低誘電正接化を達成している。

4の1,1′-ビス (4-シアナトフェニル) エタンでは中央部にエタン構造を持つことにより，常温で液体となっている。

5の1,3-ビス (2-(4-シアナトフェニル) イソプロピル) ベンゼンでは誘電正接0.002という値を達成している。

図4に主な樹脂の誘電率と誘電正接を示した。シアネート樹脂は熱硬化製樹脂の中では誘電率，誘電正接とも低い部類にあることがわかる。

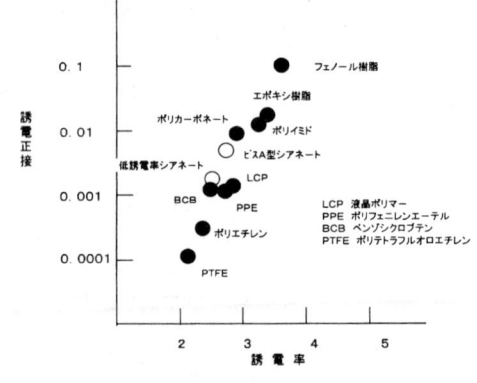

図4 樹脂の誘電特性 (1 GHz 25℃)

4.3 BTレジンの製法

反応器にジシアネートとビスマレイミドを投入して加熱・攪拌することにより，トリアジン環を含む三次元構造を持った高分子物質が生成する。反応は発熱反応であり，温度制御を十分にする必要がある。この物質の推定構造は図5に示す。所定の重合度になった時点で冷却して反応を止め，溶融状態のまま外部に排出し固形化する。また，溶液状態で使用する製品の場合は，反応停止と同時に有機溶剤を投入し溶液とし外部に取り出す。

生成物をGPCにて測定すると，シアネートモノマー，シアネートオリゴマー，三次元架橋物の混合物であることがわかる。

また，シアネートは各種の官能基と反応するため，ビスマレイミド以外の成分を配合して，各種の特性を持った樹脂を得ることができる。官能基との反応例を図6に示す。

4.4 BTレジンの特徴

BTレジンは次のような特徴を持つ。
(1) 未硬化物
・毒性，変異原性，皮膚刺激性がなく人体に対する安全性が高い。
・室温で液状，高粘度液体，固体というように多くの性状の樹脂があり，用途，加工方法によっ

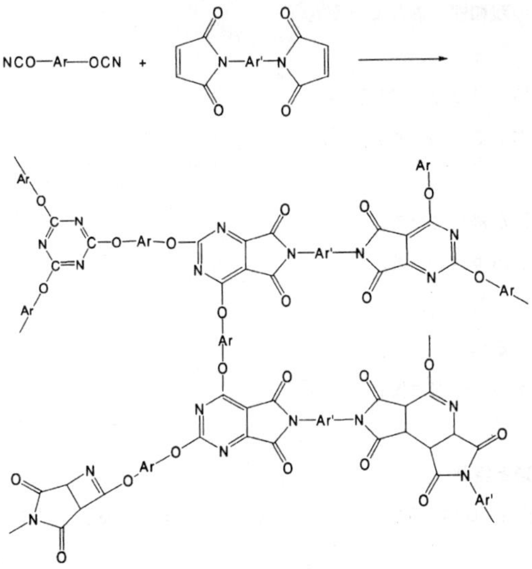

第11章 その他注目材料

図5 BTレジンの推定構造

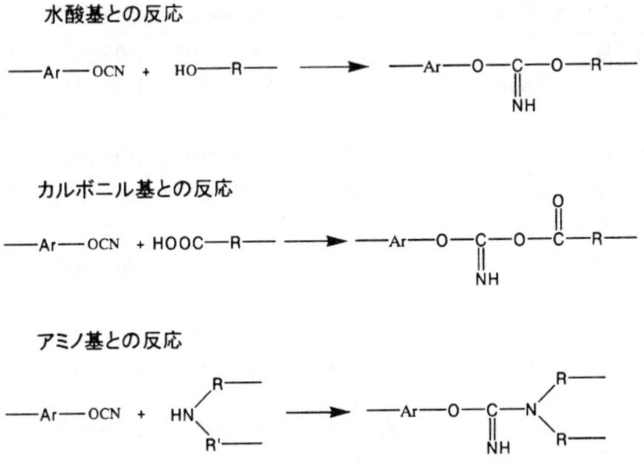

水酸基との反応

カルボニル基との反応

アミノ基との反応

図6 シアネートの反応

て選択ができる[3]。
- 溶融温度が低く取り扱いやすい[3]。
- 比較的低い温度にて硬化し、硬化物は高い耐熱性を持つ。
- 他の多くの樹脂による変性が容易である。

- 充填剤や補強剤との親和性に優れている[4]。

 (2) 硬化物
- 耐熱性が優れている（T_g 210～290℃）[5]。
- 長期耐熱性が優れている（160～230℃）[6]。
- 低誘電率である。
- 吸湿後の電気絶縁性が優れている。
- 耐マイグレーション性が優れている。
- 機械的特性に優れている。
- 耐摩耗性に優れている[4]。
- 耐放射線・耐高エネルギー線に優れている[7,8]。

4.5 BTレジンの種類と特徴

BTレジンは，分子量と組成の違いによって各種のグレードがある。その代表的なものを表1に示す。

表1 BTレジンの種類

品番	主な用途・特徴	性状等	硬化後 T_g	長期耐用温度	硬化条件
BT2100	低分子量	1.24	230～250℃	160～180℃	175℃ 2時間
BT2300	ホットメルト含浸用	1.25	240～270℃	170～190℃	170℃ 2時間＋ 230℃ 24時間
BT2160	半固形状態	1.24	230～250℃	160～180℃	175℃ 2時間
BT2170	タックなしプリプレグ用	1.24	230～250℃	160～180℃	175℃ 2時間
BT2177	同上　難燃タイプ	1.28	同上	150～170℃	同上
BT2480	成形材料用途	1.28	250～280℃	170～190℃	170℃ 2時間＋ 230℃ 24時間
BT2680		1.29	280～290℃	180～200℃	同上
BT3109	注型，含浸用（無溶剤）	約100PS （30℃）	210～220℃	160～170℃	150～220℃
BT3309		約15PS （50℃）	240～250℃	190～200℃	200～230℃
BT2060B	プリプレグ用	固形分70% MEK溶液	230～250℃	160～180℃	175℃ 2時間
BT2110	同上	固形分60% MEK＋DMF 溶液	同上	同上	同上
BT2117	耐燃性付与タイプ	固形分60% MEK溶液	同上	同上	同上

第11章 その他注目材料

　無溶剤品は低分子量のBT2100から比較的高分子量のBT3309まで各種ある。

　いずれも比較的低温で溶融し粘性を持った液体となり取り扱いやすい。図7に代表的な品種の，温度と粘度の関係を示す。

　品番によって多少異なるが，硬化条件は比較的低温であるにもかかわらず，硬化後のT_gは，いずれも高い値を示し，長期耐用温度も高い。図8に，硬化したレジンのエージング時間と曲げ強さの関係を示す。240℃のエージングで10日間はほとんど劣化が見られず，その後徐々に劣化していくことがわかる。

　前記した特徴を生かし，液状，無溶剤樹脂，固形やホットメルト樹脂が小型軽量の車両用モーター，乾式トランス，モールドトランス，産業用大型モーター，原子力発電機，航空機用モーターなどの絶縁材料として使用された実績がある。半固形，ホットメルト樹脂がカーボンファイバーとの組合せで，航空機等の軽量構造材料として使われる。また，耐摩耗性の特徴を生かし，ダイヤモンド砥石のバインダー樹脂や，ブレーキパッドとして使用されている。また，耐放射線性に優れているために，原子力発電機，加速器等の材料として使用されている。

　溶液品は，他の樹脂（エポキシ樹脂等）と混合して銅張積層板用の原料として使われることが多い。一例として，ビスフェノールA型エポキシ樹脂の配合量とT_gの関係を図9に示す。

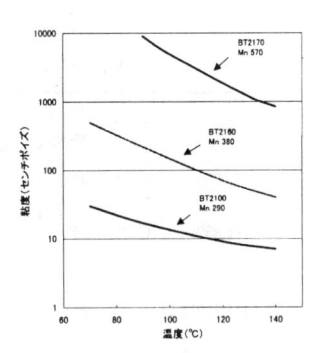

図7　BT2100系樹脂の熔融粘度

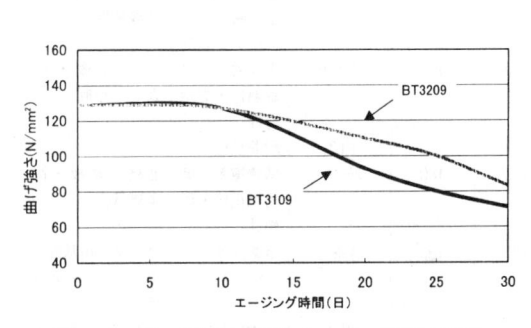

図8　エージング時間と曲強度（エージング温度240℃）

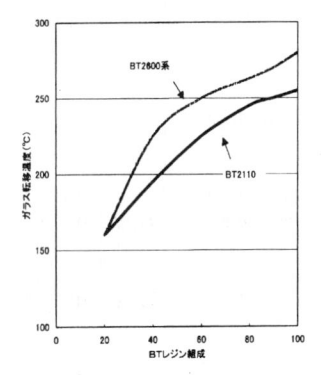

図9　エポキシ樹脂変性量とガラス転移温度

4.6 BTレジン銅張積層板

　BTレジン銅張積層板は，BTレジン（エポキシ樹脂等他の樹脂成分等を配合したもの），ガラス布基材，銅箔，他により構成されている。したがって，製造方法はガラスエポキシ銅張積層板と同じであり，樹脂の配合（ワニスの製造）→ガラス基材への含浸→乾燥（プリプレグの製造）→積層調整→プレスの工程にて製造される。

　BTレジンをベースとした銅張積層板は1970年代後半より実用化され，その使用が広まっている。

　各種用途向けに種々の品種があり，代表的な品種とその特徴を表2に，一般特性値を表3に示す。

表2　BTレジンガラス布基材銅張積層板の品種，特徴，用途

品種	ANSI	UL94 難燃性	温度インデックス 電気用途	温度インデックス 機械用途	色	特徴	用途
CCL-HL830	GPY	94V-0	170	180	茶色	耐熱性・耐薬品性・耐燃性	PPGA・PBGA・PLCC
CCL-HL832	GPY	94V-0	170	180	黒色	耐PCT性・耐マイグレーション性	
CCL-HL832HS	—	94V-0	—	—	黒色	高剛性・耐熱性・耐薬品性	PPGA・PBGA・PLCC
CCL-HL800		94HB	180	180	茶色	高耐熱性・高絶縁性・耐薬品性	BIB基板・ICカード基板・カメラ時計用基板
CCL-HL810	GPY	94V-0	170	180	茶色	高耐熱性・耐薬品性・耐燃性・耐マイグレーション性	高多層基板・電源基板・電子交換機基板
CCL-HL820	—	94HB	180	180	アイボリー	光反射性・高耐熱性・高絶縁性	LED基板・ICカード基板
CCL-HL820W	—	94HB	—	—	白色	耐薬品性	
CCL-950K	GPY	94V-0	170	180	茶色	低誘電率・低誘電正接・耐熱性	通信用基板・高多層基板
CCL-870M	GPY	94V-1	170	180	薄茶色	耐薬品性	アンテナ用基板・チューナー用基板
CCL-832NB	—	94V-0	—	—	黒色	ハロゲンフリー・耐熱性	PPGA・PBGA

第11章 その他注目材料

表3 BTレジンガラス布基材銅張積層板の一般特性値

項目	単位	処理条件	HL830	HL832	HL832HS	HL950K (SK)	HL870M	HL820	HL820W	HL800	HL810
色			茶色	黒色	黒色	茶色	薄茶色	アイボリー	白色	茶色	茶色
ガラス転移温度	°C	DMA	210-220	210-220	215-225	215-225	215-225	210-220	210-220	210-220	210-220
		TMA	180-190	180-190	185-195	185-195	185-195	180-190	180-190	180-190	180-190
絶縁抵抗	Ω	C96/20/65	1.E+15	1.E+15	1.E+15	1.E+15	1.E+15	1.E+15	1.E+15	1.E+15	1.E+15
体積抵抗	Ω-cm	C96/20/65	1.E+16	1.E+16	1.E+16	1.E+16	1.E+16	1.E+16	1.E+16	1.E+16	1.E+16
表面抵抗	Ω	C96/20/65	1.E+15	1.E+15	1.E+15	1.E+15	1.E+15	1.E+15	1.E+15	1.E+15	1.E+15
誘電率	1MHz	C96/20/65	4.7	4.7	4.7	3.8	3.5	5.6	5.3	4.5	4.3
	1GHz	C96/20/65	4.2	4.2	4.6	3.4	3.4	—	—	4.3	4.1
誘電正接	1MHz	C96/20/65	0.007	0.007	0.006	0.002	0.002	0.009	0.008	0.006	0.006
	1GHz	C96/20/65	0.012	0.012	—	0.004	0.004	—	—	0.01	0.008
熱膨張係数	ppm/°C	60~120°C X, Y, Z	14-16	14-16	14-16	14-16	14-16	14-16	14-16	14-16	14-16
		240~280°C X, Y, Z	40-60	40-60	35-45	60-80	60-80	40-50	40-50	40-60	40-60
			5	5	5	5	5	5	5	5	5
ピール強度(12μ)	N/m	常態	200-250	200-250	100-200	200-250	200-250	200-250	200-250	200-250	200-250
はんだ耐熱性	秒	300°C 30秒	1.0	1.0	1.0	1.4	1.4	1.1	1.1	1.1	1.3
耐熱性		220°C 60分	異常なし	異常なし	異常なし	異常なし	異常なし	異常なし	異常なし	異常なし	異常なし
曲げ強度	N/mm²	常態	500-600	500-600	450-500	400-550	400-500	500-600	500-600	450-600	450-650
曲げ弾性率	Gpa	常態	22-25	22-25	25-26	17-22	20-25	22-25	22-25	20-25	20-25
吸水率	%	E24/50+D24/23	0.08	0.08	0.08	0.08	0.08	0.09	0.09	0.08	0.11
耐薬品性 (NaOH 3%)		40°C 浸漬3分	異常なし	異常なし	異常なし	異常なし	異常なし	異常なし	異常なし	異常なし	異常なし
耐燃性			94V-0	94V-0	94V-0	94V-0	94V-1	94HB	94HB	94HB	94V-0

4.6.1 パッケージ材料用BTレジン積層板

CCL-HL830，CCL-HL832，CCL-HL832HS。

パッケージ用材料は従来リードフレーム又はセラミックが使用されていた。樹脂材料はセラミックと比較して，低誘電率，加工の自由度が高い，軽量で薄型化可能　等の特徴がある。

CCL-HL830，CCL-HL832は，上記の特徴に加え，吸湿後の絶縁信頼性の高い材料として，1980年代半ばにPPGA（プラスチック・ピン・グリッド・アレイ）として実用化された。

その後，1990年半ばに大手半導体メーカーがMPUのパッケージとして採用したために，樹脂製パッケージ用材料としての標準品となった。

また，時を同じくして，PBGA（プラスチック・ボール・グリッド・アレイ）用材料としても採用され現在に至っている。

図10にHL830のPCT処理後の絶縁抵抗値を示す。FR-4と比較して，優れた絶縁抵抗値を示している。

また，図11に加熱時のピール強度変化を示す。BTレジン積層板は高温時までピール強度が低下しないことがわかる。

図12にバーコール硬さの温度依存性を示す。バーコール硬さについても低下開始温度が高く，低下開始後も低下率が小さい材料である。

パッケージも薄型・小型化が進み，CSP（チップサイズパッケージ）と呼ばれるものが普及してきており，製品が薄くなるにつれ積層板に高剛性特性が要求されるようになった。

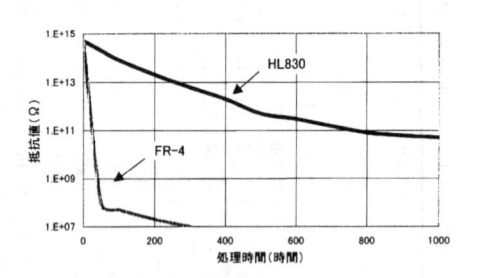

図10　PCT処理時の絶縁抵抗値

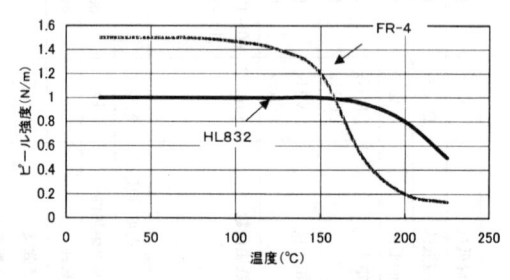

図11　ピール強度の温度依存性

第11章　その他注目材料

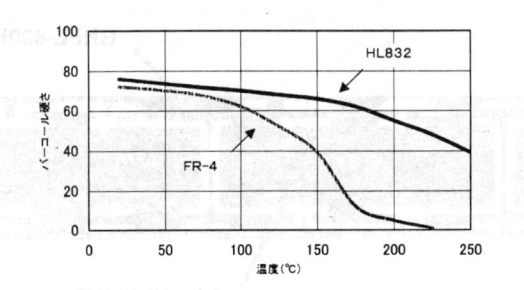

図12　バーコール硬さの温度依存性

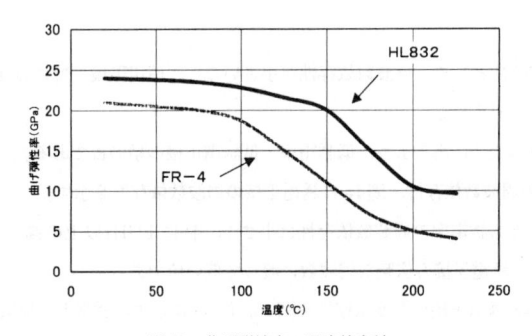

図13　曲げ弾性率の温度依存性

　HL832HSはこの要求に応えた材料である。図13に曲げ弾性率の温度依存性を示す。HL832と比べても弾性率が高く，高温時の低下も小さい。

　また，最近のパッケージは，センターコアと称する積層板の上に薄い絶縁層を積み重ね多層化するビルドアップ手法が用いられている。BT積層板を使用した例を写真1に示す。薄い層厚みでも良好な絶縁特性を持つ材料である。

4.6.2　高速・高周波回路用BTレジン積層板

CCL-HL950，CCL-HL870。

電気信号の伝播速度は次の式で表される。

　　　電気信号伝播速度 $(V) = K \times C/\sqrt{\varepsilon}$　　　K：定数　C：高速　ε：誘電率

したがって，信号の高速化には低誘電率が必要となる。

また，信号の損失は次の式で表される。

　　誘電損失 $(dB/m) = 91 \times \tan\delta \times \sqrt{\varepsilon} \times f$　　　f：周波数（GHz）

この式から，高周波になるほど損失が増すため，より低誘電正接・低誘電率が必要となる。

耐熱性高分子電子材料

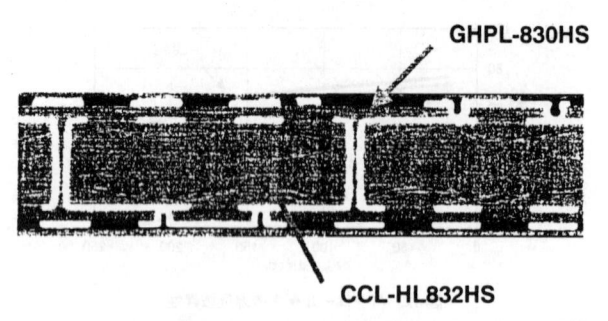

写真1　ビルドアップ積層板断面図

その他に必要な特性として，周波数依存性が小さいこと，使用環境（特に温度）によって特性変化が小さいことが望まれる。

HL950・HL870は表3にあるよう，低誘電率・低誘電正接の積層板である。

図14に誘電率の周波数依存性，図15に誘電正接の周波数依存性を示す。

HL950・HL870とも誘電率の周波数依存性は小さく，特に1GHz以上の高周波領域では，低い値を示す。また，誘電正接も広範な周波数に渡って低い値である。

HL870の誘電率と誘電正接の温度依存性を図16，図17に示す。誘電率は幅広い温度域で変化しない。誘電正接についても変化は小さい。

HL870は，良好な電気特性及び環境変化に対して特性変化が少ないことから，携帯電話等通信の基地局の基板に使用されている。

4.6.3　ICカード・LED用BTレジン積層板

CCL-HL820, CCL-HL820W。

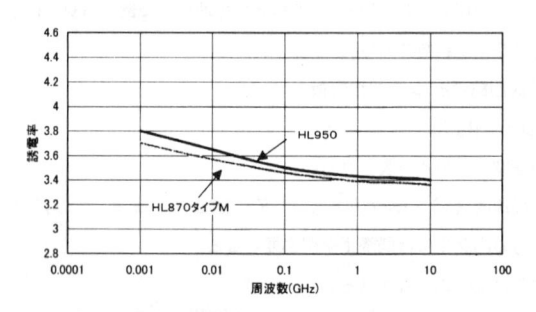

図14　周波数と誘電率（HL950/HL870タイプM）

第11章　その他注目材料

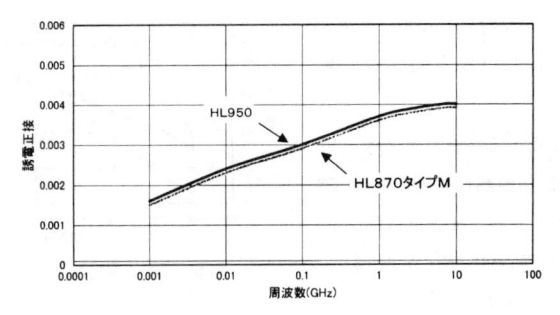

図15　周波数と誘電正接（HL950/HL870タイプM）

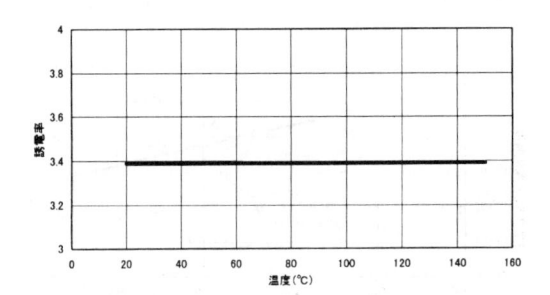

図16　誘電率の温度依存性（HL870タイプM　1MHz）

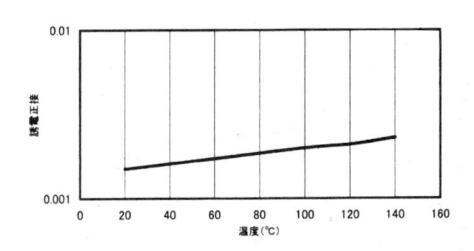

図17　誘電正接の温度依存性（HL870タイプM　1MHz）

　白色化したBTレジン積層板であり，ICカード用として開発した。その後，白色で反射率が高いためにLEDを搭載する基板として採用された。現在は，携帯電話・車載用ディスプレー・各種電化製品　等に広範な用途にLEDが使用されているため，HL820も幅広い製品で使用されている。LEDは当初は赤色系が主流であったが，現在はより短波長のものが使用されるようになった。そのために，短波長での反射率を高くした品種HL820Wを開発し上市している。図18に

HL820, HL820Wの反射率を示す。

4.6.4 バーンインボード等用BTレジン積層板

ICテストに使用するバーンインボード用基板には, 長期耐熱性に優れているHL800等が使用される。HL800は高温下での強度保持時間及び絶縁劣化時間が長く, 長期信頼性に優れた材料である。図19に曲強度保持時間の温度依存性, 図20に絶縁劣化時間の温度依存性を示す。

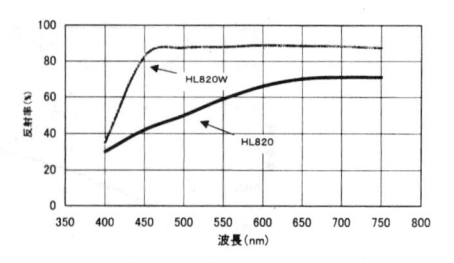

図18 波長と反射率（HL820/HL820W）

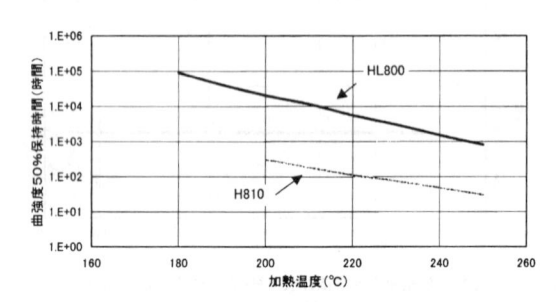

図19 曲強度保持時間の温度依存性

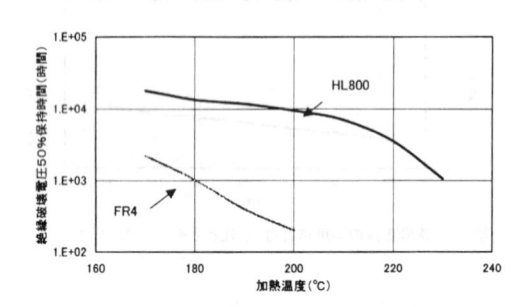

図20 絶縁破壊電圧50%保持時間の温度依存性

4.6.5 その他BTレジン積層板

現在世界的に使用されている銅張積層板は, 樹脂の種類を問わず, 多くの品種が臭素化合物を難燃剤として用いている。近年になって, 環境に有害な物質もしくは有害物質を生成する原因と

第11章 その他注目材料

なる物質の使用を規制する動きが活発化してきている。この要求を受けて，BTレジン銅張積層板においても，臭素化合物を使用せずに難燃化を達成した品種がある。

また，規制物質として鉛があげられている。鉛は従来よりはんだの主成分として用いられてきた。そのために鉛を使用しないはんだが急速に広まっている。このはんだは融点が高く，そのためリフロー温度も高くなってきている。したがって積層板にはより耐熱性が求められてきている。BTレジンはもともと耐熱性が高くこの要求に応えているが，さらに吸湿後耐熱性の優れた積層板材料の開発も進んでいる。

表4 CRS（樹脂付き銅箔）の一般特性値

項目	単位	処理条件	CRS401	CRS501	CRS601
色			茶色	茶色	茶色
ガラス転移温度	℃	DMA	210-220	210-220	215-225
		TMA	180-190	180-190	185-195
絶縁抵抗	Ω	C96/20/65	1.E+14	1.E+14	1.E+14
誘電率	1 MHz	C96/20/65	4.7	4.7	4.5
	1 GHz	C96/20/65	3.4	3.5	3.8
誘電正接	1 MHz	C96/20/65	0.007	0.007	0.006
	1 GHz	C96/20/65	0.017	0.016	0.015
熱膨張係数	ppm/℃	60〜120℃ Z	50-70	40-60	30-50
		240〜280℃ Z	110-150	90-130	70-110
ピール強度（12μ）	N/m	常態	1.2	1.1	1.0
はんだ耐熱性	秒	300℃ 30秒	異常なし	異常なし	異常なし
耐熱性		220℃ 60分	異常なし	異常なし	異常なし
吸水率	%	E24/50＋D24/23	0.5	0.45	0.4
耐薬品性	(NaOH 1N)	70℃ 浸漬30分	異常なし	異常なし	異常なし
	(HCl 4N)	60℃ 浸漬30分	異常なし	異常なし	異常なし
耐燃性			94V-0	94V-0	94V-0

← CRS-401

コア材
CCL-HL830 0.8mm (1 oz/1 oz)

← CRS-401

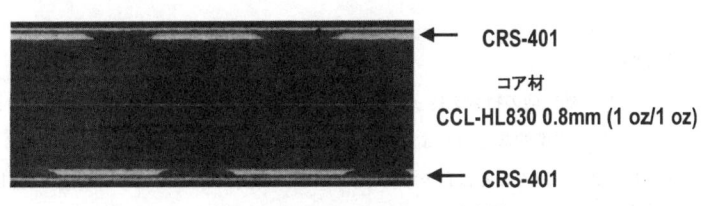

写真2 CRS 401使用ビルドアップ積層板

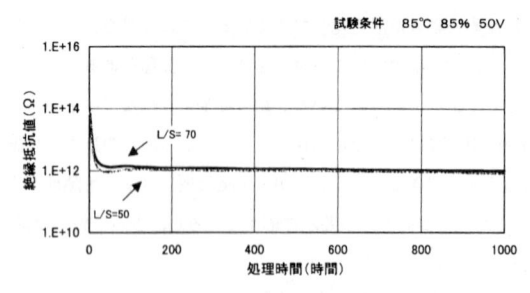

図21 マイグレーション時の抵抗値（CRS 401）

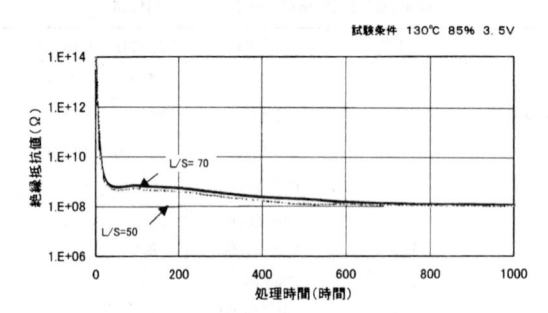

図22 HAST試験時の抵抗値（CRS 401使用）

4.7 樹脂付き銅箔材料

CRS-401，CRS-501，CRS-601。

近年多層化の方法としてビルドアップ法が多用されてきている。ビルドアップ材料としては，樹脂付き銅箔が代表的なものである。BTレジンを用いた樹脂付き銅箔としてCRS-401，501，601がある。これらの一般特性値を表4に示す。CRSを使用した基板の断面図を写真2に示す。CRSを用いたビルドアップ基板は，耐マイグレーション性，HAST特性に優れている。図21にマイグレーション試験時の絶縁抵抗値，図22にHAST試験時の絶縁抵抗値を示す。

4.8 今後の展開

BTレジンは，高耐熱性他の特徴を持った樹脂として様々な用途に使用されてきており，耐熱性銅張積層板としては標準的なものとなった。しかし，今後使用される用途の移り変わりとともにさらに高機能化要求が続くことは必至である。これらの要求を満たすために新規な材料開発を行うことにより，BTレジンの使用範囲がますます広がっていくと期待される。

第11章 その他注目材料

文　　献

1) 綾野怜, 最新耐熱性高分子 (1987)
2) Chemistry and Technology of Cyanate Ester Resins : Edited by IAN HAMERTON
3) S. Motoori, H. Kinbara, M. Gaku, S. Ayano, 15th EEIC, Oct, 1981
4) 山口章三郎, 佐藤貞雄, 高橋英二, 鈴木資久, 白幡功夫, 日本材料学会第13期年次大会, 1982年5月
5) 横田力男, 秋山昌純, 神戸博太郎, 熱測定, 8, 22 (1981)
6) 大橋正人, 第17回電気絶縁展講演会, 1982年11月
7) Y. Yahagi, T. Amakawa, N. Toda, K. Sonoda, O. Hayashi, Y. Tanaka, S. Hirabayashi, NAS Conf October 12. 1978 Boston
8) 貴家恒夫, 萩原幸, エネルギー特別研究会, 1985年12月, 大阪

《CMCテクニカルライブラリー》発行にあたって

弊社は、1961年創立以来、多くの技術レポートを発行してまいりました。これらの多くは、その時代の最先端情報を企業や研究機関などの法人に提供することを目的としたもので、価格も一般の理工書に比べて遙かに高価なものでした。

一方、ある時代に最先端であった技術も、実用化され、応用展開されるにあたって普及期、成熟期を迎えていきます。ところが、最先端の時代に一流の研究者によって書かれたレポートの内容は、時代を経ても当該技術を学ぶ技術書、理工書としていささかも遜色のないことを、多くの方々が指摘されています。

弊社では過去に発行した技術レポートを個人向けの廉価な普及版《CMCテクニカルライブラリー》として発行することとしました。このシリーズが、21世紀の科学技術の発展にいささかでも貢献できれば幸いです。

2000年12月

株式会社　シーエムシー出版

耐熱性高分子電子材料の展開　(B0844)

2003年5月30日　初　版　第1刷発行
2008年3月20日　普及版　第1刷発行

監　修　柿本　雅明　　　　　　　　　　　Printed in Japan
　　　　江坂　　明
発行者　辻　　賢司
発行所　株式会社　シーエムシー出版
　　　　東京都千代田区内神田1-13-1　豊島屋ビル
　　　　電話 03 (3293) 2061
　　　　http://www.cmcbooks.co.jp

〔印刷　倉敷印刷株式会社〕　　　　© M. Kakimoto, A Esaka, 2008

定価はカバーに表示してあります。
落丁・乱丁本はお取替えいたします。

ISBN978-4-88231-973-3 C3043 ¥3200E

本書の内容の一部あるいは全部を無断で複写（コピー）することは、法律で認められた場合を除き、著作者および出版社の権利の侵害になります。

CMCテクニカルライブラリーのご案内

電気化学キャパシタの開発と応用 II
監修／西野 敦／直井勝彦
ISBN978-4-88231-943-6　　　　B836
A5判・345頁　本体4,800円＋税（〒380円）
初版2003年1月　普及版2007年11月

構成および内容：【技術編】世界の主な EDLC メーカー【構成材料編】活性炭／電解液／電気二重層キャパシタ（EDLC）用半製品、各種部材／装置・安全対策ハウジング、ガス透過弁【応用技術編】ハイパワーキャパシタの自動車への応用例／UPS 他【新技術動向編】ハイブリッドキャパシタ／無機有機ナノコンポジット／イオン性液体 他
執筆者：尾崎潤二／齋藤貴之／松井啓真 他40名

RFタグの開発技術
監修／寺浦信之
ISBN978-4-88231-942-9　　　　B835
A5判・295頁　本体4,200円＋税（〒380円）
初版2003年2月　普及版2007年11月

構成および内容：【社会的位置付け編】RFID 活用の条件 他【技術的位置付け編】バーチャルリアリティーへの応用 他【標準化・法規制編】電波防護 他【チップ・実装・材料編】粘着タグ 他【読み取り書きこみ機編】携帯式リーダーと応用事例【社会システムへの適用編】電子機器管理 他【個別システムの構築編】コイル・オン・チップ RFID 他
執筆者：大見孝吉／椎野 潤／吉本隆一 他24名

燃料電池自動車の材料技術
監修／太田健一郎／佐藤 登
ISBN978-4-88231-940-5　　　　B833
A5判・275頁　本体3,800円＋税（〒380円）
初版2002年12月　普及版2007年10月

構成および内容：【環境エネルギー問題と燃料電池】自動車を取り巻く環境問題とエネルギー動向／燃料電池の電気化学 他【燃料電池自動車と水素自動車の開発】燃料電池自動車市場の将来展望 他【燃料電池と材料技術】固体高分子型燃料電池用改質触媒／直接メタノール形燃料電池 他【水素製造と貯蔵材料】水素製造技術／高圧ガス容器 他
執筆者：坂本良悟／野崎 健／柏木孝夫 他17名

透明導電膜 II
監修／澤田 豊
ISBN978-4-88231-939-9　　　　B832
A5判・242頁　本体3,400円＋税（〒380円）
初版2002年10月　普及版2007年10月

構成および内容：【材料編】透明導電膜の導電性と赤外遮蔽特性／コランダム型結晶構造 ITO の合成と物性 他【製造・加工編】スパッタ法によるプラスチック基板への製膜／塗布光分解法による透明導電膜の作製 他【分析・評価編】FE-SEM による透明導電膜の評価 他【応用編】有機 EL 用透明導電膜／色素増感太陽電池用透明導電膜 他
執筆者：水橋 衞／南 内嗣／太田裕道 他24名

接着剤と接着技術
監修／永田宏二
ISBN978-4-88231-938-2　　　　B831
A5判・364頁　本体5,400円＋税（〒380円）
初版2002年8月　普及版2007年10月

構成および内容：【接着剤の設計】ホットメルト／エポキシ／ゴム系接着剤 他【接着層の機能－硬化接着物を中心に－】力学的機能／熱的特性／生体適合性／接着層の複合機能 他【表面処理技術】光オゾン法／プラズマ処理／プライマー 他【塗布技術】スクリーン技術／ディスペンサー 他【評価技術】塗布性の評価／放散 VOC／接着試験法
執筆者：駒峯郁夫／越智光一／山口幸一 他20名

再生医療工学の技術
監修／筏 義人
ISBN978-4-88231-937-5　　　　B830
A5判・251頁　本体3,800円＋税（〒380円）
初版2002年6月　普及版2007年9月

構成および内容：再生医療工学序論／【再生用工学技術】再生用材料（有機系材料／無機系材料 他）／再生支援法（細胞分離法／免疫拒絶回避法 他）【再生組織】全身（血球／末梢神経）／頭・頸部（頭蓋骨／網膜 他）／胸・腹部（心臓part／小腸 他）／四肢部（関節軟骨／半月板 他）【これからの再生用細胞】幹細胞（ES 細胞）／毛幹細胞 他
執筆者：森田真一郎／伊藤敦夫／菊地正紀 他58名

難燃性高分子の高性能化
監修／西原 一
ISBN978-4-88231-936-8　　　　B829
A5判・446頁　本体6,000円＋税（〒380円）
初版2002年6月　普及版2007年9月

構成および内容：【総論編】難燃性高分子材料の特性向上の理論と実際／リサイクル性【規制・評価編】難燃規制・規格および難燃性評価方法／実用評価【高性能化事例編】各種難燃剤／各種難燃性高分子材料／成形加工技術による高性能化事例／各産業分野での高性能化事例（エラストマー／PBT）【安全性編】難燃剤の安全性と環境問題
執筆者：酒井賢郎／西澤 仁／山崎秀夫 他28名

洗浄技術の展開
監修／角田光雄
ISBN978-4-88231-935-1　　　　B828
A5判・338頁　本体4,600円＋税（〒380円）
初版2002年5月　普及版2007年9月

構成および内容：洗浄技術の新展開／洗浄技術に係わる地球環境問題／新しい洗浄剤／高機能化水の利用／物理洗浄技術／ドライ洗浄技術／超臨界流体技術の洗浄分野への応用／光励起反応を用いた漏れ制御材料によるセルフクリーニング／密閉型洗浄プロセス／周辺付帯技術／磁気ディスクへの応用／汚れの剥離の機構／評価技術
執筆者：小田切力／太田至彦／信夫雄二 他20名

※書籍をご購入の際は、最寄りの書店にご注文いただくか、㈱シーエムシー出版のホームページ（http://www.cmcbooks.co.jp/）にてお申し込み下さい。

CMCテクニカルライブラリーのご案内

老化防止・美白・保湿化粧品の開発技術
監修／鈴木正人
ISBN978-4-88231-934-4　　　　B827
A5判・196頁　本体3,400円＋税（〒380円）
初版2001年6月　普及版2007年8月

構成および内容：【メカニズム】光老化とサンケアの科学／色素沈着／保湿・シミ保湿の相互関係　他【制御】老化の制御方法／保湿に対する制御方法／総合的な制御方法　他【評価法】老化防止／美白／保湿　他【化粧品への応用】剤形の剤形設計／老化防止（抗シワ）機能性化粧品／美白剤とその応用／総合的な老化防止化粧料の提案　他
執筆者：市橋正光／伊福欧二／正木仁　他14名

色素増感太陽電池
企画監修／荒川裕則
ISBN978-4-88231-933-7　　　　B826
A5判・340頁　本体4,800円＋税（〒380円）
初版2001年5月　普及版2007年8月

構成および内容：【グレッツェル・セルの基礎と実際】作製の実際／電解質溶液／レドックスの影響　他【グレッツェル・セルの材料開発】有機増感色素／キサンテン系色素／非チタニア型／多色多層パターン化　他【固体化】擬固体色素増感太陽電池　他【光電池の新展開及び特許】ルテニウム錯体　自己組織化分子層修飾電極を用いた光電池　他
執筆者：藤嶋昭／松村道雄／石沢均　他37名

食品機能素材の開発Ⅱ
監修／太田明一
ISBN978-4-88231-932-0　　　　B825
A5判・386頁　本体5,400円＋税（〒380円）
初版2001年4月　普及版2007年8月

構成および内容：【総論】食品の機能因子／フリーラジカルによる各種疾病の発症と抗酸化成分による予防／フリーラジカルスカベンジャー／血液の流動性（ヘモレオロジー）／ヒト遺伝子と機能性成分　他【素材】ビタミン／ミネラル／脂質／植物由来素材／動物由来素材／微生物由来素材／お茶（健康茶）／乳製品を中心とした発酵食品　他
執筆者：大澤俊彦／大野尚仁／島崎弘幸　他66名

ナノマテリアルの技術
編集／小泉光恵／目義雄／中條澄／新原晧一
ISBN978-4-88231-929-0　　　　B822
A5判・321頁　本体4,600円＋税（〒380円）
初版2001年4月　普及版2007年7月

構成および内容：【ナノ粒子】製造・物性・機能／応用展開／ナノコンポジット】材料の構造・機能／ポリマー系／半導体系／セラミックス系／金属系【ナノマテリアルの応用】カーボンナノチューブ／新しい有機－無機センサー材料／次世代太陽光発電材料／スピンエレクトロニクス／バイオマグネット／デンドリマー／フォトニクス材料　他
執筆者：佐々木正／北條純一／奥山喜久夫　他68名

機能性エマルションの技術と評価
監修／角田光雄
ISBN978-4-88231-927-6　　　　B820
A5判・266頁　本体3,600円＋税（〒380円）
初版2002年4月　普及版2007年7月

構成および内容：【基礎・評価編】乳化法／マイクロエマルション／マルチプルエマルション／ミクロ構造制御／生体エマルション／乳化剤の最適選定／乳化装置／エマルションの粒径／レオロジー特性　他【応用編】化粧品／食品／医療／農薬／生分解性エマルジョンの繊維・紙への応用／塗料／土木・建築／感光材料／接着剤／洗浄　他
執筆者：阿部正彦／酒井俊郎／中島英夫　他17名

フォトニック結晶技術の応用
監修／川上彰二郎
ISBN978-4-88231-925-2　　　　B818
A5判・284頁　本体4,000円＋税（〒380円）
初版2002年3月　普及版2007年7月

構成および内容：【フォトニック結晶中の光伝搬，導波，光閉じ込め現象】電磁界解析法／数値解析技術ファイバー　他【バンドギャップ工学】半導体完全3次元フォトニック結晶／テラヘルツ帯フォトニック結晶　他【発光デバイス】【バンド工学】Smith-Purcel 放射　他【バンド工学】シリコンマイクロフォトニクス／陽極酸化ポーラスアルミナ　多光子吸収　他
執筆者：納富雅也／大寺康夫／小柴正則　他26名

コーティング用添加剤の技術
監修／桐生春雄
ISBN978-4-88231-930-6　　　　B823
A5判・227頁　本体3,400円＋税（〒380円）
初版2001年2月　普及版2007年6月

構成および内容：塗料の流動性と塗膜形成／溶液性状改善用添加剤（皮張り防止剤／揺変剤／消泡剤　他）／塗膜性能改善用添加剤（防錆剤／スリップ剤・スリ傷防止剤／つや消し剤　他）／機能性付与を目的とした添加剤（防汚剤／難燃剤　他）／環境対応型コーティングに求められる機能と課題（水性・粉体・ハイソリッド塗料）他
執筆者：飯塚義雄／坪田実／柳澤秀好　他12名

ウッドケミカルスの技術
監修／飯塚堯介
ISBN978-4-88231-928-3　　　　B821
A5判・309頁　本体4,400円＋税（〒380円）
初版2000年10月　普及版2007年6月

構成および内容：バイオマスの成分分離技術／セルロケミカルスの新展開（セルラーゼ／セルロース　他）／ヘミセルロースの利用技術（オリゴ糖　他）／リグニンの利用技術／抽出成分の利用技術（精油／タンニン　他）／木材のプラスチック化／ウッドセラミックス／エネルギー資源としての木材（燃焼／熱分解／ガス化　他）　他
執筆者：佐野嘉拓／渡辺隆司／志水一允　他16名

※書籍をご購入の際は、最寄りの書店にご注文いただくか、㈱シーエムシー出版のホームページ（http://www.cmcbooks.co.jp/）にてお申し込み下さい。

CMCテクニカルライブラリーのご案内

機能性化粧品の開発Ⅲ
監修／鈴木正人
ISBN978-4-88231-926-9　B819
A5判・367頁　本体5,400円＋税（〒380円）
初版2000年1月　普及版2007年6月

構成および内容：機能と生体メカニズム（保湿・美白・老化防止・ニキビ・低刺激・低アレルギー・ボディケア／育毛剤／サンスクリーン他）／評価技術／スリミング／クレンジング・洗浄／制汗・デオドラント／くすみ／抗菌性他）／機能を高める新しい製剤技術（リポソーム／マイクロカプセル／シート状パック／シワ・シミ隠蔽　他）
執筆者：佐々木一郎／足立佳津良／河合江理子　他45名

インクジェット技術と材料
監修／高橋恭介
ISBN978-4-88231-924-5　B817
A5判・197頁　本体3,000円＋税（〒380円）
初版2002年9月　普及版2007年5月

構成および内容：【総論編】デジタルプリンティングテクノロジー【応用編】オフセット印刷／請求書プリントシステム／産業用マーキング／マイクロマシン／オンデマンド捺染　他【インク・用紙・記録材料編】UVインク／コート紙／光沢紙／アルミナ微粒子／合成紙を用いたインクジェット用紙／印刷用紙用シリカ／紙用薬品　他
執筆者：毛利匡孝／村形哲伸／斎藤正夫　他19名

食品加工技術の展開
監修／藤田哲／小林登史夫／亀和田光男
ISBN978-4-88231-923-8　B816
A5判・264頁　本体3,800円＋税（〒380円）
初版2002年8月　普及版2007年5月

構成および内容：資源エネルギー関連技術（バイオマス利用／ゼロエミッション　他）／貯蔵流通技術（自然冷熱エネルギー／低温殺菌と加熱殺菌　他）／新規食品加工技術（乾燥（造粒）技術／膜分離技術／冷凍技術／鮮度保持他）／食品計測・分析技術（食品の非破壊計測技術／BSEに関して）／第二世代遺伝子組換え技術　他
執筆者：高木健次／柳本正勝／神力達夫　他22人

グリーンプラスチック技術
監修／井上義夫
ISBN978-4-88231-922-1　B815
A5判・304頁　本体4,200円＋税（〒380円）
初版2002年6月　普及版2007年5月

構成および内容：【総論編】環境調和型高分子材料開発／生分解性プラスチック　他【基礎編】新規ラクチド共重合体／微生物、天然物、植物資源、活性汚泥を用いた生分解性プラスチック　他【応用編】ポリ乳酸／カプロラクトン系ポリエステル"セルグリーン"／コハク酸系ポリエステル"ビオノーレ"／含芳香環ポリエステル　他
執筆者：大島一史／木村良晴／白浜博幸　他29名

ナノテクノロジーとレジスト材料
監修／山岡亞夫
ISBN978-4-88231-921-4　B814
A5判・253頁　本体3,600円＋税（〒380円）
初版2002年9月　普及版2007年4月

構成および内容：トップダウンテクノロジー（ナノテクノロジー／Xー線リソグラフィ／超微細加工　他）／広がりゆく微細化技術（プリント配線技術と感光性樹脂／スクリーン印刷／ヘテロ系記録材料　他）／新しいレジスト材料（ナノパターニング／走査プローブ顕微鏡の応用／近接場光／自己組織化／光プロセス／ナノインプリント　他）　他
執筆者：玉村敏昭／後河内透／田口孝雄　他17名

光機能性有機・高分子材料
監修／市村國宏
ISBN978-4-88231-920-7　B813
A5判・312頁　本体4,400円＋税（〒380円）
初版2002年7月　普及版2007年4月

構成および内容：ナノ素材（デンドリマー／光機能性SAM　他）／光機能デバイス材料（色素増感太陽電池／有機ELデバイス　他）／分子配向と光機能（ディスコティック液晶膜　他）／多光子励起と光機能（三次元有機フォトニック結晶／三次元超高密度メモリー　他）／新展開をめざして（有機無機ハイブリッド材料　他）
執筆者：横山士吉／関隆広／中川勝　他26名

コンビナトリアルサイエンスの展開
編集／高橋孝志／鯉沼秀臣／植田充美
ISBN978-4-88231-914-6　B807
A5判・377頁　本体5,200円＋税（〒380円）
初版2002年3月　普及版2007年4月

構成および内容：コンビナトリアルケミストリー（パラジウム触媒固相合成／糖鎖合成　他）／コンビナトリアル技術による材料開発（マテリアルハイウェイの構築／新ガラス創製／新機能ポリマー／固体触媒／計算化学　他）／バイオエンジニアリング（新機能性分子創製／テーラーメイド生体触媒／新機能細胞の創製　他）
執筆者：吉田潤一／山田昌樹／岡田伸之　他54名

フッ素系材料と技術　21世紀の展望
松尾仁著
ISBN978-4-88231-919-1　B812
A5判・189頁　本体2,600円＋税（〒380円）
初版2002年4月　普及版2007年3月

構成および内容：フッ素樹脂（PTFEの溶融成形／新フッ素樹脂／超臨界媒体中での重合法の開発　他）／フッ素コーティング（非粘着コート／耐候性塗料／ポリマーアロイ　他）／フッ素膜（食塩電解法イオン交換膜／燃料電池への応用／分離膜　他）／生理活性物質・中間体（医薬／農薬／合成法の進歩　他）／新材料・新用途展開（半導体関連材料／光ファイバー／電池材料／イオン性液体　他）　他

※書籍をご購入の際は、最寄りの書店にご注文いただくか、㈱シーエムシー出版のホームページ（http://www.cmcbooks.co.jp/）にてお申し込み下さい。

CMCテクニカルライブラリーのご案内

色材用ポリマー応用技術
監修／星埜由典
ISBN978-4-88231-916-0　　B809
A5判・372頁　本体5,200円＋税　（〒380円）
初版2002年3月　普及版2007年3月

構成および内容：色材用ポリマー（アクリル系／アミノ系／新架橋システム　他）／各種塗料（自動車用／金属容器用／重防食塗料　他）／接着剤・粘着材（光学部品用／エレクトロニクス用／医療用　他）／各種インキ（グラビアインキ／フレキソインキ／RCインキ　他）／色材のキャラクタリゼーション（表面形態／レオロジー／熱分析　他）　他
執筆者：石倉慎一・村上庸夫・山本庸二郎　他25名

プラズマ・イオンビームとナノテクノロジー
監修／上條榮治
ISBN978-4-88231-915-3　　B808
A5判・316頁　本体4,400円＋税　（〒380円）
初版2002年3月　普及版2007年3月

構成および内容：プラズマ装置（プラズマCVD装置／電子サイクロトロン共鳴プラズマ／イオンプレーティング装置　他）／イオンビーム装置（イオン注入装置／イオンビームスパッタ装置　他）／ダイヤモンドおよび関連材料（半導体ダイヤモンドの電子素子応用／DLC／窒化炭素　他）／光機能材料（透明導電性材料／光学薄膜材料　他）　他
執筆者：橘　邦英・佐々木正視・鈴木正康　他34名

マイクロマシン技術
監修／北原時雄・石川雄一
ISBN978-4-88231-912-2　　B805
A5判・328頁　本体4,600円＋税　（〒380円）
初版2002年3月　普及版2007年2月

構成および内容：ファブリケーション（シリコンプロセス／LIGA／マイクロ放電加工／機械加工　他）／駆動機構（静電型／電磁型／形状記憶合金型　他）／デバイス（インクジェットプリンタヘッド／DMD／SPM／マイクロジャイロ／光電変換デバイス　他）／トータルマイクロシステム（メンテナンスシステム／ファクトリ／流体システム　他）　他
執筆者：太田　亮・平田嘉裕・正木　健　他43名

機能性インキ技術
編集／大島壮一
ISBN978-4-88231-911-5　　B804
A5判・300頁　本体4,200円＋税　（〒380円）
初版2002年1月　普及版2007年2月

構成および内容：【電気・電子機能】ジェットインキ／静電トナー／ポリマー型導電性ペースト　他【光機能】オプトケミカル／蓄光・夜光／フォトクロミック　他【熱機能】熱転写用インキと転写方法／示温／感熱　他【その他の特殊機能】繊維製品用／磁性／プロテイン／パッド印刷用　他【環境対応型】水性UV／ハイブリッド／EB／大豆油　他
執筆者：野口弘道・山崎　弘・田近　弘　他21名

リチウム二次電池の技術展開
編集／金村聖志
ISBN978-4-88231-910-8　　B803
A5判・215頁　本体3,000円＋税　（〒380円）
初版2002年1月　普及版2007年2月

構成および内容：電池材料の最新技術（無機系正極材料／有機硫黄系正極材料／負極材料／電解質／その他の電池用周辺部材／用途開発の到達点と今後の展開　他）／次世代電池の開発動向（リチウムポリマー二次電池／リチウムセラミック二次電池　他）／用途開発（ネットワーク技術／人間支援技術／ゼロ・エミッション技術　他）　他
執筆者：直井勝彦・石川正司・吉野　彰　他10名

特殊機能コーティング技術
監修／桐生春雄・三代澤良明
ISBN978-4-88231-909-2　　B802
A5判・289頁　本体4,200円＋税　（〒380円）
初版2002年3月　普及版2007年1月

構成および内容：電子・電気的機能（導電性コーティング／層間絶縁膜　他）／機械的機能（耐摩耗性／制振・防音　他）／化学的機能（消臭・脱臭／耐酸性雨　他）／光学的機能（蓄光／UV硬化　他）／表面機能（結露防止塗料／撥水・撥油性／クロムフリー薄膜表面処理　他）／生態機能（非錫系の加水分解型防汚塗料／抗菌・抗カビ　他）　他
執筆者：中道敏彦・小浜信行・河野正彦　他24名

ブロードバンド光ファイバ
監修／藤井陽一
ISBN978-4-88231-908-5　　B801
A5判・180頁　本体2,600円＋税　（〒380円）
初版2001年12月　普及版2007年1月

構成および内容：製造技術と特性（石英系／偏波保持　他）／WDM伝送システム用部品ファイバ（ラマン増幅器／分散補償デバイス／ファイバ型光受動部品　他）／ソリトン光通信システム（光ソリトン"通信"の変遷／波長多重ソリトン伝送技術　他）光ファイバ応用センサ（干渉方式光ファイバジャイロ／ひずみセンサ　他）　他
執筆者：小倉邦男・姫野邦治・松浦祐司　他11名

ポリマー系ナノコンポジットの技術動向
編集／中條　澄
ISBN978-4-88231-906-1　　B799
A5判・240頁　本体3,200円＋税　（〒380円）
初版2001年10月　普及版2007年1月

構成および内容：原料・製造法（層状粘土鉱物の現状／ゾル-ゲル法　他）／各種最新技術（ポリアミド／熱硬化性樹脂／エラストマー／PET／電解質／高機能化（ポリマーの難燃化／ハイブリッド／ナノコンポジットコーティング　他）／トピックス（カーボンナノチューブ／貴金属ナノ粒子ペースト／グラファイト層間重合／位置選択的分子ハイブリッド　他）　他
執筆者：安倍一也・長谷川直樹・佐藤紀夫　他20名

※書籍をご購入の際は、最寄りの書店にご注文いただくか、㈱シーエムシー出版のホームページ（http://www.cmcbooks.co.jp/）にてお申し込み下さい。

CMCテクニカルライブラリーのご案内

キラルテクノロジーの進展
監修／大橋武久
ISBN4-88231-905-5　　　　　B798
A5判・292頁　本体4,000円＋税（〒380円）
初版2001年9月　普及版2006年12月

構成および内容：【合成技術】単純ケトン類の実用的水素化触媒の開発／カルバペネム系抗生物質中間体の合成法開発／抗HIV薬中間体の開発／光学活性γ,δ-ラクトンの開発と応用　他【バイオ技術】ATP再生系を用いた有用物質の新規生産法／新酵素法によるD-パントラクトンの工業生産／環境適合性キレート剤とバイオプロセスの応用　他
執筆者：藤尾達郎／村上尚道／今本恒雄　他26名

有機ケイ素材料科学の進歩
監修／櫻井英樹
ISBN4-88231-904-7　　　　　B797
A5判・269頁　本体3,600円＋税（〒380円）
初版2001年9月　普及版2006年12月

構成および内容：【基礎】ケイ素を含むπ電子系／ポリシランを基盤としたナノ構造体／ポリシランの光学材料への展開／オリゴシラン薄膜の自己組織化構造と電荷輸送特性　他【応用】発光素子の構成要素となる新規化合物の合成／高耐熱性含ケイ素樹脂／有機金属化合物を含有するケイ素系高分子の合成と性質／IPN形成とケイ素系合成樹脂　他
執筆者：吉田　勝／玉尾皓平／横山正明　他25名

DNAチップの開発Ⅱ
監修／松永　是
ISBN4-88231-902-0　　　　　B795
A5判・247頁　本体3,600円＋税（〒380円）
初版2001年7月　普及版2006年12月

構成および内容：【チップ技術】新基板技術／遺伝子増幅系内蔵型DNAチップ／電気化学発光法を用いたDNAチップリーダーの開発　他【関連技術】改良SSCPによる高速SNPs検出／走査プローブ顕微鏡によるDNA解析／三次元動画像によるタンパク質構造変化の可視化　他【バイオインフォマティクス】パスウェイデータベース／オーダーメイド医療とIn silico biology
執筆者：新保　斎／隅蔵康一／石英一郎　他37名

マイクロビヤ技術とビルドアップ配線板の製造技術
編著／英　一太
ISBN4-88231-907-1 f　　　　B800
A5判・178頁　本体2,600円＋税（〒380円）
初版2001年7月　普及版2006年11月

構成および内容：構造と種類／穴あけ技術／フォトビヤプロセス／ビヤホールの埋込み技術／UV硬化型液状ソルダーマスクによる穴埋め加工法／ビヤホール層間接続のためのメタライゼーション技術／日本のマイクロ基板用材料の開発動向／基板の細線回路のパターニングと回路加工／表面実装型エリアアレイ（BGA, CSP）／フリップチップボンディング／導電性ペースト／電気銅めっき　他

新エネルギー自動車の開発
監修／山田興一／佐藤　登
ISBN4-88231-901-2　　　　　B794
A5判・350頁　本体5,000円＋税（〒380円）
初版2001年7月　普及版2006年11月

構成および内容：【地球環境問題と自動車】大気環境の現状と自動車との関わり／地球環境／環境規制　他／自動車産業における総合技術戦略／重点技術分野と技術課題／他【自動車の開発動向】ハイブリッド電気／燃料電池／天然ガス／LPG　他【要素技術と材料】燃料改質技術／貯蔵技術と材料／発電技術と材料／パワーデバイス　他
執筆者：吉野　彰／太田健一郎／山崎陽太郎　他24名

ポリウレタンの基礎と応用
監修／松永勝治
ISBN4-88231-899-7　　　　　B792
A5判・313頁　本体4,400円＋税（〒380円）
初版2000年10月　普及版2006年11月

構成および内容：原材料と副資材（イソシアネート／ポリオール　他）／分析とキャラクタリゼーション（フーリエ赤外分光法／動的粘弾性／網目構造のキャラクタリゼーション　他）／加工技術（熱硬化性・熱可塑性エラストマー／フォーム／スパンデックス／水系ウレタン樹脂　他）／応用（電子・電気／自動車・鉄道車両／塗装・接着剤／バインダー／医用／衣料　他）
執筆者：高柳　弘／岡部憲昭／吉村浩幸　他26名

薬用植物・生薬の開発
監修／佐竹元吉
ISBN4-88231-903-9　　　　　B796
A5判・337頁　本体4,800円＋税（〒380円）
初版2001年9月　普及版2006年10月

構成および内容：【素材】栽培と供給／バイオテクノロジーと物質生産　他【品質評価】グローバリゼーション／微生物限度試験法／品質と成分の変動　他【薬用植物・機能性食品・甘味】機能性成分・甘味成分　他【創薬シード分子の探索】タイ／南米／解析・発現　他【生薬,民族伝統薬の薬効評価と創薬研究】漢方薬の科学的評価／抗HIV活性を有する伝統薬物　他
執筆者：岡田　稔／田中俊弘／酒井英二　他22名

バイオマスエネルギー利用技術
監修／湯川英明
ISBN4-88231-900-4　　　　　B793
A5判・333頁　本体4,600円＋税（〒380円）
初版2001年8月　普及版2006年10月

構成および内容：【エネルギー利用技術】化学的変換技術体系／生物的変換技術　他【糖化分解技術】物理・化学的糖化分解／生物的糖化分解／超臨界流体分解　他【バイオプロダクト】高分子製造／バイオマスリファイナリー／バイオ新素材／木質系バイオマスからキシオロゴ糖の製造　他【バイオマス利用】ガス化メタノール製造／エタノール燃料自動車／バイオマス発電　他
執筆者：児玉　徹／桑原正章／美濃輪智朗　他17名

※書籍をご購入の際は、最寄りの書店にご注文下さい。
㈱シーエムシー出版のホームページ（http://www.cmcbooks.co.jp/）にてお申し込み下さい。

CMCテクニカルライブラリーのご案内

形状記憶合金の応用展開
編集／宮崎修一／佐久間俊雄／渋谷壽一
ISBN4-88231-898-9　　　　　　　　B791
A5判・260頁　本体3,600円＋税　（〒380円）
初版2001年1月　普及版2006年10月

構成および内容：疲労特性（サイクル効果による機能劣化／線材の回転曲げ疲労／コイルばねの疲労 他）／製造・加工法（粉末焼結／急冷凝固／リボン／圧延・線引き加工／ばね加工 他）／機器の設計・開発（信頼性設計／材料試験評価方法／免震構造設計／熱エンジン 他）／応用展開（開閉機構／超弾性効果／医療材料 他） 他
執筆者：細田秀樹／戸伏壽昭／三角正明 他27名

コンクリート混和剤技術
ISBN4-88231-897-0　　　　　　　　B790
A5判・304頁　本体4,400円＋税　（〒380円）
初版2001年9月　普及版2006年9月

構成および内容：【混和剤】高性能AE減水剤／流動化剤／分離低減剤／起泡剤・発泡剤／凝結・硬化調節剤／防錆剤／防水剤／収縮低減剤／グラウト用混和材料 他【混和材】膨張剤／超微粉末（シリカフューム、高炉スラグ、フライアッシュ、石灰石）／結合剤／ポリマー混和剤 他【コンクリート関連ケミカルス】塗布材料／静的破砕剤／ひび割れ補修材料 他
執筆者：友澤史紀／坂井悦郎／大門正機 他24名

トナーと構成材料の技術動向
監修／面谷 信
ISBN4-88231-896-2　　　　　　　　B789
A5判・290頁　本体4,000円＋税　（〒380円）
初版2000年2月　普及版2006年9月

構成および内容：電子写真プロセスおよび装置の技術動向／現像技術と理論／転写・定着・クリーニング技術／2成分トナー／印刷製版用トナー／トナー樹脂／トナー着色材料／キャリア材料、磁性材料／各種添加剤／重合法トナー／帯電量測定／粒子径測定／導電率測定／トナーの付着力測定／トナーを用いたディスプレイ／消去可能トナー 他
執筆者：西村克彦／服部好弘／山崎 弘 他21名

フリーラジカルと老化予防食品
監修／吉川敏一
ISBN4-88231-895-4　　　　　　　　B788
A5判・264頁　本体5,400円＋税　（〒380円）
初版1999年10月　普及版2006年9月

構成および内容：【疾病別老化予防食品開発】脳／血管／骨・軟骨／口腔・歯／皮膚 他【各種食品・薬物】和漢薬／茶／香辛料／ゴマ／ビタミンC前駆体 他【植物由来素材】フラボノイド／カロテノイド／大豆サポニン／イチョウ葉エキス 他【動物由来素材】牡蠣肉エキス／コラーゲン 他【微生物由来素材】魚類発酵物質／紅麹エキス 他
執筆者：谷川 徹／西野輔翼／渡邊 昌 他51名

低エネルギー電子線照射の技術と応用
監修／鷲尾方一　編集／佐々木隆／木下 忍
ISBN4-88231-894-6　　　　　　　　B787
A5判・264頁　本体3,600円＋税　（〒380円）
初版2000年1月　普及版2006年8月

構成および内容：【基礎】重合反応／架橋反応／線量測定の技術【応用】重合技術への応用（紙／インキ）／塗装「エレクロンEB」　帯電防止付与技術 他／架橋技術への応用（発泡ポリオレフィン／電線ケーブル／自動車タイヤ 他）／殺菌分野へのソフトエレクトロンの応用／環境対策としての応用／リチウム電池／電子線レジストの動向 他
執筆者：瀬口忠男／斎藤恭一／須永博美 他19名

CO_2固定化・隔離技術
監修／乾 智行
ISBN4-88231-893-8　　　　　　　　B786
A5判・274頁　本体3,800円＋税　（〒380円）
初版1998年2月　普及版2006年8月

構成および内容：【生物学的方法】バイオマス利用／植物の利用／海洋生物の利用 他【物理学的方法】CO_2の分離／海洋隔離／地中隔離／鉱物隔離 他【化学的方法】光学的還元反応／電気化学・光電気化学的固定／超臨界CO_2を用いる固定化技術／高分子合成／触媒水素化 他【CO_2変換システム】経済評価／複合変換システム技術 他
執筆者：湯川英明／道木英之／宮本和久 他31名

機能性化粧品の開発 II
監修／鈴木正人
ISBN4-88231-892-X　　　　　　　　B785
A5判・360頁　本体5,200円＋税　（〒380円）
初版1996年8月　普及版2006年8月

構成および内容：【効能と評価】保湿化粧品／美白剤／低刺激性、低アレルギー性化粧品／育毛剤／ヘアトリートメント／ファンデーション／ボディケア／デオドラント剤／フレグランス製品 他【製剤技術】最新の乳化技術とその応用／化粧品用不透過性PVA幕マイクロカプセルの開発 他【注目技術】肌の診断技術／化粧行為の心身に与える有用性 他
執筆者：足立佳津良／笠 明美／小出千春 他36名

食品機能素材の開発
監修／太田明一
ISBN4-88231-891-1　　　　　　　　B784
A5判・439頁　本体4,800円＋税　（〒380円）
初版1996年5月　普及版2006年7月

構成および内容：【総論】健康志向時代／デザイナーフーズの開発と今後の展望／アレルギー防止と低アレルギー食品素材／加工食品の栄養表示に関する世界の動向とわが国の対応／臨床におけるフリーラジカルスカベンジャー 他【素材】ビタミン／ミネラル／油脂／複合等質／フェノール類／酵素／植物由来／動物・魚類由来／微生物由来 他
執筆者：太田明一／越智宏倫／二木鋭雄 他66名

※ 書籍をご購入の際は、最寄りの書店にご注文いただくか、㈱シーエムシー出版のホームページ（http://www.cmcbooks.co.jp/）にてお申し込み下さい。

CMCテクニカルライブラリーのご案内

燃料電池コージェネレーションシステム
監修／平田 賢
ISBN4-88231-890-3　　　　　B783
A5判・247頁　本体3,800円＋税（〒380円）
初版2001年7月　普及版2006年7月

構成および内容：【技術の進展】固体高分子形燃料電池／家庭用PEFC／有機ハイドライド水素源燃料電池／ガソリン水素源燃料電池／低温固体電解質燃料電池【周辺技術】燃料改質技術／純水素製造用水素透過膜／イオン交換膜／プロトン伝導性ガラス／系統連系技術　他【燃料電池とマイクロガスタービン】マイクロタービンと燃料電池　他
執筆者：平田 賢／矢野伸一／田畑 健他20名

LCDカラーフィルターとケミカルス
監修／渡辺順次
ISBN4-88231-889-X　　　　　B782
A5判・305頁　本体4,200円＋税（〒380円）
初版1998年2月　普及版2006年7月

構成および内容：カラーフィルター形成用ケミカルスと色素（印刷法用／顔料分散法用　他）／ブラックマトリックス形成法（Cr系BM形成法／樹脂系BM形成法　他）／レジスト塗布法（スリット＆スピン方式／エクストルージョン方式　他）／ITO成膜技術（低抵抗ITO/CF成膜技術／スパッタ装置　他）／大型カラーフィルタの検査システム（主な欠陥の種類／検査装置について　他）　他
執筆者：渡辺順次／島 康裕／渡邊 苞他21名

ディーゼル車排ガスの浄化技術
監修／梶原鳴雪
ISBN4-88231-888-1　　　　　B781
A5判・251頁　本体3,800円＋税（〒380円）
初版2001年4月　普及版2006年6月

構成および内容：【発生のメカニズム、リスクとその規制】人体への影響／対策と規制動向　他【軽油の精製と添加剤による効果】触媒による脱硫黄化技術の開発／廃食用油からのディーゼル燃料の生産【浄化技術】自動車排ガス触媒／非平衡放電プラズマによるガス浄化【DPF】連続再生型DPFとPM低減技術／ステンレス箔を利用したM-DPFの検討　他
執筆者：吉原福全／嵯峨井勝／横山栄二他21名

マグネシウム合金の製造と応用
監修／小島 陽／井藤忠男
ISBN4-88231-887-3　　　　　B780
A5判・254頁　本体3,600円＋税（〒380円）
初版2001年2月　普及版2006年6月

構成および内容：【総論】産業の動向／種類と用途【加工技術】マグネダイカスト成形技術／塑性加工技術／表面処理技術／塗装技術　他【安全対策とリサイクル】マグネシウムと安全／リサイクル【応用】自動車部品への応用／電子・電気部品への応用　他【市場】台湾・中国市場の動向／欧米の自動車部品その他への利用の動向　他
執筆者：白井正勝／斉藤 研／金子純一他16名

UV・EB硬貨技術III
監修／田畑米穂　編集／ラドテック研究会
ISBN4-88231-886-5　　　　　B779
A5判・363頁　本体4,600円＋税（〒380円）
初版1997年3月　普及版2006年6月

構成および内容：【技術開発の動向】アクリル系／光開始剤　他【装置と加工技術】新型スポットUV装置／EB／レーザー／表面加工技術／環境保全技術への新展開　他【応用技術の動向】ホログラム／プリント配線板用レジスト／光造形／紙・フィルムの表面加工／リリースコーティング／接着材料／鋼管・鋼板／生物系（生体触媒の固定）　他
執筆者：西久保忠臣／磯部孝治／角岡正弘他30名

自動車と高分子材料
監修／草川紀久
ISBN4-88231-878-4　　　　　B771
A5判・292頁　本体4,800円＋税（〒380円）
初版1998年10月　普及版2006年6月

構成および内容：樹脂・エラストマー材料（自動車とプラスチック　他）／材料別開発動向（汎用樹脂／エンプラ　他）／部材別開発動向（外装・外板材料／防音材料　他）次世代自動車と機能性材料（電気自動車用電池　他）／自動車用塗装（補修用塗装／塗装工程の省エネルギー　他）／環境問題とリサイクル（日本の廃車リサイクル事情　他）
執筆者：草川紀久／相村義昭／河西純一他19名

ペットフードの開発
監修／本好茂一
ISBN4-88231-885-7　　　　　B778
A5判・256頁　本体3,600円＋税（〒380円）
初版2001年3月　普及版2006年5月

構成および内容：【総論編】栄養基準／品質保証／AAFCOの養分基準　他【応用開発編】健康と必須脂肪酸／微量ミネラル原料／オリゴ糖と腸内細菌／茶抽出エキスの歯周病予防効果／肥満と疾病／高齢化と疾病／療法食としての開発の動向／添加物／畜産複製物の利用／製造機器の動向【市場編】ペット関係費／普及の変遷と現状　他
執筆者：大木富雄／金子武生／阿部又信他13名

歯科材料と技術・機器の開発
監修／長谷川二郎
ISBN4-88231-884-9　　　　　B777
A5判・348頁　本体4,800円＋税（〒380円）
初版2000年12月　普及版2006年5月

構成および内容：【治療用材料】歯冠／歯根インプラント／顎顔面／歯周病療法用／矯正用　他【技工用材料】模型／鋳造／ろう付／教育用歯科模型　他【技術・機器】臨床技術・機器／技工技術・機器　他【歯科材料の生体安全性】重金属と生体反応／アマルガム中の水銀と生体反応／外因性内分泌撹乱化学物質（環境ホルモン）と生体反応　他
執筆者：長谷川二郎／判 清治／鶴田昌三他69名

※ 書籍をご購入の際は、最寄りの書店にご注文いただくか、
㈱シーエムシー出版のホームページ（http://www.cmcbooks.co.jp/）にてお申し込み下さい。